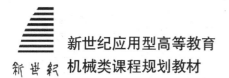

新世纪应用型高等教育
机械类课程规划教材

Fundamentals of Machinery Manufacturing Technology

机械制造技术基础

（第二版）

主　编　鲁昌国　段振云
副主编　黄志东　刘江楠
主　审　吴宏基

运用AR+3D技术，打造互动学习新体验

U0244368

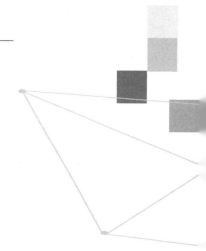

大连理工大学出版社

图书在版编目(CIP)数据

机械制造技术基础 / 鲁昌国,段振云主编. -- 2 版
. -- 大连：大连理工大学出版社,2021.7(2023.3重印)
新世纪应用型高等教育机械类课程规划教材
ISBN 978-7-5685-2944-0

Ⅰ. ①机… Ⅱ. ①鲁… ②段… Ⅲ. ①机械制造工艺
－高等学校－教材 Ⅳ. ①TH16

中国版本图书馆 CIP 数据核字(2021)第 018263 号

机械制造技术基础
JIXIE ZHIZAO JISHU JICHU

大连理工大学出版社出版
地址:大连市软件园路 80 号　邮政编码:116023
发行:0411-84708842　邮购:0411-84708943　传真:0411-84701466
E-mail:dutp@dutp.cn　　URL:http://dutp.dlut.edu.cn
辽宁新华印务有限公司印刷　　大连理工大学出版社发行

幅面尺寸:185mm×260mm　　印张:18.75　　字数:480 千字
2016 年 10 月第 1 版　　　　　　2021 年 7 月第 2 版
2023 年 3 月第 3 次印刷

责任编辑:王晓历　　　　　　　　责任校对:王瑞亮
封面设计:对岸书影

ISBN 978-7-5685-2944-0　　　　　　定　价:51.80 元

本书如有印装质量问题,请与我社发行部联系更换。

前　言

　　《机械制造技术基础》(第二版)是新世纪应用型高等教育教材编审委员会组编的机械类课程规划教材之一。

　　改革开放后,我国的高等教育事业得到了迅速发展,特别是近二十年来,各类高校在校生规模迅速扩张。同时我国高等教育大众化水平稳步提高,服务经济社会发展能力显著增强,办学实力和国际竞争力不断提升。但是,高校专任教师和其他教学资源并未随学生规模的增加而呈比例地增长,导致了高等教育的"浮躁"现象,教学质量相较以往下降,高校毕业生的总体素质有所降低已成为不争的事实。为此,高等教育界开始了又一次教学改革,旨在全面提升教育教学质量。其中,多数省属和地方高校向应用型转变,力争为经济社会培养更多应用型、技术技能型高级人才。本教材即在此大背景下,经过多所高校长期服务于教学一线、经验丰富的专任教师研讨,确立了编写宗旨——为应用型高等教育机械类专业转型发展服务。

　　机械产品的制造过程一般分为了解技术要求—毛坯生产—机械加工—装配。在生产的全过程中,要利用恰当的加工方法,并采用合适的机床设备、刀具、夹具和其他辅助工艺装备,加工过程中还要对机械零件加工质量进行检验、监督与控制。本教材以机械产品制造的全过程为主线,围绕制造过程所涉及的工艺方法和技术手段、设备及工艺装备等展开编写。先介绍了金属切削原理与刀具、常见机械加工方法及装备等基础性知识,再论述工件安装、工艺过程安排的理论方法与技术手段,并对机械加工质量控制加以讨论。为突出应用型特点,安排了典型零件机械加工工艺过程分析。最后,为使读者了解机械制造新技术、新工艺,简单介绍了先进制造技术。本教材的编写力求有针对性地进行应用,故对理论问题仅保留了必要的基础性推导和论述,而对实际问题则以实例作为参考,希望读者能够学以致用。

新世纪

本教材响应二十大精神,推进教育数字化,建设全民终身学习的学习型社会、学习型大国,及时丰富和更新了数字化微课资源,以二维码形式融合纸质教材,使得教材更具及时性、内容的丰富性和环境的可交互性等特征,使读者学习时更轻松、更有趣味,促进了碎片化学习,提高了学习效果和效率。

在"互联网+"新工科背景下,我们也在不断探索创新型教材的建设,将传统与创新融合、理论与实践统一,采用 AR 技术打造实时 3D 互动教学环境。编者在教材中精选十几个知识点,涉及教学中的重点和难点,将静态的理论学习与 AR 技术结合,在教材中凡是印有 AR 标识的知识点,打开印象书院 App,对着教材中复杂工程图等平面效果图轻轻一扫,屏幕上便马上呈现出生动立体的建筑工程图,随着手指的滑动,可以从不同角度观看各个部位结构,还可以自己动手进行翻转,将普通的纸质教材转换成制作精美的立体模型,使观者可以 720°观察其中的丰富细节,给教师和学生带来全新的教学与学习体验。

本教材随文提供视频微课供学生即时扫描二维码进行观看,实现了教材的数字化、信息化、立体化,增强了学生学习的自主性与自由性,将课堂教学与课下学习紧密结合,力图为广大读者提供更为全面并且多样化的教材配套服务。

本教材由营口理工学院鲁昌国、沈阳工业大学段振云任主编,辽宁科技学院黄志东、营口理工学院刘江楠任副主编,佳木斯大学奚琪参与了编写。具体编写分工如下:第 1 章由刘江楠编写,第 2.1～第 2.6 节、第 5 章、第 6 章由鲁昌国编写,第 2.7 节、第 8 章由奚琪编写,第 3 章、第 7 章由黄志东编写,第 4 章由段振云编写。大连理工大学吴宏基教授审阅了书稿,并提出改进意见,谨致谢忱。

在编写本教材的过程中,编者参考、引用和改编了国内外出版物中的相关资料以及网络资源,在此表示深深的谢意! 相关著作权人看到本教材后,请与出版社联系,出版社将按照相关法律的规定支付稿酬。

尽管我们在教材特色建设方面做了许多努力,但由于编者水平有限,教材中难免出现错误和纰漏,恳请教学单位和读者多提宝贵意见,以便下次修订时改进。

编 者

2021 年 7 月

所有意见和建议请发往:dutpbk@163.com
欢迎访问高教数字化服务平台:http://hep.dutpbook.com
联系电话:0411-84708462 84708445

目　录

第1章

机械制造基础知识

思政目标

机械类专业的一个重要任务是将设计理念或功能要求转变为现实可能性,大多数情况下这需要制造过程来得以实施。机械制造技术是机械类专业人才必备的知识和技能。

案例导入

机械产品都是由若干零件、组件、部件组成的,零件加工则是机械制造的基本单元。齿轮是一种典型的机械零件,在机械传动及整个机械领域中的应用极其广泛。例如,手动挡汽车的变速器所采用的就是齿轮传动,那么齿轮是如何制造出来的? 本章将围绕零件加工的成形过程、加工所用设备及切削刀具等主要内容,介绍机械制造的基础知识。

1.1 零件成形原理及机械加工中的切削运动

1.1.1 零件成形原理

任何机械产品都是由许多单个零件装配而成的,所以,零件制造是机械制造的基础。零件制造的任务是通过一定的成形方法使毛坯变成有确定的外形和一定性能及功能的三维实体,即零件。

1. 零件表面的构成

机械零件的结构形式千差万别,表面形状各不相同,但是无论零件多么复杂,通常都是由平面、圆柱面、圆锥面、成形表面(如螺纹表面、渐开线表面等)和特形表面组合而成,如图 1-1 所示。

2. 零件表面的成形

零件的几何形状就其本质来说,可以看成是由一条线(母线)沿着另一条线(导线)运动(移动或旋转)而形成的。

母线和导线统称为发生线。母线和导线相对位置不同,所形成的表面也不同。例如,直母线、圆导线相对位置不同就分别形成了圆柱面、圆锥面和回转双曲面。

零件表面分为可逆表面和非可逆表面。可逆表面的母线、导线可以互换,如平面、圆柱面;非可逆表面的母线、导线不可以互换,如圆锥面、螺旋面。

3. 零件成形方法

成形方法广泛应用于机械制造、首饰工艺品加工、陶瓷生产等领域。从物料的加工前后有无变化或变化方向考虑,可将成形方法分为材料成形法、材料去除法和材料累加法三类。

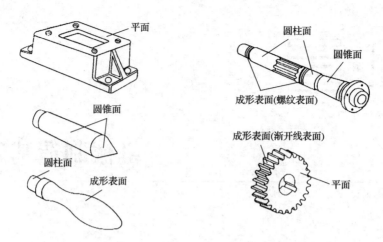

图 1-1 机械零件上常用的各种典型表面

(1)材料成形法 材料成形法是应用材料的可成形性(塑性、流动性等),在特定的外围约束(边界约束或外力约束)下成形的方法。铸造、锻造、压力加工、粉末冶金、注塑成形等都属于这种成形方法。这种方法主要用于毛坯的制造和特种材料的成形。

(2)材料去除法 材料去除法是应用分离的方法,把一部分材料(裕量材料)有序地从毛坯上去除得到所需形状、尺寸零件的成形方法。车、铣、刨等切削加工方法,磨削、珩磨、研磨等磨粒加工方法,线切割、激光打孔、电火花加工等方法,都是常见的材料去除方法。这种方法在机械加工中得到了广泛的应用。

(3)材料累加法 材料累加法是在加工过程中应用合并与连接的方法把材料有序地堆积、合并起来而成形的方法。传统的累加方法有焊接、粘接、铆接、电铸和电镀等,现代方法是近几年出现的快速成型制造法。

1.1.2 机械加工中的切削运动

在机械制造过程中,采用材料去除的机械切削加工方法,可获得相对较为精密的零件形状与尺寸,故机械切削加工是绝大多数机械制造过程中必不可少的方法。

1. 切削运动

在金属切削加工时,为了切除工件上多余的材料,形成工件要求的合格表面,刀具和工件间须完成一定的相对运动,即切削运动。切削运动按其所起的作用不同,可分为主运动和进给运动,如图 1-2 所示。

(1)主运动

在切削加工中起主要的、消耗动力最多的运动称为主运动。它是切除工件上多余金属层所必需的运动。车削时主运动是工件的旋转运动;铣削和钻削时主运动是刀具的旋转运动;刨削时主运动是刀具(牛头刨)或工件(龙门刨床)的往复直线运动等。一般切削加工中主运动只有一个。

(2)进给运动

在切削加工中为使金属层不断投入切削,保持切削连续进行而附加的刀具与工件之间的相对运动称为进给运动。进给运动可以是一个或多个。车削时进给运动是刀具的运动;铣削时进给运动是工件的运动。

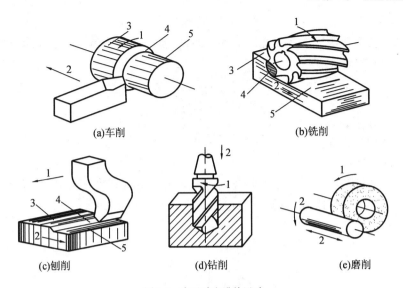

(a)车削　　　　　　　　　　　(b)铣削

(c)刨削　　　　　(d)钻削　　　　　(e)磨削

图 1-2　主运动和进给运动

1—主运动　2—进给运动　3—待加工表面　4—加工表面　5—已加工表面

（3）切削层

切削层是指切削时刀具切过工件一个单位层所切除的工件材料层。如图 1-3 所示，在加工外圆时，工件旋转一周，刀具从位置Ⅰ移到位置Ⅱ，切下的Ⅰ与Ⅱ之间的工件材料层即为切削层。图中 ABCD 称为切削层公称横截面面积。

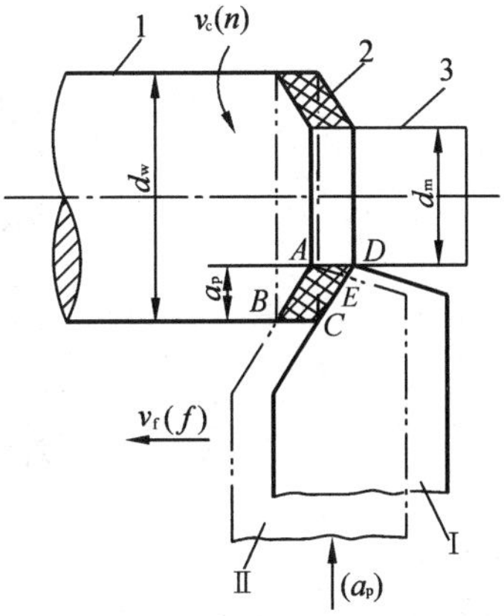

2. 切削用量

在切削加工中切削速度、进给量和背吃刀量（切削深度）称为切削用量三要素。

（1）切削速度

刀具切削刃上选定点相对工件主运动的瞬时线速度称为切削速度，用 v_c 表示，单位为m/s或 m/min。当主运动是旋转运动时，切削速度计算公式为

图 1-3　切削层要素

1—待加工表面；2—过渡表面；

3—已加工表面

$$v_c = \frac{\pi d n}{1\,000} = \frac{dn}{318} \tag{1-1}$$

式中　d——工件加工表面或刀具选定点的旋转直径，mm；

　　　n——主运动的转速，r/s 或 r/min。

（2）进给量

单位时间内刀具在进给运动方向上相对工件的位移量，称为进给速度，用 v_f 表示，单位为 mm/s 或 mm/min。

工件或刀具每转一周，刀具在进给方向上相对工件的位移量，称为每转进给量，简称进给量，用 f 表示，单位为 mm/r。

当主运动为旋转运动时，进给量 f 与进给速度 v_f 之间的关系为

$$v_f = fn \tag{1-2}$$

当主运动是往复直线运动时，进给量为每往复一次的进给行程或距离。

（3）背吃刀量（切削深度）

工件已加工表面和待加工表面之间的垂直距离，称为背吃刀量，用 a_p 表示，单位为 mm。

车外圆时背吃刀量 a_p 为

$$a_p = \frac{d_w - d_m}{2} \tag{1-3}$$

式中　d_m——已加工表面直径，mm；

　　　d_w——待加工表面直径，mm。

3. 合成切削速度

主运动与进给运动合成的运动称为合成切削运动。切削刃选定点相对工件合成切削运动的瞬时速度称为合成切削速度（**矢量**）。如图 1-4 所示。

$$\vec{v}_e = \vec{v}_c + \vec{v}_f \tag{1-4}$$

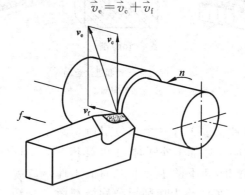

图 1-4　车外圆时合成切削运动

1.2　机械制造生产过程和工艺过程

1.2.1　生产过程

在机械制造中，将原材料转变为成品的过程称为生产过程。对机械制造而言，生产过程包括下列过程：

（1）原材料、半成品和成品（产品）的运输和保管。

（2）生产和技术准备工作。如产品的开发和设计、工艺设计、专用工艺装备的设计和制造、各种生产资料的准备以及生产组织等方面的准备工作。

（3）毛坯制造。如铸造、锻造、冲压和焊接等。

（4）零件的机械加工、特种加工、热处理和表面处理等。

（5）部件和产品的装配、调整、检验、试验、涂漆和包装等。

在现代生产中，为了便于组织专业化生产以提高产品质量和劳动生产率，一种产品的生产往往由许多工厂联合起来共同完成，这样，一个工厂的生产过程往往是整个成品生产过程的一部分。一个工厂的生产过程又可划分为若干个车间的生产过程。各个车间的生产过程都具有各自的特征，同时又是互相联系的。例如，制造机床时，机床上的轴承、电动机、电器、液压元件甚至其他许多零部件都是由专业厂生产的，最后由机床厂完成关键零部件和配套零件的生产，并装配成完整的机床。

1.2.2 机械加工工艺过程及其组成

1. 机械加工工艺过程

改变生产对象的形状、尺寸、相对位置和性质等,使其成为成品或半成品的过程称为工艺过程。它是生产过程中的主要部分。采用机械加工的方法,直接改变毛坯的形状、尺寸和表面质量等,使其成为零件的全过程称为机械加工工艺过程。装配工艺过程是把零件及部件按一定的技术要求装配成合格产品的过程。

2. 机械加工工艺过程的组成

机械加工工艺过程是由一个或若干个按顺序排列的工序所组成的。工序是工艺过程的基本组成部分,又是生产计划、质量检验、经济核算的基本单元,也是确定设备负荷、配备工人,安排作业及工具数量等的依据。每个工序又可分为若干个安装、工位、工步和走刀。

(1)工序

工序是一个(或一组)工人,在一个工作地对一个(或同时对几个)工件进行加工所连续完成的那一部分工艺过程。区分工序的主要依据是工作地(设备)、加工对象(工件)是否变动以及加工是否连续完成。如果其中之一有变动或加工不是连续完成,则应划分为另一道工序。

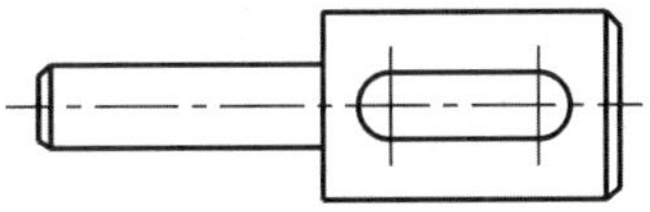

如图1-5所示的阶梯轴,单件小批量生产时,其工艺过程见表1-1;大批量生产时,其工艺过程见表1-2。

图 1-5　阶梯轴

表 1-1　　　　　　　　　　　阶梯轴单件小批量生产的工艺过程

工序号	工序内容	设备
1	车一端面,钻中心孔,调头车另一端面,钻中心孔	车床
2	车大外圆及倒角,调头车小外圆及倒角	车床
3	铣键槽,去毛刺	铣床

表 1-2　　　　　　　　　　　阶梯轴大批量生产的工艺过程

工序号	工序内容	设备
1	铣端面,钻中心孔	铣端面钻中心孔机床
2	车大外圆及倒角	车床
3	车小外圆及倒角	车床
4	铣键槽	铣床
5	去毛刺	钳工台

从表中可以看出,随着生产规模的不同,工序的划分及每个工序所包含的加工内容是不同的。

(2)安装

将工件正确地定位在机床上,并将其夹紧的过程称为安装。在一道工序内可以包含一次或几次安装。在表1-1的工序1和2中都是两次安装,而在工序3以及表1-2的各道工序中均是一次安装。

应该注意,在每一道工序中,应尽量减少工件的安装次数,以免影响加工精度和增加辅助时间。

（3）工位

工件在一次安装后,在机床上占据的每一个加工位置称为工位。为了减少工件的安装次数,常采用各种回转工作台、回转夹具或移位夹具,使工件在一次安装中先后处于几个不同位置进行加工。如图 1-6 所示为一种用回转工作台在一次安装中顺序完成装卸工件、钻孔、扩孔和铰孔四个工位的实例。

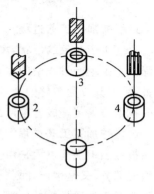

图 1-6　多工位加工

（4）工步

在加工表面、切削工具和切削用量(不包括切削深度)不变的条件下所连续完成的那一部分工序称为工步。一个工序可能包括几个工步,也可能只有一个工步。表 1-1 工序 1 中,包括四个工步,表 1-2 工序 4、5 中只包括一个工步。

对一次安装中连续进行的若干个相同的工步,可简化写成一个工步。如图 1-7 所示零件上四个 ϕ15 mm 孔的钻削,可简化为一个工步,即钻 4—ϕ15 mm 孔。

为了提高生产率,用几把刀具同时加工几个表面的工步,称为复合工步,如图 1-8 所示。在工艺文件上,复合工步应视为一个工步。

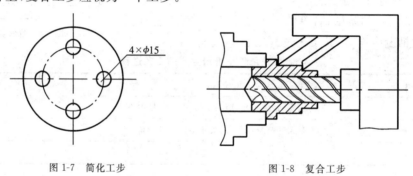

图 1-7　简化工步　　　　　　图 1-8　复合工步

（5）走刀

切削刀具从被加工表面上每切下一层金属层,即为一次走刀,改变一次 a_p,则为另一次走刀。一个工步可包括一次或几次走刀。

1.3　生产类型及其工艺特征

1.3.1　生产纲领和生产类型

1. 生产纲领

生产纲领是指企业在计划期内应当生产的产品产量和进度计划。计划期常定为一年,所以也称为年产量。零件的生产纲领要计入备品和废品的数量。生产纲领的大小对零件加工过程和生产组织起着重要作用,它决定了各工序所需专业化和自动化的程度,决定了所应选用的工艺方法和工艺装备。

零件年生产纲领可按下式计算

$$N = Qn(1+a\%+b\%)$$

（1-5）

式中　　N——零件的年生产纲领,件/年;

　　　　Q——产品的年产量,台/年;

　　　　n——每台产品中该零件的数量,件/台;

　　　　$a\%$——备品的百分率;

　　　　$b\%$——废品的百分率。

2. 生产类型

根据产品的质量大小和特征、生产纲领、批量及其投入生产的连续性,生产类型可分为单件生产、成批生产及大量生产三种,具体划分见表1-3。

表 1-3　　　　　　　　　　　　生产类型和生产纲领的关系

生产类型	零件的年生产纲领/件		
	重型零件(30 kg 以上)	中型零件(4~30 kg)	轻型零件(4 kg 以下)
单件生产	<5	<10	<100
小批生产	5~100	10~200	100~500
中批生产	100~300	200~500	500~5 000
大批生产	300~1 000	500~5 000	3 000~50 000
大量生产	>1 000	>5 000	>50 000

(1)单件生产

单件生产的基本特点是生产的产品种类繁多,每种产品制造一个或少数几个,而且很少重复生产。例如,重型机械产品制造、大型船舶制造及新产品的试制等都属于单件生产。

(2)成批生产

成批生产的基本特点是产品的品种多,同一产品均有一定的数量,能够成批进行生产,生产呈周期性重复。例如,机床、机车、纺织机械的制造等多属成批生产。

每一次投产或产出同一产品(或零件)的数量称为批量。按照批量的多少,成批生产又可进一步划分为小批生产、中批生产和大批生产。在工艺上,小批生产和单件生产相似,通常合称为单件小批生产,大批生产和大量生产相似,通常合称为大批大量生产。

(3)大量生产

大量生产的基本特点是产品的品种单一而固定,同一产品的产量很大,大多数机床上长期重复地进行某一零件的某一道工序的加工,生产具有严格的节奏性。例如,汽车、拖拉机、轴承的制造多属于大量生产。

1.3.2 各种生产类型的工艺特征

生产类型不同,产品制造的工艺方法、所采用的加工设备、工艺装备以及生产组织管理形式均不相同。在制定零件机械加工工艺规程时必须首先确定生产类型,生产类型确定之后,工艺过程的总体轮廓就勾画出来了。各种生产类型的工艺特征见表1-4。

表 1-4 各种生产类型的工艺特征

	单件生产	成批生产	大量生产
毛坯的制造方法及加工余量	铸件用木模,手工造型;锻件用自由锻。毛坯精度低,加工余量大	部分铸件用金属模,部分锻件采用模锻。毛坯精度中等,加工余量中等	铸件广泛采用金属模机器造型。锻件广泛采用模锻以及其他高生产率的毛坯制造方法,毛坯精度高,加工余量小
机床设备及其布置形式	采用通用机床,机床按类别和规格大小采用"机群式"排列布置	采用部分通用机床和部分高生产率的专用机床,机床按加工零件类别分"工段"排列布置	广泛采用高生产率的专用机床及自动机床,按流水线形式排列布置
夹具	多用通用夹具,很少采用专用夹具,靠划线及试切法达到尺寸精度	广泛采用专用夹具,部分靠划线进行加工	广泛采用高效夹具,靠夹具及调整法达到加工要求
刀具和量具	采用通用刀具及万能量具	较多采用专用刀具和专用量具	广泛采用高生产率的刀具和量具
对操作工人的要求	需要技术熟练的操作工人	操作工人需要一定的技术熟练程度	对操作工人的技术水平要求较低,对调整工人的技术要求较高
工艺文件	有简单的工艺过程卡片	有较详细的工艺规程,对重要零件需编制工序卡片	有详细编制的工艺文件
零件的互换性	广泛采用钳工修配	零件大部分有互换性,少数用钳工修配	零件全部有互换性,某些配合要求很高的零件采用分组互换
生产率	低	中等	高
单件加工成本	高	中等	低

1.4 机床分类及型号编制

1.4.1 机床的分类

机床的品种和规格繁多,为便于区别、选用和管理,须对机床加以分类和编制型号。机床的传统分类方法,主要按加工性质和所用刀具进行分类。根据我国制定的机床型号编制方法,目前将机床分为 12 大类:车床、铣床、钻床、镗床、磨床、齿轮加工机床、螺纹加工机床、刨插床、拉床、特种加工机床、锯床以及其他机床。每一类机床,按工艺范围、布局形式和结构等分为若干组,每一组细分为若干系列。

除了上述分类方法外,还有其他分类方法:

①按照机床的通用性程度可分为通用机床、专门化机床和专用机床。

通用机床可用于加工多种零件的不同工序,加工范围较广,通用性较大,但结构比较复杂。这种机床主要适用于单件小批生产,例如,卧式车床、万能升降台铣床等。专门化机床的工艺范围较窄,专门用于加工某一类或几类零件的某一道(或几道)特定工序,如插齿机就是一种加工齿面的专门化机床。专用机床的工艺范围最窄,只能用于加工某一种零件的某一道特定工序,适用于大批量生产。如加工机床主轴箱的专用镗床、加工车床导轨的专用磨床等,各种组合机床也属于专用机床。

②按照机床的加工精度可分为普通精度机床、精密机床和高精度机床。

③按照机床的质量和尺寸可分为仪表机床、中型机床(一般机床)、大型机床(大于 10 t)、

重型机床(大于 30 t)和超重型机床(大于 100 t)。

④按照机床的自动化程度可分为手动机床、机动机床、半自动机床和自动机床。

⑤按照机床的主要工作部件的数目可分为单轴、多轴机床或单刀、多刀机床等。

随着机床的发展,其分类方法也将不断发展。现代机床正向数控化方向发展,数控机床的功能日趋多样化,工序更加集中,现代数控机床集中了越来越多的传统机床的功能,使得机床品种不是越分越细,而是趋向综合。

1.4.2 机床型号的编制

机床的型号是赋予每种机床的一个代号,用来简明地表示机床的类型、通用特性和结构特性以及主要技术参数等。按 2008 年国家标准局颁布的《金属切削机床型号编制方法》(GB/ T 15375−2008)规定我国的机床型号由汉语拼音字母和阿拉伯数字按一定规律组合而成,机床型号表示方法如下:

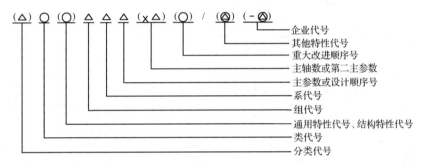

其中:

(1)有"( )"的代号或数字,当无内容时则不表示,若有内容则不带括号;

(2)有"○"符号者,为大写的汉语拼音字母;

(3)有"△"符号者,为阿拉伯数字;

(4)有"◎"符号者,为大写的汉语拼音字母,或阿拉伯数字,或两者兼有之。

在整个型号规定中,最重要的是:类代号、组代号、主参数以及通用特性代号和结构特性代号。

1. 机床的类别代号

机床类别代号用汉语拼音大写字母表示。若有分类,在类别代号前用数字表示,但第一分类不予表示,例如磨床类分为 M、2M、3M 三个分类。机床类别代号见表 1-5。

表 1-5　　　　　　　　　　　　机床分类及类别代号

类别	车床	钻床	镗床	磨床			齿轮加工机床	螺纹加工机床	铣床	刨插床	拉床	锯床	其他机床
代号	C	Z	T	M	2M	3M	Y	S	X	B	L	G	Q
读音	车	钻	镗	磨	二磨	三磨	牙	丝	铣	刨	拉	割	其他

2. 机床的特性代号

机床的特性代号分为通用特性代号和结构特性代号两类。

(1)通用特性代号

机床通用特性代号见表 1-6,通用特性代号通常在类别代号之后,如"CK"表示数控车床。若同时具有两种通用特性,则可以同时用两个代号表示,如"XZM"表示自动精密铣床。

表 1-6   机床通用特性代号

通用特性	高精度	精密	自动	半自动	数控	加工中心(自动换刀)	仿形	轻型	加重型	简式或经济型	柔性加工单元	数显	高速
代号	G	M	Z	B	K	H	F	Q	C	J	R	X	S
读音	高	密	自	半	控	换	仿	轻	重	简	柔	显	速

(2)结构特性代号:为了区分主参数相同,但结构、性能不同的机床,在型号中用结构特性代号表示。结构特性代号为汉语拼音字母,如 A、D、E 等。结构特性的代号是根据各类机床的情况分别规定的,在不同型号中的意义不一定相同。

3. 机床的组系代号

同类机床因用途、性能、结构相近或有派生而分为若干组,每一类机床又可分为 10 组,每组又分成若干系。一般用两位阿拉伯数字来表示,位于类别和特性代号之后,其中的第一位表示组,第二位表示系,金属切削机床类别与组系划分见表 1-7。

表 1-7   金属切削机床类别与组系划分表

组别 类别	0	1	2	3	4	5	6	7	8	9
车床 C	仪表车床	单轴自动车床	多轴自动半自动车床	回轮转塔车床	曲轴及凸轮轴车床	立式车床	落地及卧式车床	仿形及多刀车床	轮轴辊锭及铲齿车床	其他车床
钻床 Z		坐标镗钻床	深孔钻床	摇臂钻床	台式钻床	立式钻床	卧式钻床	铣钻床	中心孔钻床	其他钻床
镗床 T			深孔镗床		坐标镗床	立式镗床	卧式铣镗床	精镗床	汽车拖拉机修理用镗床	其他镗床
磨床 M	仪表磨床	外圆磨床	内圆磨床	砂轮机	坐标磨床	导轨磨床	刀具磨床	平面及端面磨床	曲轴、凸轮轴花键轴及轧辊磨床	工具磨床
磨床 2M		超精机	内圆珩磨机	外圆及其他珩磨机	抛光机	砂带抛光及磨削机床	刀具刃磨及研磨机床	可转位刀片磨削机床	研磨机	其他磨床
磨床 3M		球轴承套圈沟磨床	滚子轴承套圈滚道磨床	轴承套圈超精机		叶片磨削机床	滚子加工机床	钢球加工机床	气门、活塞及活塞环磨削机床	汽车拖拉机修磨机床
齿轮加工机床 Y	仪表齿轮加工机		锥齿轮加工机	滚齿轮及铣齿机	剃齿及珩齿机	插齿机	花键轴铣床	齿轮磨齿机	其他齿轮加工机	齿轮倒角及检查机
螺纹加工机床 S				套丝机	攻丝机		螺纹铣床	螺纹磨床	螺纹车床	
铣床 X	仪表铣床	悬臂及滑枕铣床	龙门铣床	平面铣床	仿形铣床	立式升降台铣床	卧式升降台铣床	床身铣床	工具铣床	其他铣床
刨插床 B		悬臂刨床	龙门刨床		插床	牛头刨床			边缘及磨具刨床	其他刨床
拉床 L			侧拉床	连续拉床	立式内拉床	卧式内拉床	立式外拉床	键槽、轴瓦及螺纹拉床		其他拉床
锯床 G			砂轮片锯床		卧式带锯床	立式带锯床	圆锯床	弓锯床	锉锯床	
其他机床 Q	其他仪表机床	管子加工机床	木螺钉加工机		刻线机	切断机	多功能机床			

4. 机床的主参数

主参数是表示机床规格和加工能力的,通常用跟在组别和系别之后的数字来表示其主参数或主参数的 1/10、1/100。如车床的主参数是工件的最大回转直径的 1/10,卧式车床 C6132 中的 32 表示工件最大回转直径为 320 mm;立式数控铣床 XK5032 中的 32 表示工作台宽度为 320 mm。

一般说来,机床的类别、特性、组系、主参数等代号确定后,该机床的功能、加工工艺范围就基本确定,工艺技术人员即可根据需要进行选择。如 XKA2040 为工作台面宽度为 400 mm (主参数 40)的数控(通用特性代号 K)龙门铣床(类代号 X、组系代号 20),MGB1440 为最大磨削外径为 400 mm(主参数 40)的高精度(通用特性代号 G)半自动(通用特性代号 B)万能外圆磨床(类代号 M、组系代号 14),技术人员即可根据零件的加工技术要求确定是否选择该铣床或磨床。

机床型号的具体含义可查阅《金属切削机床　型号编制方法》(GB/T 15375—2008)。

1.4.3　机床选择

1. 机床选择原则

选择加工机床,首先要保证加工零件的技术要求,能够加工出合格的零件。其次是要有利于提高生产率,降低生产成本。还应依据加工零件的材料状态、技术要求和工艺复杂程度选用适宜、经济的机床。

2. 根据被加工零件选择加工设备

选择加工设备时,首先应根据被加工零件的加工表面成形要求确定选用具有哪种功能的机床,即确定机床类型,然后还应根据零件加工要求考虑以下几个方面的具体问题:

(1)机床主要规格的尺寸应与工件的轮廓尺寸相适应。即小的工件应当选择小规格的机床加工,而大的工件则选择大规格的机床加工,做到设备的合理使用。

(2)机床的工作精度与工序要求的加工精度相适应。根据零件的加工精度要求选择机床,如精度要求低的粗加工工序,应选择精度低的机床,精度要求高的精加工工序,应选用精度高的机床。

(3)机床的生产率应与加工零件的生产类型相适应。单件小批量生产选择通用设备,大批大量生产选择高生产率专用设备。

(4)机床的功率与刚度以及机动范围应与工序的性质和最合适的切削用量相适应。如粗加工工序去除的毛坯余量大,切削余量选得大,就要求机床有大的功率和较好的刚度。

(5)装夹方便、夹具结构简单也是选择机床时需要考虑的一个因素。例如:选择采用卧式铣床,还是选择立式铣床,将直接影响所选择的夹具的结构和加工的可靠性。

(6)机床选择还应结合现场的实际情况。例如,现有设备的类型、规格、实际精度、负荷情况以及操作者的技术水平等。

1.5　工件的装夹

1.5.1　工件的装夹过程

在机床上加工工件时,为了保证达到工序精度的加工要求,首先要使工件相对于刀具和机床有正确的位置,并使这个位置在加工过程中不因外力的影响而变动。为此,在进行机械加工前,先要装好和夹牢工件。将工件装好就是在机床上确定工件相对于刀具的正确位置,此过程称为定位。将工件夹牢就是对工件施加作用力使之被压紧,使工件在加工过程中总能保持其正确位置,此过程称为夹紧。工件的装夹过程包括定位过程和夹紧过程两部分内容,且必须先定位后夹紧。

1.5.2 工件的装夹方法

1. 直接找正装夹法

用划针、百分表等工具直接找正工件位置并加以夹紧的方法称为直接找正装夹。此法生产率低,精度取决于工人的技术水平和测量工具的精度,一般只用于单件小批生产或位置精度要求特别高的工件。如图 1-9 所示,在车床上用四爪单动卡盘装夹工件过程中,采用百分表进行内孔表面的找正。

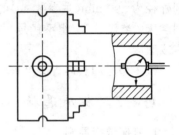

图 1-9 直接找正装夹法

2. 划线找正装夹法

先用划针画出要加工表面的位置,再按划线用划针找正工件在机床上的位置并加以夹紧。如图 1-10 所示为在牛头刨床上按划线找正装夹。划线找正的定位精度不高,主要用于批量小、毛坯精度低及大型零件的粗加工。

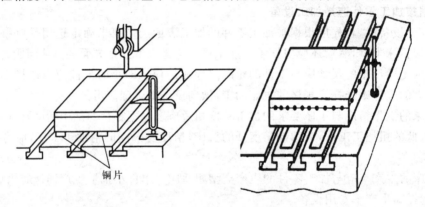

铜片

图 1-10 划线找正装夹法

3. 夹具装夹法

此法是使用机床夹具上的定位元件使工件获得正确位置的一种方法。这种方法安装迅速方便,定位精度较高而且稳定,生产率较高,广泛用于成批和大量生产。

显然,工件在机床上安装时采用的装夹方法不同,对其定位与夹紧的要求也各不相同。有关工件定位与夹紧的原理、方法等内容将在后续章节中予以详细介绍。

1.6 金属切削刀具简介

1.6.1 刀具材料应具备的性能

刀具材料是指刀具切削部分的材料。刀具材料性能的优劣对切削加工过程、加工精度、表面质量及生产率有着直接的影响。早期机械切削加工以碳素工具钢及合金工具钢作为刀具材料时,刀具的切削速度只有 10 m/min 左右。20 世纪初出现了高速钢刀具材料,使刀具的切削速度提高到每分钟几十米。20 世纪 30 年代出现了硬质合金刀具材料,使刀具的切削速度提高到每分钟一百多米至几百米。目前陶瓷刀具材料和超硬刀具材料的出现,使刀具的切削速度提高到每分钟一千米以上。同时被加工材料的发展也推动了刀具材料的发展。

性能优良的刀具材料是保证刀具高效工作的基本条件。刀具切削部分在强烈摩擦、高压、高温下工作应具备如下的性能:

(1)高硬度和高耐磨性

刀具材料的硬度必须高于被加工材料的硬度才能切下金属,这是刀具材料必备的基本要求。现有刀具材料硬度都在 60HRC 以上。通常刀具材料的硬度越高,其耐磨性越好,刀具切削时能保持合理几何形状的时间越长(磨损缓慢)。但由于切削条件较复杂,刀具材料的耐磨性还取决于它的化学成分和金相组织的稳定性。

(2)足够的强度与冲击韧性

刀具强度是指为了抵抗切削力的作用而不致使刀刃崩碎与刀杆折断所应具备的性能。一般用抗弯强度来表示。

冲击韧性是指刀具材料在间断切削或有冲击的工作条件下保证不崩刃的能力。一般地,硬度越高,冲击韧性越低,材料越脆。

(3)高耐热性

耐热性又称为红硬性,是衡量刀具材料性能的主要指标。它综合反映了刀具材料在高温下保持硬度、耐磨性、强度、抗氧化、抗黏结和抗扩散的能力。

(4)好的导热性和小的膨胀系数

导热性越好,刀具传出的热量越多,越有利于降低切削温度和提高刀具的使用寿命。膨胀系数小,有利于减小刀具的热变形。

(5)良好的工艺性和经济性

为了便于制造,刀具材料应具有良好的工艺性,如锻造、热处理及磨削等加工性能。当前超硬工具材料及涂层刀具材料的费用都较贵,但其使用寿命很长,在成批量生产中,分摊到每个零件中的费用反而有所降低。因此,在选用刀具材料时一定要综合考虑。

1.6.2 刀具材料的种类

1.工具钢

(1)碳素工具钢

碳素工具钢指碳质量分数为 0.65%～1.35% 的优质高碳钢。按照 GB/T 13304.1—2008,碳素工具钢属于特殊质量非合金钢。由于碳素工具钢在切削温度高于 250～300 ℃时,马氏体要分解,因而使得其硬度降低。另外,它具有碳化物分布不均匀、淬火后变形较大、易产生裂纹、淬透性差、淬硬层薄等缺点。因此,碳素工具钢只适于制造手工用和切削速度很低的刀具,如锉刀、手用锯条、丝锥和板牙等。

用作切削刀具的碳素工具钢常用牌号有:T8A、T10A 和 T12A,其中以 T12A 使用最多,其碳质量分数为 1.15%～1.20%,淬火后硬度可达 58～64 HRC,热硬性可达 250～300 ℃,允许切削速度可达 5～10 m/min。

（2）合金工具钢

针对碳素工具钢的热硬性低、淬透性差及淬火后变形大等缺点，在碳素工具钢中加入 Si、Mn、Ni、Cr、W、Mo、V 等合金元素而形成合金工具钢。加入 Cr 和 Mn 可以提高合金工具钢的淬透性和回火稳定性，细化晶粒，减小变形。可根据要求，有选择地加入或同时加入其他元素（加入总量一般不超过 5%），形成一系列的合金工具钢。

合金工具钢的热硬性可达 325～400 ℃，允许切削速度可达 10～15 m/min。合金工具钢的淬硬性、淬透性、耐磨性和冲击韧性均比碳素工具钢高。合金工具钢按用途大致可分为刃具、模具和量具用钢。常用合金工具钢的牌号、化学成分及用途见表 1-8。

表 1-8　　　　　　　　常用合金工具钢的牌号、化学成分及用途

牌号	化学成分（质量分数）/%							应用举例
	C	Mn	Si	Cr	W	V	硬度 HRC	
9Mn2V	0.85～0.95	1.7～2.0	≤0.035	—	—	0.10～0.25	≥62	丝锥、板牙、铰刀等
9SiCr	0.85～0.95	0.3～0.6	1.2～1.6	0.95～1.25	—	—	≥62	板牙、丝锥、钻头、铰刀等
CrW5	1.26～1.50	≤0.3	≤0.3	0.4～0.7	4.5～5.5	—	≥65	铣刀、车刀、刨刀等
CrMn	1.3～1.5	0.45～0.75	≤0.35	1.3～1.6	—	—	≥62	量规、块规
CrWMn	0.90～1.05	0.8～1.1	0.15～0.35	0.9～1.2	1.2～1.6	—	≥62	板牙、拉刀、量规等

2. 高速钢

高速钢是高速合金工具钢的简称，也称白钢或锋钢，是 19 世纪末研制成功的。

高速钢是一种加入了较多的 W、Cr、V、Mo 等合金元素的高合金工具钢。高速钢的制造工艺简单，容易刃磨成锋利的切削刃，锻造、热处理变形小。目前在复杂刀具如麻花钻、丝锥、拉刀、齿轮刀具和成形刀具的制造中，高速钢仍占有主要地位。

高速钢是综合性能较好，应用范围最广的一种刀具材料。其热处理后的硬度可达 62～66HRC，抗弯强度约为 3.3 GPa，耐热性为 600 ℃左右。但是高速钢的热处理工艺较为复杂，必须经过退火、淬火、回火等一系列过程。高速钢的使用占刀具材料总量的 60%～70%。总体上，按其性能和用途高速钢可分为通用型高速钢和高性能高速钢。

（1）通用型高速钢

通用型高速钢工艺性能好，能满足通用工程材料的切削加工要求，约占高速钢总量的75%。它按钨、钼含量不同可分为钨系高速钢、钨钼系高速钢和高钼系高速钢。

（2）高性能高速钢

高性能高速钢是在通用型高速钢的基础上，通过调整化学成分和添加其他合金元素，使其性能比通用型高速钢进一步提高的一种新型高速钢。如 W12Cr4V4Mo，就是在通用型高速钢中再增加一些 Cr、V 及添加 Co、Al 等元素冶炼而成。它的耐用度为通用型高速钢的 1.5～3.0 倍，具有更高的硬度、热硬性。当其切削温度达到 650 ℃时，硬度仍可保持在 60HRC 以上。高性能高速钢主要用于高温合金、钛合金、高强度钢和不锈钢等难加工材料的切削加工。高性能高速钢包括高碳高速钢、高钒高速钢、钴高速钢和铝高速钢。

3. 硬质合金

硬质合金由 Schroter 于 1926 年首先制成。它是由 WC、TiC、TaC、NbC、VC 等难熔金属碳化物以及作为黏结剂的铁族金属用粉末冶金方法制备而成的。经过几十年的不断发展，硬质合金的硬度已达 89～93HRA，其在 1 000 ℃的高温下仍具有较好的红硬性，且耐用度是高

速钢的几倍到几十倍。

按GB/T 2075—2007,硬质合金可分为P类硬质合金、M类硬质合金和K类硬质合金。另外,硬质合金还包括涂层硬质合金、添加稀土元素的硬质合金和梯度硬质合金。

4. 陶瓷刀具材料

与硬质合金相比,陶瓷刀具材料具有更高的硬度、红硬性和耐磨性。因此,加工钢材时,陶瓷刀具的耐用度为硬质合金刀具的耐用度的10~20倍,其红硬性比硬质合金高2~6倍,且在化学稳定性和抗氧化能力等方面均优于硬质合金。陶瓷刀具材料的缺点是脆性大,横向断裂强度低,承受冲击载荷能力差,这也是近几十年来人们不断对其进行改进的重点。

陶瓷刀具材料可分为氧化铝(Al_2O_3)基陶瓷刀具材料、氮化硅(Si_3N_4)基陶瓷刀具材料和氮化硅-氧化铝复合陶瓷刀具材料。

5. 超硬刀具材料

人造金刚石、立方氮化硼(CBN)等具有高硬度的材料统称为超硬刀具材料。

(1)人造金刚石

天然金刚石是目前自然界已知的最硬物质,其具有高导热性、高绝缘性、高化学稳定性、高温半导体特性等多种优良性能,但其价格昂贵。人造金刚石制成的刀具可用于铝、铜等有色金属及其合金的精密加工,特别适合加工非金属硬脆材料。

(2)立方氮化硼

立方氮化硼(CBN)是硬度仅次于人造金刚石的超硬刀具材料。虽然CBN的硬度低于人造金刚石,但其抗氧化温度却高达1 360 ℃,且与铁磁类材料具有较低的亲和性。因此,虽然目前CBN还是以烧结体形式进行制备,但仍是适合钢类材料切削,且具有高耐磨性的优良刀具材料。由于CBN具有高硬度、高热稳定性、高化学稳定性等优异性能,因而特别适合加工高硬度、高韧性的难加工金属材料。

近年来,随着CNC加工技术的迅猛发展以及数控机床的普遍使用,可实现高效率、高稳定性、长寿命加工的超硬刀具的应用也日渐普及,同时引入了许多先进的切削加工概念,如高速切削、硬态加工、高稳定性加工、以车代磨、干式切削等。超硬刀具已成为现代切削加工中不可缺少的重要工具。

1.6.3 刀具的几何角度

1. 刀具切削部分的组成

切削刀具的种类很多,但切削部分的组成有共同之处,车刀切削部分可看作是各种刀具切削部分的最基本状态。因此,以普通外圆车刀为代表来确定切削部分的基本定义,也同样适合其他刀具。

如图1-11所示为典型外圆车刀切削部分的组成。图中车刀由刀体和刀头组成。车刀切削部分由刀面、切削刃和刀尖组成。

(1)刀面

刀面包括前面和后面。

前面又称为前刀面,是刀具上切屑流过的表面,用符号 A_γ 表示。

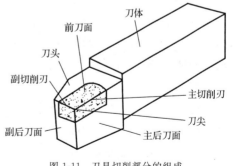

图 1-11 刀具切削部分的组成

后面又称为后刀面,可分为主后刀面和副后刀面。主后刀面是指与过渡表面相对的刀面,用符号 A_a 表示。副后刀面是指与工件已加工表面相对的刀面,用符号 A'_a 表示。

(2)切削刃

切削刃是指前刀面上直接进行切削的边锋。切削刃可分为主切削刃和副切削刃。

主切削刃是指前刀面与主后刀面的交线,用符号 S 表示。

副切削刃是指前刀面与副后刀面的交线,用符号 S' 表示。

(3)刀尖

刀尖是指主切削刃与副切削刃的交点或主切削刃与副切削刃间的过渡弧(也称过渡刃)。刀尖的类型主要有切削刃交点、圆弧刀尖、倒棱刀尖等,如图 1-12 所示。

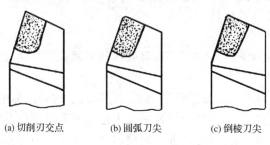

(a) 切削刃交点　　(b) 圆弧刀尖　　(c) 倒棱刀尖

图 1-12　刀尖的类型

2. 刀具角度的坐标平面与参考系

要确定刀面和切削刃的空间位置,可用刀具的几何角度来表示,这样就必须将刀具置于一空间坐标平面参考系内。参考系即用于定义和规定刀具角度的各基准坐标面。参考系可分为静态参考系和动态参考系。静态参考系是定义刀具标注角度的参考系,而动态参考系可用来确定刀具在运动中角度的基准,是定义刀具工作角度的参考系。

参考系和刀具角度都是对切削刃上某一点而言的,切削刃上不同的点应建立各自的参考系,表示各自的刀具角度。参考系有三种,包括正交平面参考系、法平面参考系和假定工作平面与背平面参考系。下面主要介绍车刀正交平面参考系,如图 1-13 所示。

正交平面参考系由基面、切削平面和正交平面组成,并且这三个平面互相垂直。

(1)基面

通过切削刃上某选定点,垂直于该点切削速度方向的平面称为基面,用符号 p_r 表示。基面是刀具制造、刃磨、测量时的定位基准,通常平行于车刀的安装面(底面)。

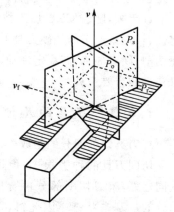

图 1-13　车刀正交平面参考系

(2)切削平面

通过切削刃上某选定点,包含主切削刃或与主切削刃相切并垂直于基面 p_r 的平面称为切削平面,用符号 p_s 表示;通过副切削刃上某选定点,包含副切削刃或与副切削刃相切并垂直于基面 p_r 的平面称为副切削平面,用符号 p'_s 表示。

(3)正交平面

通过切削刃上某选定点,同时垂直于基面与切削平面的平面称为正交平面,用符号 p_o 表示。由此可知,正交平面垂直于主切削刃在基面上的投影。通过副切削刃上某选定点,若同时垂直于基面与副切削平面的平面,则称为副正交平面,用符号 p'_o 表示。

　　对于形状复杂的刀具(或考虑切削条件的影响),有时用基面、切削平面和其他平面组成的参考系来度量刀具角度要方便一些,这样就形成其他参考系。如基面、切削平面与法平面(用符号 p_n 表示)组成法平面参考系,基面、切削平面与假定进给平面(用符号 p_f 表示)组成的参考系,基面、切削平面与背向平面(用符号 p_p 表示)组成的参考系等。

3. 刀具的标注角度

　　刀具的标注角度是指在刀具工作图中要标出的几何角度,即在静止参考系中的几何角度。刀具的标注角度是刀具的重要几何参数,直接关系到刀具的性能、强度和耐用度等。以车刀为例,说明正交平面参考系中各标注角度的含义,如图 1-14 所示。

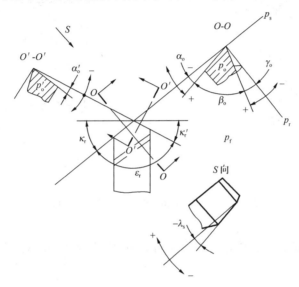

图 1-14　车刀的标注角度

　　(1)前角

　　前刀面与基面之间的夹角称为前角,用符号 γ_o 表示。它是在正交平面 p_o 中测量的。当切削平面与前刀面之间的夹角小于 90°时,前角为正;当切削平面与前刀面之间的夹角大于90°时,前角为负;当前刀面与基面平行时,前角为 0°。

　　(2)后角

　　主后刀面与切削平面之间的夹角称为后角,用符号 α_o 表示。它也是在正交平面 p_o 中测量的。当主后刀面与基面的夹角小于 90°时,后角为正;当主后刀面与基面的夹角大于 90°时,后角为负。在实际切削中,后角必须大于 0°。

　　(3)主偏角

　　主切削刃在基面上的投影与假定进给运动方向之间的夹角称为主偏角,用符号 κ_r 表示。它是在基面 p_r 中测量的。

　　(4)副偏角

　　副切削刃在基面上的投影与假定进给运动反方向之间的夹角称为副偏角,用符号 κ'_r 表示。它也是在基面 p_r 中测量的。

　　(5)刃倾角

　　主切削刃与基面之间的夹角称为刃倾角,用符号 λ_s 表示。它是在切削平面 p_s 中测量的。

当刀尖是切削刃上最高点时，刃倾角为正；当刀尖是切削刃上最低点时，刃倾角为负。

刀具前、后角及刃倾角的正、负判断法，如图 1-15 所示。

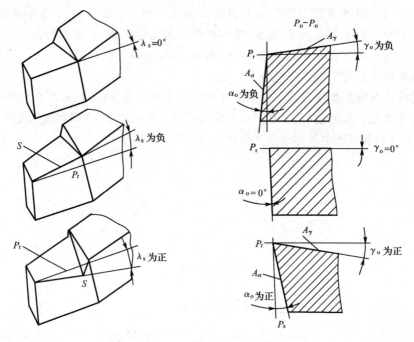

图 1-15　刀具前、后角及刃倾角的正、负判断法

（6）副后角

副后刀面与副切削平面之间的夹角称为副后角，用符号 α'_o 表示。它是在副正交平面 p'_o 中测量的。

（7）楔角

前刀面与主后刀面之间的夹角称为楔角，用符号 β_o 表示。它是在正交平面 p_o 中测量的。其计算公式为

$$\beta_o = 90° - (\alpha_o + \gamma_o) \tag{1-6}$$

（8）刀尖角

主切削刃与副切削刃在基面上投影之间的夹角称为刀尖角，用符号 ε_r 表示。它是在基面 p_r 中测量的。其计算公式为

$$\varepsilon_r = 180° - (\kappa_r + \kappa'_r) \tag{1-7}$$

上述八个角度中，前五个为刀具的基本角度，其余均为派生角度。

显然，采用不同的参考系，刀具的标注角度是不相同的。但每个参考系中都包含相同的基面与切削平面，故只需考虑另一个参考平面内的角度即可。如法平面参考系（p_r-p_s-p_n）中，只有法平面内的角度法前角 γ_n、法后角 α_n 与正交平面参考系中的角度不同，其他角度则没有变化。同理，假定工作平面与假定进给平面、背向平面参考系（p_r-p_s-p_f、p_r-p_s-p_p）只需考虑进给前角 γ_f、进给后角 α_f 和背向前角 γ_p、背向后角 α_p。因为刀具的切削部分是一个确定的空间几何体，所以无论从哪个参考平面去度量其角度，刀具切削部分本身是不会变化的。也就是说，在某一参考系中刀具标注角度确定后，在其他参考系中的角度也就确定了，即各参考系中的角度有一个固定的换算关系。有关于此，可查阅相关资料。

4. 刀具的工作角度

刀具的标注角度是忽略进给运动条件时给出的,而刀具的工作角度是刀具在工作参考系中定义的一组角度。在切削过程中,由于刀具安装位置和进给因素的影响,刀具的工作角度(刀具的实际切削角度)不同于其在静态参考系中的角度。

(1)刀具工作角度的含义

刀具的工作角度是刀具在工作时的实际切削角度,即在考虑刀具的具体安装情况和运动影响的条件下而确定的刀具角度。在大多数情况下,普通车削、镗孔、端面铣削等,由于进给速度远小于主运动速度,因而刀具工作角度与刀具的标注角度相差无几,两者差别可不予考虑。但当切削大螺距丝杠和螺纹、铲背、切断以及钻孔分析钻心附近的切削条件或刀具特殊安装时,需要计算刀具工作角度,其目的是使刀具工作角度得到最合理值,据此换算出刀具的标注角度,以便于制造或刃磨。

(2)刀具工作参考系

刀具工作参考系包括正交平面参考系、法平面参考系和假定工作平面与背向平面参考系。下面主要介绍正交平面参考系,该参考系由工作基面、工作切削平面和工作正交平面组成。

①工作基面　通过切削刃选定点并与合成切削速度方向相垂直的平面称为工作基面,用符号 p_{re} 表示。

②工作切削平面　通过切削刃选定点与切削刃相切并垂直工作基面的平面称为工作切削平面,用符号 p_{se} 表示。

③工作正交平面　通过切削刃上的选定点同时与工作基面和工作切削平面相垂直的平面称为工作正交平面,用符号 p_{oe} 表示。

(3)进给运动对刀具工作角度的影响

以切断刀加工为例,设切断刀主偏角 $\kappa_r = 90°$,前角 $\gamma_o > 0°$,后角 $\alpha_o > 0°$,安装时刀尖对准工件的中心高。不考虑进给运动时,前角 γ_o 和后角 α_o 为标注角度。当考虑横向进给运动后,切削刃上选定点相对于工件的运动轨迹,是主运动和横向进给运动的合成运动轨迹,为阿基米德螺旋线,如图 1-16 所示。其合成运动方向 v_e 为过切削刃上选定点的阿基米德螺旋线的切线方向。因此,工作基面 p_{re} 和工作切削平面 p_{se} 相对于 p_r 和 p_s 相应地转动了一个角度 μ,结果引起了切断刀的角度变化,其值为

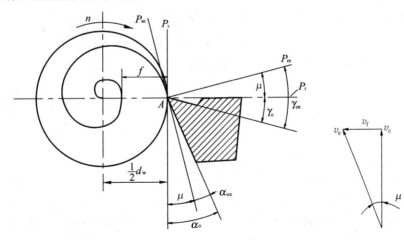

图 1-16　横向进给运动对工作角度的影响

$$\gamma_{oe}=\gamma_o+\mu \tag{1-8}$$

$$\alpha_{oe}=\alpha_o-\mu \tag{1-9}$$

$$\tan\mu=\frac{v_f}{v_c}=\frac{f}{\pi d} \tag{1-10}$$

式中　　f——工件每转一周刀具的横向进给量,mm/r;

　　　　d——工件切削刃选定点处的瞬时过渡表面直径,mm。

由式(1-8)、式(1-9)和式(1-10)可知,在横向进给切削或切断工件时,随着进给量 f 的增大和加工直径 d 的减小,μ 值不断增大,工作前角不断增大,工作后角不断减小。当刀尖接近工件中心位置时,工作后角的减小特别严重,很容易因后面和工件过渡表面剧烈摩擦使切削刃崩碎或使工件挤断。因此,切断工件时不宜选用过大的进给量 f,或在切断接近结束时,应适当减小进给量或适当加大工作后角。

对于纵向外圆车削,同样随着进给量 f 的增大和加工直径 d 的减小,μ 值不断增大,工作前角不断增大,而工作后角不断减小。但由于纵向外圆车削过程中,工件直径基本不变,进给量又较小,其角度变化一般可忽略不计,因而不必进行刀具工作角度的计算。当进给量很大,如车螺纹(尤其是大导程或多头螺纹)时,其刀具工作角度与刀具的标注角度相差很大,必须进行刀具工作角度的计算。

1.6.4　常见机械加工刀具

在长期的生产实践中,随着机械零件的材料、结构和精度等的不断发展变化,切削加工的方法越来越呈现出多样性,切削加工中所用的刀具也随之发展形成了结构、类型和规格颇为复杂的系统。以下就机械加工中的常用刀具加以介绍。

1. 车刀

车刀结构简单,是生产上应用最为广泛的一种刀具。它可以在普通车床和数控车床上完成工件的外圆、内孔、端面、切槽或切断以及部分内外成形表面等的加工。

(1)按用途分类

①外圆车刀

外圆车刀主要用于粗车或精车外回转表面、圆柱面或圆锥面。各种外圆车刀如图 1-17 所示。外圆车刀又分为宽刃精车刀(Ⅰ)、直头外圆车刀(Ⅱ)、90°偏刀(Ⅲ)和弯头车刀(Ⅳ和Ⅴ)等。

②端面车刀

端面车刀专门用于车削垂直于轴线的平面,如图 1-18 所示。

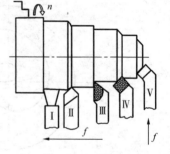

图 1-17　外圆车刀

一般端面车刀都从外缘向中心进给,如图 1-18(a)所示,这样便于在切削时测量工件已加工表面的长度。若端面上已有孔,则可采用由工件中心向外缘进给的方法,如图 1-18(b)所示,这种进给方法可使工件表面粗糙度降低。端面车刀的主偏角一般不要大于90°,否则易引起"扎刀"现象,使加工出的工件端面内凹,如图 1-18(c)中的虚线所示。

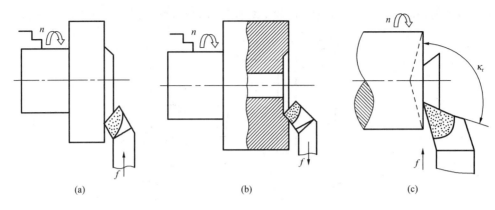

图 1-18 端面车刀

③内孔车刀

内孔车刀如图 1-19 所示。Ⅰ用于车削通孔，Ⅱ用于车削盲孔，Ⅲ用于切割凹槽和倒角。内孔车刀的工作条件较外圆车刀差。这是由于内孔车刀的刀杆悬伸长度和刀杆截面尺寸都受孔的尺寸限制，当刀杆伸出较长而截面较小时，刚度低，容易引起振动。

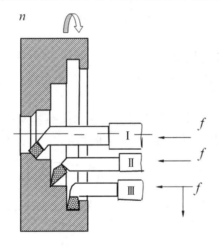

图 1-19 内孔车刀

④螺纹车刀

螺纹车刀是用来在车床上进行螺纹切削加工的一种刀具。螺纹车刀分为外螺纹车刀和内螺纹车刀。外螺纹车刀如图 1-20 所示，内螺纹车刀如图 1-21 所示。

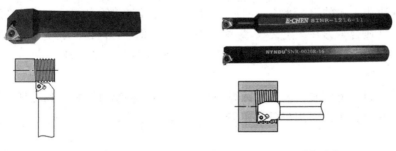

图 1-20 外螺纹车刀   图 1-21 内螺纹车刀

⑤切断刀和切槽刀

切断刀主要用于从棒料上切下已加工好的零件，或切断较小直径的棒料，也可以切窄槽。

按刀头与刀身的相对位置,可以分为对称和不对称(左偏和右偏)两种,如图 1-22 所示 。

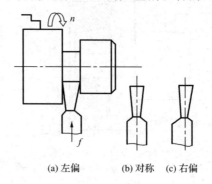

(a) 左偏　　　(b) 对称　　(c) 右偏

图 1-22　切断刀

切槽刀主要用于槽的加工,可以加工外沟槽、内沟槽和端面沟槽等。

(2)按结构分类

车刀按其结构可分为整体车刀、焊接车刀、焊接装配车刀、成形车刀、机械夹固重磨式车刀和机夹可转位车刀。其中机械夹固重磨式车刀和机夹可转位车刀具有较多优点,尤其机夹可转位车刀是国家重点推广项目之一。

①整体车刀

如图 1-23 所示,用整块高速钢做成长条形状的车刀,称为整体车刀,俗称为"白钢刀"。该车刀的刃口可磨的较锋利,主要用于小型车床或加工有色金属。

②焊接车刀

焊接车刀是将一定形状的刀片和刀柄用紫铜或其他焊料通过镶焊连接成一体的车刀,如图 1-24 所示。其刀片一般选用硬质合金,刀柄一般选用 45 钢。

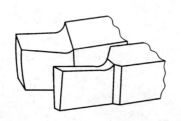

图 1-23　整体车刀

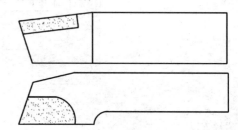

图 1-24　焊接车刀

焊接车刀结构简单,制造方便,可根据需要刃磨。焊接车刀的硬质合金刀片利用充分,但其切削性能取决于工人的刃磨水平,并且焊接时会降低硬质合金刀片的硬度,易产生热应力,严重时会导致硬质合金刀片产生裂纹,影响刀具寿命。此外,焊接车刀刀杆不能重复使用,当刀片用完后,刀杆也随之报废。一般车刀,特别是小车刀多为焊接车刀。

③焊接装配车刀

焊接装配车刀是将硬质合金刀片钎焊在小刀块上,再将小刀块装配到刀杆上制成的,如图 1-25 所示。焊接装配车刀多用于重型车刀,采用装配式结构以后,既可使刃磨省力,刀杆也可重复使用。

④成形车刀

成形车刀又称为样板刀,是在普通车床、自动车床上加工内外成形表面的专用刀具。用它能一次切出成形表面,故操作简便、生产率高。用成形车刀加工零件可达到公差等级 IT8～

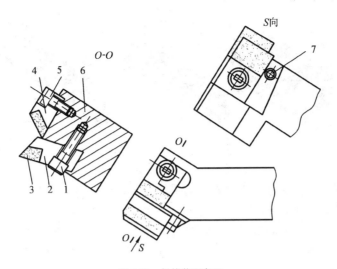

图 1-25 焊接装配车刀
1、5—螺钉;2—小刀块;3—刀片;4—断屑器;6—刀杆;7—销

IT10,表面粗糙度 $Ra = 5 \sim 10~\mu m$。成形车刀制造较为复杂,当切削刃的工作长度过长时,易产生振动,故主要用于批量加工小尺寸的零件。成形车刀按其形状可分为平体成形车刀、棱体成形车刀和圆体成形车刀,如图 1-26 所示,图中 γ_f 为进给前角,α_f 为进给后角。

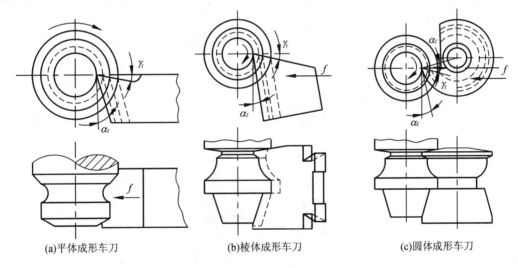

(a)平体成形车刀   (b)棱体成形车刀   (c)圆体成形车刀

图 1-26 成形车刀的分类

⑤机械夹固式硬质合金车刀

机械夹固式硬质合金车刀又可分为机夹可重磨式车刀和可转位式机夹车刀。机夹可重磨式车刀是用机械夹固的方法将刀片固定在刀杆上,由刀片、刀垫、刀杆和夹紧机构等组成,刀片不经高温焊接,排除了产生焊接应力和裂纹的可能;刀杆可以多次重复使用,使刀杆材料利用率大大提高,刀杆成本下降。可转位式机夹车刀是一种把可转位刀片用机械夹固的方法装夹在特制的刀杆上使用的刀具,在使用过程中,当切削刃磨钝后,不需刃磨,只需通过刀片的转位,即可用新的切削刃继续切削。只有当可转位刀片上所有的切削刃都磨钝后,才需要换新刀片。如图 1-27 所示为可转位式机夹车刀。

图 1-27　可转位式机夹车刀

2. 铣刀

铣刀是广泛用于平面及各种成形表面加工的刀具。可以用来铣平面、沟槽、台阶、花键、齿形、内腔、螺纹和铣成形表面等的加工。

铣削是切削加工中典型的多齿（或多刃）切削加工方法。铣削的效率很高，受力很不平稳，切削层参数也是变化的很有特点。铣刀的种类繁多，其分类方法也较多。一般可按用途和结构形式分类，也可按齿背形式分类。

（1）按用途和结构形式分类

铣刀按其用途和结构形式可分为圆柱形铣刀、端铣刀、盘形铣刀、锯片铣刀、立铣刀、键槽铣刀、角度铣刀和成形铣刀，如图 1-28 所示。

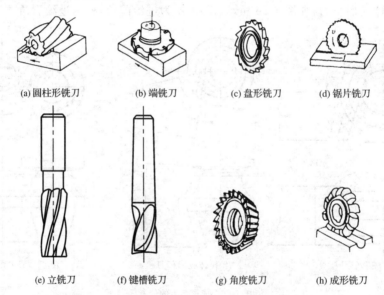

(a) 圆柱形铣刀　　(b) 端铣刀　　(c) 盘形铣刀　　(d) 锯片铣刀

(e) 立铣刀　　(f) 键槽铣刀　　(g) 角度铣刀　　(h) 成形铣刀

图 1-28　铣刀按用途和结构形式分类

①圆柱形铣刀

圆柱形铣刀的切削刃呈螺旋状分布在圆柱表面上，其两端面无切削刃。它常用来在卧式铣床上加工平面。圆柱形铣刀多采用高速钢整体制造，也可以镶焊硬质合金刀条。

②端铣刀

端铣刀的切削刃分布在其端面上。切削时，端铣刀轴线垂直于被加工表面。它常用来在立式铣床上加工平面。端铣刀多采用硬质合金刀齿，故生产率较高。

③盘形铣刀

盘形铣刀包括槽铣刀、两面刃铣刀和三面刃铣刀，如图 1-29 所示。

Ⅰ.槽铣刀。槽铣刀仅在圆柱表面上有刀齿。为了减少端面与沟槽侧面的摩擦，槽铣刀的两侧面常做成内凹锥面,使副切削刃有 $\kappa_r' = 30'$ 的副偏角。槽铣刀只用于加工浅槽。

Ⅱ. 两面刃铣刀。两面刃铣刀在圆柱表面和一个侧面上有刀齿,用于加工台阶面。

Ⅲ. 三面刃铣刀。三面刃铣刀在圆柱表面和两侧面上都有刀齿,用于加工沟槽。

(a) 槽铣刀　　　　　(b) 两面刃铣刀　　　(c) 三面刃铣刀

图 1-29　盘形铣刀的种类

④锯片铣刀

锯片铣刀实际上就是薄片槽铣刀,其作用与切断车刀类似,用于切断材料或铣削狭槽。

⑤立铣刀

立铣刀的圆柱面上的螺旋切削刃为主切削刃,端面上的切削刃为副切削刃。立铣刀可加工平面、台阶面和沟槽等,一般不能做轴向进给运动。用于加工三维成形表面的立铣刀,端部做成球形,称为球头立铣刀。其球面切削刃从轴心开始,也是主切削刃,可做多向进给运动。

⑥键槽铣刀

键槽铣刀是铣制键槽的专用刀具。它仅有两个刃瓣,其圆周和端面上的切削刃都可作为主切削刃,使用时先沿键槽铣刀轴向进给切入工件,然后沿键槽方向进给铣出全槽。为保证被加工键槽的尺寸,键槽铣刀只重磨端面刃,常用它来加工圆头封闭键槽。

⑦角度铣刀

角度铣刀可分为单角度铣刀和双角度铣刀。角度铣刀可用于铣削沟槽和斜面。

⑧成形铣刀

成形铣刀用于加工成形表面。

(2)按齿背形式分类

铣刀按其齿背形式可分为尖齿铣刀和铲齿铣刀,如图 1-30 所示。

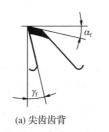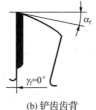

(a) 尖齿齿背　　　　　　(b) 铲齿齿背

图 1-30　按齿背形式分类的铣刀

①尖齿铣刀

尖齿铣刀的齿背是铣制而成的,并在切削刃后磨出一条窄的后面,用钝后仅需重磨后面。

②铲齿铣刀

铲齿铣刀的齿背曲线是阿基米德螺旋曲线,是用专门铲齿刀铲制而成的,用钝后可重磨前面。当铣刀切削刃为复杂廓形时,可保证铣刀在使用过程中廓形不变。目前多数成形铣刀为铲齿铣刀,它比尖齿成形铣刀容易制造,重磨简单。铲齿铣刀的后面如果经过铲磨加工,可保证较高的耐用度和被加工表面质量。

此外,铣刀还可按刀齿疏密程度分为粗齿铣刀和细齿铣刀。粗齿铣刀刀齿数少,刀齿强度高,容屑空间大,多用于粗加工。细齿铣刀刀齿数多,容屑空间小,多用于精加工。

3. 孔加工刀具

孔加工刀具可以分为两大类,第一类可以在实体工件上钻削出通孔或盲孔,这类刀具有扁钻、麻花钻、中心钻及深孔钻等;第二类可以对已有的孔进行扩大或提高加工精度,这类刀具有扩孔钻、锪钻、铰刀及镗刀等。

（1）扁钻

扁钻是使用最早的孔加工刀具。它就是把切削部分磨成一个扁平体,将主切削刃磨出锋角与后角一同形成横刃;将副切削刃磨出后角与副偏角一同控制钻孔直径。

扁钻具有制造简单,成本低的特点,因此,在仪表和钟表工业中直径为 1 mm 以下的小孔加工中得到了广泛的应用。但由于其前角小,没有螺旋槽,因而排屑困难。近年来,扁钻由于结构上有较大改进,因此,在自动线和数控机床上加工直径为 35 mm 以上的孔时,也使用扁钻。

扁钻有整体式扁钻和装配式扁钻两种,如图 1-31 所示。整体式扁钻常用于在数控机床上对较小直径(ϕ<12 mm)的孔进行加工,装配式扁钻常用于在数控机床和组合机床上钻、扩较大直径(ϕ=25～125 mm)的孔。

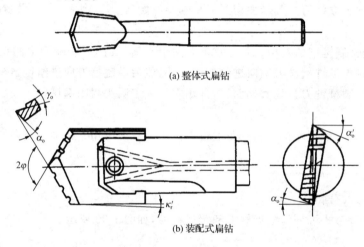

(a) 整体式扁钻

(b) 装配式扁钻

图 1-31　扁钻

（2）麻花钻

常用的麻花钻直径规格为 ϕ0.1～ϕ80 mm。标准麻花钻的结构如图 1-32 所示,柄部是钻头的夹持部分,并用来传递转矩;钻头柄部有直柄与锥柄两种。前者用于小直径钻头,后者用于大直径钻头。颈部供制造时磨削柄部退砂轮用,也是钻头打标记的地方。为制造方便,直柄麻花钻一般不设颈部。工作部分包括切削部分和导向部分,切削部分担负着主要切削工作。钻头有两条主切削刃,两条副切削刃和一条横刃,如图 1-33 所示。螺旋槽表面为钻头的前刀面,切削部分顶端的螺旋面为后刀面。刃带为副后刀面。横刃是两主后刀面的交线。呈对称分布的两主切削刃和两副切削刃可视为一正一反安装的两把外圆车刀,如图 1-33 中虚线所示。导向部分有两条对称的螺旋槽和刃带。螺旋槽用来形成切削刃和前角,并起排屑和输送切削液的作用。刃带起导向和修光孔壁的作用。刃带有很小的倒锥。由切削部分到柄部每 100 mm 长度上直径减小 0.03～0.12 mm,以减小钻头与孔壁的摩擦。

麻花钻的主要几何角度有顶角 2φ、前角 γ_o、后角 α_f、横刃斜角 ψ 和螺旋角 β,如图 1-34 所示。顶角 2φ 是两条主切削刃在与其平行的平面 M-M 上投影的夹角。加工钢料和铸铁的标

准麻花钻顶角取为 $118°±2°$。前角 γ_o 是在 $O\text{-}O$ 断面(正交断面 p_o)内测量的。由于前刀面是螺旋面,因此沿主切削刃上任一点的前角大小是变化的(由 $+30°\sim-30°$),越靠近钻心,前角越小。为测量方便,钻头后角 α_f 规定是在轴向断面 $F-F$ 内测量的,主切削刃上各点的后角也是变化的,由钻头外缘向钻心后角逐渐增大。横刃斜角 ψ 是在端面投影中横刃与主切削刃之间的夹角,它是刃磨后角时形成的,一般为 $50°\sim55°$。后角越大,ψ 越小,横刃越长,钻削时轴向力越大。螺旋角 β 是钻头刃带棱边螺旋线展开成直线后与钻头轴线的夹角,β 越大,钻削越容易,但 β 过大,会削弱切削刃的强度,使散热条件变差。标准麻花钻的螺旋角一般取为 $25°\sim32°$。

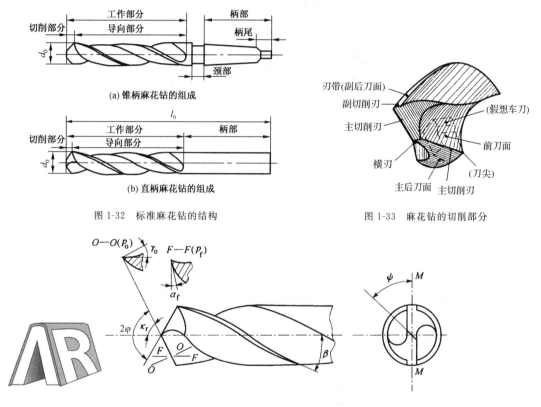

图 1-32 标准麻花钻的结构

图 1-33 麻花钻的切削部分

图 1-34 标准麻花钻的几何角度

由于构造上的限制,麻花钻的弯曲强度和扭转刚度均较低,加之定心性不好,因此钻孔加工的精度较低,一般只能达到 IT13～IT11;表面粗糙度也较大,Ra 一般为 $50\sim12.5\ \mu m$。但钻孔的金属切除率大,切削效率高。钻孔主要用于加工质量要求不高的孔,例如螺栓孔、螺纹底孔、油孔等。对于加工精度和表面质量要求较高的孔,则应在后续加工中通过扩孔、铰孔、镗孔或磨孔来达到。

(3)中心钻

中心钻是用来加工轴类零件中心孔的孔加工刀具。钻孔前,应先打中心孔,以有利于钻头的导向,防止孔的偏斜。中心钻的结构主要有三种形式,即带护锥中心钻、无护锥中心钻和弧形中心钻,如图 1-35 所示。

(4)深孔钻

深孔钻是专门用于加工深孔的孔加工刀具。在机械加工中通常把孔深与孔径之比大于 6 的孔称为深孔。深孔钻削时,散热和排屑困难,且因钻杆细长而刚性差,易产生弯曲和振动。

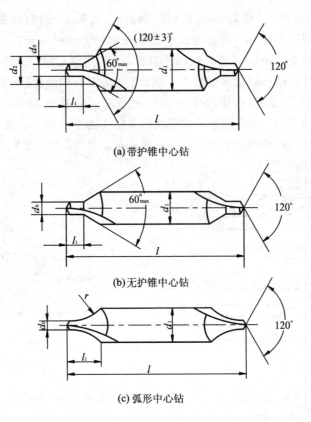

(a) 带护锥中心钻

(b) 无护锥中心钻

(c) 弧形中心钻

图 1-35　中心钻

一般都要借助压力冷却系统解决冷却和排屑问题。深孔钻的结构及其工作原理将在后续内容中做详细介绍。

（5）扩孔钻与锪钻

扩孔钻与麻花钻相似,但刀齿数较多,没有横刃,图 1-36 为整体式扩孔钻的结构。

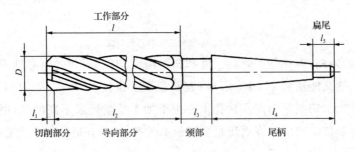

图 1-36　扩孔钻

扩孔除了可以加工圆柱孔之外,还可以用各种特殊形状的扩孔钻（亦称锪钻）来加工各种沉头座孔和锪平端面,如图 1-37 所示。锪钻的前端常带有导向柱,用已加工孔导向。

（6）铰刀

铰刀一般分为手用铰刀及机用铰刀两种。手用铰刀柄部为直柄,工作部分较长,导向作用较好。手用铰刀有整体式（图 1-38（a））和外径可调整式（图 1-38（b））两种。机用铰刀有带柄的（图 1-38（c）,$\phi1 \sim \phi20$ mm 为直柄,$\phi10 \sim \phi32$ mm 为锥柄）和套式的（图 1-38（d））两种。铰刀不仅可以加工圆形孔,也可用锥度铰刀加工锥孔（图 1-38（e））。

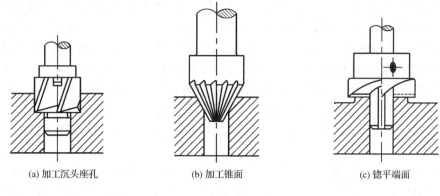

(a) 加工沉头座孔   (b) 加工锥面   (c) 锪平端面

图 1-37 锪钻

铰刀由工作部分、颈部及柄部组成。工作部分又分为引导锥、切削部分与校准(修光)部分,如图 1-39 所示。

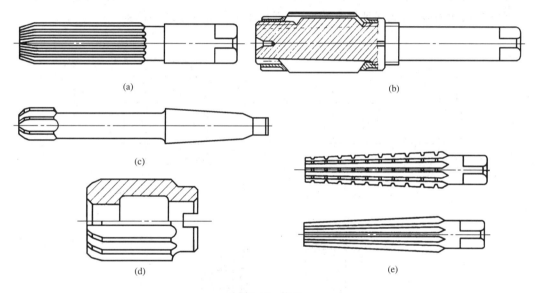

(a)   (b)

(c)

(d)   (e)

图 1-38 铰刀

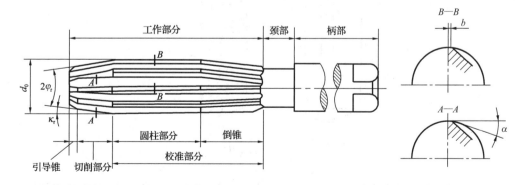

图 1-39 铰刀的结构

铰刀切削部分的主偏角 κ_r 对孔的加工精度、表面粗糙度和铰削时轴向力的大小影响很大。κ_r 值过大，切削部分短，铰刀的定心精度低，还会增大轴向力；κ_r 值过小，切削宽度增宽，不利于排屑。手用铰刀 κ_r 值一般取为 $0.5^\circ\sim1.5^\circ$，机用铰刀 κ_r 值取为 $5^\circ\sim15^\circ$。校准部分起校准孔径、修光孔壁及导向作用，增加校准部分长度，可提高铰削时的导向作用，但这会使摩擦增大，排屑困难。对于手用铰刀，为增加导向作用，校准部分应做得长些；对于机用铰刀，为减少摩擦，校准部分应做得短些。校准部分包括圆柱部分和倒锥部分。被加工孔的加工精度和表面粗糙度取决于圆柱部分的尺寸精度和形位精度；倒锥部分的作用是减少铰刀与孔壁的摩擦。

（7）镗刀

镗刀可分为单刃镗刀和双刃镗刀。单刃镗刀（图 1-40）的结构与车刀类似，只有一个主切削刃。用单刃镗刀镗孔时，孔的尺寸是由操作者调整镗刀头位置来保证的。双刃镗刀有两个对称的切削刃，相当于两把对称安装的车刀同时参加切削；孔的尺寸精度靠镗刀本身的尺寸保证。如图 1-41 所示的浮动镗刀是双刃镗刀的一种，加工时镗刀片插在镗杆的矩形槽中，依靠作用在两个切削刃上的背向力自动平衡其位置，可消除因镗刀安装误差或镗杆偏摆引起的误差。但它与铰孔相似，只能保证尺寸精度，不能校正镗孔前孔轴线的位置误差。

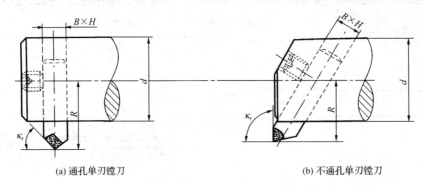

(a) 通孔单刃镗刀　　　　(b) 不通孔单刃镗刀

图 1-40　单刃镗刀

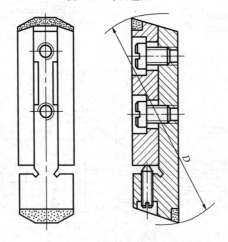

图 1-41　浮动镗刀

4. 拉刀

拉刀是一种高生产率的精加工刀具。在拉削时，一般拉刀做直线运动，有些拉刀做旋转运动。由于拉刀后一个（或一组）刀齿的齿高高于（或齿宽宽于）前一个（或一组）刀齿，因而其上各齿依次从工件上切下很薄的金属层，经一次行程后，切除全部余量。

拉刀按加工表面的不同可分为内拉刀和外拉刀。

内拉刀用于加工各种内表面,如圆孔、方孔、花键孔和键槽等,如图 1-42 所示为圆孔内拉刀。

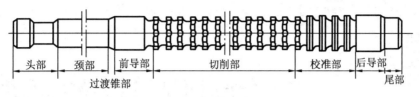

图 1-42　圆孔内拉刀

外拉刀用于加工各种形状的外表面,如图 1-43 所示为槽拉刀。

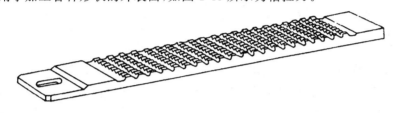

图 1-43　槽拉刀

如图 1-44 所示为拉削加工中典型工件的截面形状。

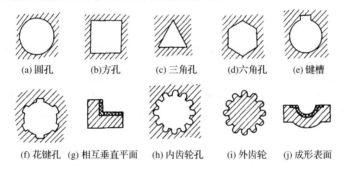

图 1-44　拉削加工中典型工件的截面形状

思考与习题

1-1　组成零件的表面有哪些?零件成形方法有几种?

1-2　机械加工工艺过程的组成是什么?

1-3　机床型号的表示方法是什么?机床分类及代号是什么?特性代号是什么?

1-4　工件装夹的方法有哪几种?

1-5　刀具切削部分应具备的性能是什么?

1-6　刀具的材料有哪几种?

1-7　刀具切削部分是由什么组成的?车刀正交平面参考系的组成是什么?刀具的标注角度有哪几个?

1-8　车刀的用途是什么?可以分为哪几类?

1-9　铣刀的用途是什么?可以分为哪几类?

1-10　孔加工刀具可以分为哪几类?

第 2 章

刀具角度及选择方法

金属切削过程及其物理现象

思政目标

金属切削加工的主要任务是从毛坯上切除多余的金属层,在切削过程中会出现一系列物理现象。从哲学思想出发,我们需要透过现象看本质。所以学习本章知识,要领会和观察切削变形、工件温度升高、刀具磨损等切削过程的现象,抓住金属切削过程的本质规律,并以此指导生产实际。

案例导入

通过观察车削加工,我们可以看见多余的金属层——切屑卷曲,从工件毛坯表面分离出来,同时伴随着工件、刀具、切屑等的发热。那么,金属切削过程中有哪些基本物理现象? 它们有怎样的规律? 本章的任务就是探寻金属切削过程的基本物理现象及其规律,并利用其规律合理选择切削用量、刀具几何参数等,以便更有效地完成切削加工任务。

2.1 金属切削变形

2.1.1 金属切削过程及变形区

金属切削过程是指从工件表面切除多余金属层,并形成切屑和已加工表面的过程。在切削过程中,切削层受到刀具前刀面的推挤,通常会产生变形,形成切屑。伴随着切屑的形成,将产生切削力、切削热、刀具磨损、积屑瘤和加工硬化等现象,这些现象将影响工件的加工质量和生产率等,因此有必要对其变形过程加以研究,找到其规律,以便提高加工质量和生产率。

1. 切屑的形成过程

切屑是被切削材料受到刀具前刀面的推挤,沿着某一斜面剪切滑移形成的。如图 2-1 所示为工件材料逼近刀具前刀面的切削过程理论模型。

图 2-1 中未变形时的切削层 $AGHD$ 可看成是由许多个平行四边形组成的,如 $ABCD$、$BEFC$、$EGHF$……当这些平行四边形扁块受到前刀面的推挤时,便沿着 BC 方向向斜上方滑移,形成另一些扁块,即 $ABCD \rightarrow AB'C'D$、$BEFC \rightarrow B'E'F'C'$、$EGHF \rightarrow E'G'H'F'$……由此可见,切削层是靠前刀面的推挤、滑移而成的。当切削层金属产生剪切滑移变形后,切应力随之增加,直至超过材料的强度极限,切削层金属便与材料母体分离形成切屑。

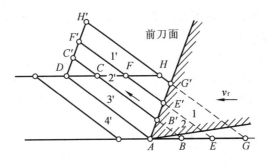

图 2-1 切削过程

2. 切削过程变形区的划分

切削过程的实际情况要比前述的情况复杂得多。这是因为切削层金属受到刀具前刀面的推挤产生剪切滑移变形后，还要继续沿着前刀面流出形成切屑。在这个过程中，切削层金属要产生一系列变形，通常将其划分为三个变形区，如图 2-2 所示。

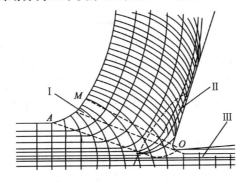

图 2-2 剪切滑移线与三个变形区

图 2-2 中 I（AOM）为第一变形区。在第一变形区内，当刀具和工件开始接触时，材料内部产生应力和弹性变形，随着切削刃和前刀面对工件材料的挤压作用加强，工件材料内部的应力和变形逐渐增大。当切应力达到材料的屈服强度时，材料将沿着与走刀方向呈 45°的剪切面滑移，即产生塑性变形，切应力随着滑移量增加而增大，当切应力超过材料的强度极限时，切削层金属便与材料基体分离，从而形成切屑，沿前刀面流出。由此可见，第一变形区变形的主要特征是沿滑移面的剪切变形，以及随之产生的加工硬化。

实验证明，在一般切削速度下，第一变形区的宽度仅为 0.02～0.20 mm，切削速度越高，其宽度越小，故可看成一个平面，称剪切面。这种单一的剪切面切削模型虽不能完全反映塑性变形的本质，但简单实用，因而在切削理论研究和实践中应用较广。

图 2-2 中 II 为第二变形区。切屑底层（与前刀面接触层）在沿前刀面流动过程中受到前刀面的进一步挤压与摩擦，使靠近前刀面处金属纤维化，即产生了第二次变形，变形方向基本上与前刀面平行。

图 2-2 中 III 为第三变形区。此变形区位于后刀面与已加工表面之间，切削刃钝圆部分及后刀面对已加工表面进行挤压，使已加工表面产生变形，造成纤维化和加工硬化。

2.1.2 切屑类型及变形程度

1. 切屑类型

第一变形区变形的主要特征是沿滑移面的剪切变形，其变形程度决定了最终形成切屑的形态。由于工件材料性质和切削条件不同,切削层变形程度也不同,因而产生的切屑形态也多种多样。归纳起来主要有以下四种类型,如图 2-3 所示。

(1)带状切屑　如图 2-3(a)所示。切屑延续成较长的带状,这是一种最常见的切屑形状。一般情况下,当加工塑性材料,切削厚度较小,切削速度较高,刀具前角较大时,往往会得到此类屑型。此类屑型底层表面光滑,上层表面毛茸;切削过程较平稳,已加工表面粗糙度值较小。

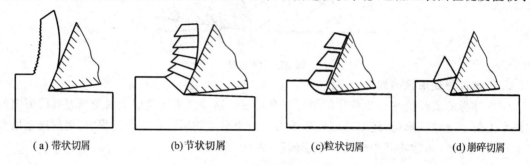

| (a)带状切屑 | (b)节状切屑 | (c)粒状切屑 | (d)崩碎切屑 |

图 2-3　切屑类型

(2)节状切屑　如图 2-3(b)所示。切屑底层表面有裂纹,上层表面呈锯齿形。大多在加工塑性材料,切削厚度较大,切削速度较低,刀具前角较小时,易得到此类屑型。

(3)粒状切屑　如图 2-3(c)所示。当切削塑性材料,剪切面上剪切应力超过工件材料破裂强度时,挤裂切屑便被切离成粒状切屑。切削时采用较小的前角或负前角,切削速度较低,进给量较大,易产生此类屑型。

以上三种切屑均是切削塑性材料时得到的,只要改变切削条件,三种切屑形态是可以相互转化的。

(4)崩碎切屑　如图 2-3(d)所示。在加工铸铁等脆性材料时,由于材料抗拉强度较低,刀具切入后,切削层金属只经受较小的塑性变形就被挤裂,或在拉应力状态下脆断,形成不规则的碎块状切屑。工件材料越脆,切削厚度越大,刀具前角越小,越易产生此类切屑。

实践表明,形成带状切屑时产生的切削力较小、较稳定,加工表面的表面粗糙度值较小;形成节状、粒状切屑时的切削力变化较大,加工表面的表面粗糙度值增大;在崩碎切屑时产生的切削力虽然较小,但具有较强的冲击振动,切屑在加工表面上不规则崩落,加工后表面较粗糙。

2. 切屑变形程度

度量切屑变形程度,通常可以参考切屑变形系数、相对滑移的大小。

(1)切屑变形系数　金属切削过程类似于金属的挤压,这表现在切削前后的切削层尺寸的变化上,即切屑长度减小,厚度增大,但体积不变,如图 2-4 所示。根据这一事实来衡量切屑的变形程度,就得出了切屑变形系数 ξ 的概念。

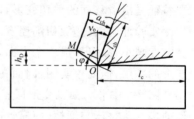

图 2-4　切屑的变形

切屑厚度 a_{ch} 与切削层厚度 h_D 之比或切削层长度 l_c 与切屑长度 l_{ch} 之比称为切屑变形系数,用符号 ξ 表示,即

$$\xi = \frac{a_{ch}}{h_D} = \frac{l_c}{l_{ch}} \tag{2-1}$$

切屑变形系数 ξ 是大于1的有理数,它能直观地反映切屑的变形程度,且容易测量。显而易见,ξ 值越大,表示切屑越厚、越短,标志着切屑变形越大。

用切屑变形系数 ξ 来反映切屑变形程度的方法很简便,但也很粗略,有时不能反映切屑变形的真实情况。因为切屑变形系数 ξ 的物理意义是切削层的平均挤压程度,这是根据纯挤压观点得出的,而金属切削过程主要是剪切滑移变形,因此,切屑变形系数 ξ 只能在一定条件下反映切削层金属的变形程度。在要求较高时,采用相对滑移 ε 作为衡量切屑变形程度的指标较为合理。

(2)相对滑移　如图 2-5 所示,当刀具向前移动时,切削层单元,即平行四边形 $OHNM$ 产生剪切变形,变为 $OGPM$,那么它的相对滑移为

$$\varepsilon = \frac{\Delta s}{\Delta y}$$

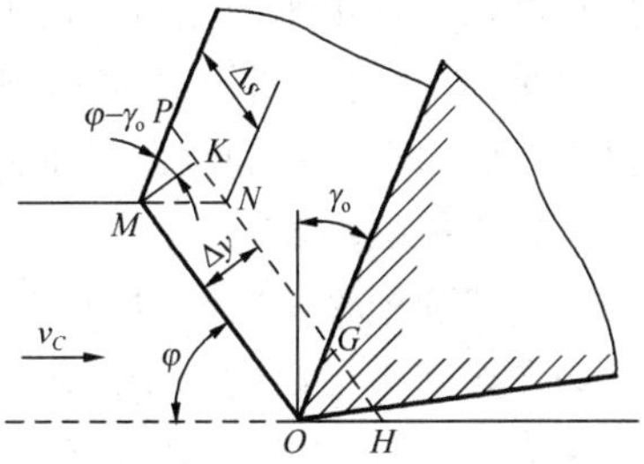

图 2-5　剪切面上的变形

式中　Δs——滑移量,mm;

Δy——滑移层的厚度,mm。

在切削过程中,这个相对滑移可以近似地看成是发生在剪切平面 NH 上的。当刀具向前移动时,剪切平面 NH 被推到 PG 的位置,所以,此时的相对滑移应为

$$\varepsilon = \frac{\Delta s}{\Delta y} = \frac{NP}{MK} = \frac{NK + KP}{MK}$$

$$\varepsilon = \cot\varphi + \tan(\varphi - \gamma_o) \tag{2-2}$$

经变换得

$$\varepsilon = \frac{\cos\gamma_o}{\sin\varphi\cos(\varphi - \gamma_o)} \tag{2-3}$$

式中　φ——剪切角,(°)。其意义为切削速度方向与剪切面所夹锐角。

由式(2-1)和图 2-4 可以推出 ξ 和 φ 的关系为

$$\xi = \frac{a_{ch}}{h_D} = \frac{OM\sin(90° - \varphi + \gamma_o)}{OM\sin\varphi} = \frac{\cos(\varphi - \gamma_o)}{\sin\varphi} \tag{2-4}$$

由此可知,当剪切角 φ 与前角 γ_o 在通常范围内($\varphi = 5° \sim 30°$, $\gamma_o = -10° \sim 30°$)时,剪切角 φ 改变引起 $\sin\varphi$ 的变化比 $\cos(\varphi - \gamma_o)$ 的变化要大,因此,剪切角 φ 越大,切屑变形系数 ξ 越小。式(2-4)经变换后得

$$\tan\varphi = \frac{\cos\gamma_o}{\xi - \sin\gamma_o} \tag{2-5}$$

将式(2-5)代入式(2-2)并化简得

$$\varepsilon = \frac{\xi^2 - 2\xi\sin\gamma_o + 1}{\xi\cos\gamma_o} \tag{2-6}$$

式(2-6)表示了 ε 与 ξ 的函数关系。根据计算可知,只有在 $\gamma_o = 0° \sim 30°$, $\xi \geqslant 1.5$ 的范围内,ξ 越大,ε 也越大,此时两者的比值较为接近。所以在这个范围内,ξ 在一定程度上能反映相对滑移 ε 的大小。当 $\gamma_o < 0°$ 或很大,即 $\xi < 1.5$ 时,ε 与 ξ 的值相差很大,因而就不能用 ξ 来表示切屑的变形程度。

2.1.3　前刀面上的摩擦特性与积屑瘤现象

在第二变形区,切屑底层沿前刀面流动过程中受到前刀面的进一步挤压与摩擦,使靠近前刀面处的金属纤维化,产生了第二次变形。其变形与前刀面上的摩擦特性有关,且在一定条件下将产生积屑瘤现象。

1. 前刀面上的摩擦特性

切屑从工件上分离流出时与前刀面接触产生摩擦,接触长度 l_f,如图 2-6 所示。在近切削

刃长度 l_{f1} 内,由于摩擦与挤压作用产生高温和高压,切屑底面与前面的接触面之间形成黏结,亦称冷焊,黏结区或冷焊区内的摩擦属于内摩擦,是前刀面摩擦的主要区域。在内摩擦区外长度 l_{f2} 内的摩擦为外摩擦。

内摩擦力使黏结材料较软的一方产生剪切滑移,使得切屑底层很薄的一层金属晶粒出现拉长的现象。由于摩擦对切削变形、刀具寿命和加工表面质量有很大影响,因此,在生产中常采用减小切削力、缩短刀-屑接触长度、降低加工材料屈服强度、选用摩擦系数小的刀具材料、提高刀面刃磨质量和浇注切削液等方法来减小摩擦。

2. 积屑瘤现象

在切削塑性材料时,如果前刀面上的摩擦系数较大,切削速度不高又能形成带状切屑,常常会在切削刃上黏附一个硬度很高的鼻型或楔形硬块,称为积屑瘤。如图 2-7 所示,积屑瘤包围着刃口,将前刀面与切屑隔开,其硬度是工件材料的 2～3 倍,可以代替刀刃进行切削,起到增大刀具前角和保护切削刃的作用。

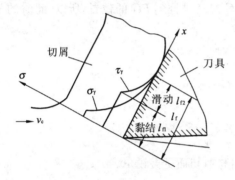

图 2-6 刀-屑接触面上的摩擦特性

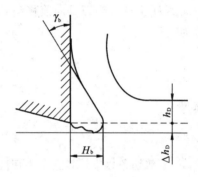

图 2-7 积屑瘤

积屑瘤的成因,目前尚有不同的解释,通常认为是切屑底层金属在高温、高压作用下,在刀具前表面上黏结并不断层积的结果。当积屑瘤层积到足够大时,受摩擦力的作用会产生脱落,因此,积屑瘤的产生与大小是周期性变化的。积屑瘤的周期性变化对工件的尺寸精度和表面质量影响较大,所以,在精加工时应设法避免积屑瘤的产生。

切削实验和生产实践表明,在中温情况下切削中碳钢,温度在 300～380 ℃时,积屑瘤的高度最大,温度在 500～600 ℃时积屑瘤消失。

2.1.4 已加工表面的形成过程与加工硬化

第三变形区,即刀具后面与工件接触区,决定了已加工表面质量(如表面粗糙度、残余应力与加工硬化),对零件使用性能影响很大。

在分析第一变形区和第二变形区时,假定刀具的切削刃是绝对锋利的,但实际上切削刃总不可避免地有一钝圆半径。此外,刀具开始切削后不久,其后面就会因磨损而形成一段后角为 0°的棱带。这都会对已加工表面的形成产生影响。

1. 已加工表面的形成过程

如图 2-8 所示为已加工表面的形成过程,当切削金属逼近切削刃时,产生剪切变形及摩擦,最终沿刀

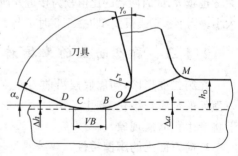

图 2-8 已加工表面的形成过程

具前面流出而成为切屑。但由于有刃口半径的作用,使整个切削层厚度 h_D 中,将有一薄层金属 Δa 无法沿剪切面 OM 方向滑移,而是从切削刃钝圆部分 O 点下面挤压过去,即切削层金属在 O 点处分离。O 点以上部分成为切屑沿刀具前面流出,O 点以下部分经过切削刃挤压留在已加工表面上。该部分金属经过切削刃钝圆部分 B 点后,又受到刀具后面上后角为 $0°$ 的一段棱带 VB 的挤压与摩擦,随后开始弹性恢复(假定弹性恢复的高度为 Δh),则已加工表面在 CD 段继续与刀具后面摩擦。所以,已加工表面的金属实际上经过了非常复杂的塑性变形和弹性变形。切削刃钝圆的 OB 部分、BC 部分和 CD 部分构成刀具后面上的接触长度,这种接触状况对已加工表面质量有很大影响。

2. 已加工表面的加工硬化

切削加工后,已加工表面将产生加工硬化。材料变形程度越大,已加工表面的加工硬化程度越高,硬化层的深度也越大。加工硬化将给后续工序加工增加困难,更重要的是影响零件已加工表面质量。它在提高工件表面耐磨性的同时也增大了表面层的脆性,从而降低零件表面的抗冲击能力。

产生加工硬化的原因是在已加工表面的形成过程中表面层经受了复杂的塑性变形,金属晶格被拉长、扭曲与破碎,阻碍了进一步塑性变形而使金属强化。此外,切削温度有可能引起的相变也可导致加工硬化。已加工表面的加工硬化就是这种金属强化、相变的综合结果。

加工硬化通常用硬化层深度 h 及硬化程度 N 表示。h 为已加工表面至未硬化处的垂直距离,其单位为 μm。N 为已加工表面的显微硬度增加值对原基体金属的显微硬度的百分数,其计算公式为

$$N = \frac{H - H_0}{H_0} \times 100\% \tag{2-7}$$

式中　　H——已加工表面的显微硬度,N/mm^2;

　　　　H_0——原基体金属的显微硬度,N/mm^2。

一般硬化层深度 h 可达几十到几百微米,硬化程度 N 可达 $120\% \sim 200\%$。工件材料的塑性越大,强化系数越大,加工硬化越严重。切削速度对加工硬化的影响是双重的,当切削速度增大时,硬化层深度减小,但硬化程度不一定减小。当进给量增大时,硬化程度及硬化层深度均有所增大。

2.1.5　影响切削变形的因素

影响切削变形的因素很多,但归纳起来主要有四个方面:即工件材料、刀具前角、切削速度和进给量。

(1)工件材料　工件材料的强度和硬度越高,则摩擦系数越小,变形越小。因为材料的强度和硬度增大时,前刀面上的法向应力增大,摩擦系数减小,使剪切角增大,变形减小。

(2)刀具前角　刀具前角越大,切削刃越锋利,前刀面对切削层的挤压作用越小,则切削变形越小。

(3)切削速度　在切削塑性材料时,切削速度对切削变形的影响比较复杂,如图 2-9 所示。

在有积屑瘤的切削范围内($v_c \leqslant 40 \ m/min$),切削速度通过积屑瘤来影响切削变形。在积屑瘤增长阶段,切削速度增大,积屑瘤高度增大,实际前角增大,从而使切削变形减少;在积屑瘤消退阶段中,切削速度增大,积屑瘤高度减小,实际前角减小,切削变形随之增大。积屑瘤最大时切削变形达到最小值,积屑瘤消失时切削变形达到最大值。

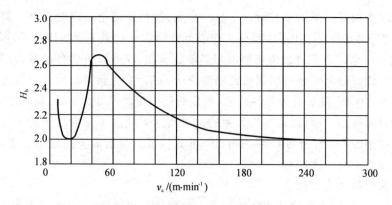

图 2-9　切削速度对切削变形的影响

在无积屑瘤的切削范围内,切削速度越大,则切削变形越小。这有两方面原因:一方面是切削速度越高,切削温度越高,摩擦系数降低,使剪切角增大,切削变形减小;另一方面,切削速度增高时,金属流动速度大于塑性变形速度,使切削层金属尚未充分变形,就已从刀具前刀面流出成为切屑,从而使第一变形区后移,剪切角增大,切削变形进一步减小。

(4)进给量　进给量对切削变形的影响是通过摩擦系数影响的。进给量增加,作用在前刀面上的法向力增大,摩擦系数减小,从而使摩擦角减小,剪切角增大,因此切削变形减小。

2.2　切削力与切削功率

切削力是被加工材料抵抗刀具切入所产生的阻力。它是影响工艺系统强度、刚度和加工工件质量的重要因素,也是设计机床、刀具和夹具、计算切削动力消耗的主要依据。

2.2.1　切削力

1. 切削力的来源、合力与分力

刀具在切削工件时,由于切屑与工件内部产生弹、塑性变形抗力,切屑与工件对刀具产生摩擦阻力,形成了作用在刀具上的合力 F,如图 2-10 所示。在切削时合力 F 作用在近切削刃空间某方向,由于大小与方向都不易确定,因此,为便于测量、计算和反映实际作用的需要,常将合力 F 分解为三个分力。

切削力 F_c(主切削力 F_z)——在主运动方向上的分力;

背向力 F_p(切削抗力 F_y)——在垂直于工作平面上的分力;

进给力 F_f(进给抗力 F_x)——在进给运动方向上的分力。

背向力 F_p 与进给力 F_f 也是推力 F_D 的合力,推力 F_D 作用在切削层平面上且垂直于主切削刃。

合力 F、推力 F_D 与各分力之间关系为

$$F = \sqrt{F_D^2 + F_c^2} = \sqrt{F_c^2 + F_p^2 + F_f^2} \tag{2-8}$$

$$F_p = F_D \cos \kappa_r ; F_f = F_D \sin \kappa_r \tag{2-9}$$

式(2-9)表明,当 $\kappa_r = 0°$ 时,$F_p \approx F_D$、$F_f \approx 0$;当 $\kappa_r = 90°$ 时,$F_p \approx 0$、$F_f \approx F_D$,各分力的大小对切削过程会产生明显不同的作用。

根据实验,当 $\kappa_r = 45°$、$\gamma_o = 15°$、$\lambda_s = 0°$ 时,各分力间近似关系为

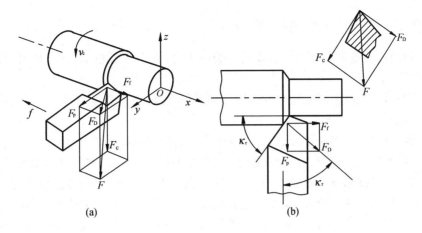

图 2-10 切削时切削合力及其分力

$F_c : F_p : F_f = 1 : (0.4 \sim 0.5) : (0.3 \sim 0.4)$，其中 F_c 总是最大。

实际生产中，常用指数公式来计算切削力，即

$$F_c = C_{F_c} a_p^{x_{F_c}} f^{y_{F_c}} v_c^{z_{F_c}} K_{F_c} \tag{2-10}$$

$$F_p = C_{F_p} a_p^{x_{F_p}} f^{y_{F_p}} v_c^{z_{F_p}} K_{F_p} \tag{2-11}$$

$$F_f = C_{F_f} a_p^{x_{F_f}} f^{y_{F_f}} v_c^{z_{F_f}} K_{F_f} \tag{2-12}$$

式中　C_{F_c}、C_{F_p}、C_{F_f}——工件材料和切削条件对切削力的影响系数；

$\quad\quad x_{F_c}$、x_{F_p}、x_{F_f}——背吃刀量对切削力的影响指数；

$\quad\quad y_{F_c}$、y_{F_p}、y_{F_f}——进给量对切削力的影响指数；

$\quad\quad z_{F_c}$、z_{F_p}、z_{F_f}——为切削速度对切削力的影响指数；

$\quad\quad K_{F_c}$、K_{F_p}、K_{F_f}——当与实验公式中切削条件不同时，各种因素对切削力影响的修正系数的乘积。各系数与指数具体数值可查阅相关手册或资料。

2. 单位切削力

单位切削力是指切削单位切削层横截面积时所产生的主切削力，用符号 κ_c 表示，单位为 N/mm^2，其计算公式为

$$\kappa_c = \frac{C_{F_c} a_p^{x_{F_c}} f^{y_{F_c}}}{a_p f} = \frac{C_{F_c}}{f^{1-y_{F_c}}} \tag{2-13}$$

通常切削力实验公式中 $x_{F_c} = 1.0$。若已知单位切削力 κ_c，则切削力 F_c 为

$$F_c = \kappa_c a_p f = \kappa_c A_D \tag{2-14}$$

2.2.2 切削功率

在切削过程中消耗的功率叫切削功率 P_c，单位为 kW，它是 F_c、F_p、F_f 在切削过程中单位时间内所消耗功的总和。一般来说，F_p 和 F_f 相对于 F_c 所消耗的功很小，可以略去不计，于是

$$P_c = F_c v_c \tag{2-15}$$

计算切削功率 P_c 是为了核算加工成本和计算能量消耗，并在设计机床时根据它来选择机床电机功率。机床电机的功率 P_E 的计算公式为

$$P_E = P_c / \eta_c \tag{2-16}$$

式中　η_c——机床传动效率，一般取 $\eta_c = 0.75 \sim 0.85$。

2.2.3　影响切削力的主要因素

凡影响切削过程变形和摩擦的因素均影响切削力,其中主要包括:工件材料、切削用量和刀具几何参数三个方面。

(1)工件材料　工件材料是通过材料的剪切屈服强度、塑性变形程度与刀具间的摩擦条件来影响切削力的。

一般来说,材料的强度和硬度愈高,切削力愈大;这是因为,强度、硬度高的材料,切削时产生的抗力大,虽然它们的变形系数相对较小,但总体来看,切削力还是随材料强度、硬度的增大而增大。在强度、硬度相近的材料中,塑性、韧性大的,或加工硬化严重的,切削力大。例如不锈钢 1Cr18Ni9Ti 与正火处理的 45 钢强度和硬度基本相同,但不锈钢的塑性、韧性较大,其切削力比正火 45 钢高 25% 左右。加工铸铁等脆性材料时,切削层的塑性变形很小,加工硬化小,形成崩碎切屑,与前刀面的接触面积小,摩擦力小,故切削力就比加工钢小。

(2)切削用量　切削用量三要素对切削力均有一定的影响,但影响程度不同,其中背吃刀量 a_p 和进给量 f 影响较明显。若 f 不变,当 a_p 增加一倍时,切削厚度 a_c 不变,切削宽度 a_w 增加一倍,因此,刀具上的负荷也增加一倍,即切削力增加约一倍;若 a_p 不变,当 f 增加一倍时,切削宽度 a_w 保持不变,切削厚度 a_c 增加约一倍,在刀具刃圆半径的作用下,切削力只增加 68%～86%。可见在同样切削面积下,采用大的 f 较采用大的 a_p 省力和节能。在式(2-10)中,当采用硬质合金刀具切削中碳钢材料时,背吃刀量 a_p 的指数 $x_{F_c} \approx 1$,而进给量 f 的指数 $y_{F_c} \approx 0.70～0.85$,也是对上述结论的印证。切削速度 v_c 对切削力的影响不大。当以 $v_c > 500 \, \mathrm{m/min}$ 切削塑性材料时,v_c 增大,摩擦系数减小,切削温度增高,使材料强度、硬度降低,剪切角增大,变形系数减小,使得切削力减小。

(3)刀具几何参数　在刀具几何参数中刀具的前角 γ_o 和主偏角 κ_r 对切削力的影响较明显。当加工钢时,γ_o 增大,切削变形明显减小,切削力减小的较多。κ_r 适当增大,使切削厚度 a_c 增加,单位面积上的切削力减小。在切削力不变的情况下,主偏角大小将影响背向力和进给力的分配比例,当 κ_r 增大,背向力 F_p 减小,进给力 F_f 增加;当 $\kappa_r = 90°$ 时,背向力 $F_p = 0$,对防止车细长轴类零件时产生的弯曲变形和振动十分有利。

2.3　切削热与切削温度

切削热和切削温度是切削过程中产生的另一个物理现象。它对刀具的寿命、工件的加工精度和表面质量影响较大。

1. 切削热的产生和传散

在切削加工中,切削变形与摩擦所消耗的能量几乎全部转换为热能,即切削热。切削热通过切屑、刀具、工件和周围介质(空气或切削液)向外传散,同时使切削区域的温度升高。

影响切削热传散的主要因素是工件和刀具材料的热导率、加工方式和周围介质的状况。热量传散的比例与切削速度有关,切削速度增加时,由摩擦生成的热量增多,但切屑带走的热量也增加,在刀具中热量减少,在工件中热量更少。所以高速切削时,切屑中温度很高,刀具和工件中温度较低,这有利于切削加工顺利进行。

2. 切削温度及其分布

通常所说的切削温度,如无特别注明都是指切屑、工件和刀具接触区的平均温度。切削温度的测定方法很多,目前广为应用的是热电偶法,它简单、可靠,使用方便。有关切削温度的测定实验方法,可参看相关资料。

如图 2-11 所示为车削时正交平面内切屑、工件和刀具的温度分布情况。

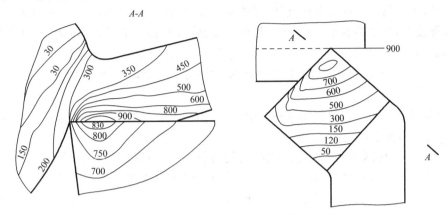

工件材料:GGr15;刀具材料:YT14

切削用量:$v_c=1.3$ m/s;$a_p=4$ mm;$f=0.5$ mm/r

图 2-11　车削时正交平面内切屑、工件和刀具的温度分布情况

从图 2-11 及其他一些切削实验中可以归纳出切削温度分布的一些规律,即

(1)剪切平面上各点温度变化不大,几乎相同。

(2)不论刀具前刀面还是主后刀面上的最高温度都处于离主切削刃一定距离处(该处称为温度中心)。这说明切削塑性金属时,切屑沿刀具前面流出过程中,摩擦热是逐步增大的,一直至切屑流至黏结与滑动的交界处,切削温度才达到最大值。此后,因进入滑动区摩擦逐渐减小,加上热量传出条件改善,切削温度又逐渐下降。

(3)切屑底层(同刀具前刀面相接触的一层)温度最高,离切屑底层越远,温度越低。这主要是因为切屑底层金属变形最大,且又与刀具前刀面存在摩擦。切屑底层的高温将使其剪切强度下降,并使其与刀具前刀面间的摩擦系数下降。

(4)塑性越大的工件材料,在刀具前刀面上切削温度的分布越均匀,且最高温度区域距切削刃越远。这是因为塑性越大的材料,刀具与切屑接触长度越长。

(5)导热系数越低的工件材料,其刀具前刀面和主后刀面上的温度越高,且最高温度区域距切削刃越近,这就是一些高温合金和钛合金难切削和刀具容易磨损的主要原因之一。

3.影响切削温度的主要因素

切削温度的高低主要取决于:切削加工过程中产生热量的多少和向外传散的快慢。影响热量产生和传散的主要因素有切削用量、工件材料、刀具几何参数和切削液等。

(1)切削用量　当 v_c、f 和 a_p 增加时,由于切削变形和摩擦所消耗的功增大,因此切削温度升高。其中切削速度 v_c 影响最大,v_c 增加一倍,切削温度约增加 30%;进给量 f 的影响次之,f 增加一倍,切削温度约增加 18%;背吃刀量 a_p 影响最小,a_p 增加一倍,切削温度约增加 7%。上述影响规律的原因是,v_c 增加使摩擦生热增多;f 增加因切削变形增加较少,故热量增加不多,此外,使刀-屑接触面积增大,改善了散热条件;a_p 增加使切削宽度增加,显著增大了热量的传散面积。

切削用量对切削温度的影响规律在切削加工中具有重要的实际意义。例如,分别增加 v_c、f 和 a_p 均能使切削效率按比例提高,但为了减少刀具磨损,保持高的刀具寿命,减小对工件加工精度的影响,可先设法增大背吃刀量 a_p,其次增大进给量 f;但是,在刀具材料与机床性能允许条件下,尽量提高切削速度 v_c,以进行高效率、高质量的切削。

(2)工件材料 工件材料主要是通过硬度、强度和导热系数影响切削温度的。

加工低碳钢,材料的强度和硬度低,导热系数大,故产生的切削温度低;加工高碳钢,材料的强度和硬度高,导热系数小,故产生的切削温度高。例如,加工合金钢产生的切削温度比加工 45 钢高 30%;不锈钢的导热系数比 45 钢小 3 倍,故切削时产生的切削温度高出 45 钢 40%;加工脆性金属材料产生的变形和摩擦均较小,故切削时产生的切削温度比 45 钢低 25%。

(3)刀具几何参数 在刀具几何参数中,影响切削温度最明显的因素是前角 γ_o 和主偏角 κ_r,其次是刀尖圆弧半径 r_ε。

前角 γ_o 增大,切削变形和摩擦产生的热量均较少,故切削温度下降。但前角 γ_o 过大,散热变差,使切削温度升高,因此在一定条件下,均有一个产生最低切削温度的最佳前角 γ_o 值。

主偏角 κ_r 减小,使切削变形和摩擦增加,切削热增加,但 κ_r 减小后,因刀头体积增大,切削宽度增大,故散热条件改善。由于散热起主要作用,因此切削温度下降。

增大刀尖圆弧半径 r_ε,选用负的刃倾角 λ_s 和磨制负倒棱均能增大散热面积,降低切削温度。

(4)切削液 使用切削液对降低切削温度有明显效果。切削液有两个作用:一方面可以减小切屑与前刀面、工件与后刀面的摩擦;另一方面可以吸收切削热。两者均可以使切削温度降低。但切削液对切削温度的影响,与其导热性能、比热、流量、浇注方式以及本身的温度有关。

2.4 刀具磨损与刀具寿命

2.4.1 刀具磨损

切削时刀具在高温条件下,受到工件、切屑的摩擦作用,刀具材料逐渐被磨耗或出现其他形式的损坏,即产生刀具磨损。刀具磨损将影响加工质量、生产率和加工成本。研究刀具磨损过程,防止刀具过早、过多磨损是切削加工中一个重要内容。

1. 刀具磨损形式

刀具磨损形式可分为正常磨损和非正常磨损两种形式。

(1)正常磨损 正常磨损是指随着切削时间的增加,磨损量逐渐扩大的磨损。磨损主要发生在前、后两个刀面上。

①前刀面磨损。在高温、高压条件下,切屑流出时与前刀面产生摩擦,在前刀面形成月牙洼磨损,磨损量通常用深度 KT 和宽度 KB 表示,如图 2-12(a)所示。

②后刀面磨损。如图 2-12(b)所示,可将磨损划分为三个区域。

刀尖磨损 C 区,在倒角刀尖附近,因强度低,温度集中造成磨损量 VC;

中间磨损 B 区,在切削刃的中间位置,存在着均匀磨损量 VB,局部出现最大磨损量 VB_{max};

边界磨损 N 区,在切削刃与待加工表面相交处,因高温氧化,表面硬化层作用造成最大磨损量 VN_{max}。

刀面磨损形式可随切削条件变化而发生转化,但在大多数情况下,刀具的后刀面都发生磨

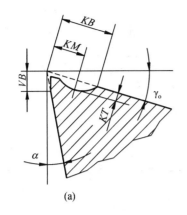

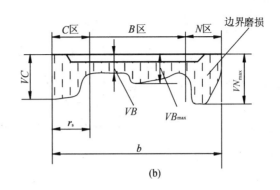

图 2-12 刀具的磨损形式

损,而且测量也比较方便,因此常以 VB 值表示刀面磨损程度。

(2)非正常磨损 非正常磨损亦称破损。常见形式有脆性破损(如崩刃、碎断、剥落、裂纹破坏等)和塑性破损(如塑性流动等)。其原因主要是刀具材料选择不合理,刀具结构、制造工艺不合理,刀具几何参数不合理,切削用量选择不当,刃磨和操作不当等。

2. 刀具磨损的原因

造成刀具磨损有以下几种原因:

(1)磨粒磨损 在工件材料中含有氧化物、碳化物和氮化物等硬质点,在铸、锻工件表面存在着硬夹杂物,在切屑和工件表面黏附着硬的积屑瘤残片,这些硬质点在切削时同"磨粒"对刀具表面摩擦和刻画,致使刀具表面磨损。

(2)黏结磨损 黏结磨损亦称冷焊磨损。切削塑性材料时,在很大压力和强烈摩擦作用下,切屑、工件与前、后刀面间的吸附膜被挤破,形成新的表面且紧密接触,因而发生黏结现象。刀具表面局部强度较低的微粒被切屑和工件带走,这样形成的磨损称为黏结磨损。黏结磨损一般在中等偏低的切削速度下较严重。

(3)扩散磨损 在高温作用下,工件与刀具材料中合金元素相互扩散,改变了原来刀具材料中化学成分的含量,使其性能下降,加快了刀具的磨损。因此,切削加工中选用的刀具材料应具有高的化学稳定性。

(4)化学磨损 化学磨损亦称氧化磨损。在一定温度下,刀具材料与周围介质起化学作用,在刀具表面形成一层硬度较低的化合物而被切屑带走;或因刀具材料被某种介质腐蚀,造成刀具的化学磨损。

3. 刀具磨损过程

刀具的磨损过程一般分成三个阶段,如图 2-13 所示。

(1)初期磨损阶段(OA 段) 将新刃磨刀具表面存在的凸凹不平及残留砂轮痕迹很快磨去。初期磨损量的大小,与刀具刃磨质量相关,一般经研磨过的刀具,初期磨损量较小。

(2)正常磨损阶段(AB 段) 经初期磨损后,刀面上的粗糙表面已被磨平,压强减小,磨损比较均匀缓慢。后刀面上的磨损量将随切削时间的延长而近似地成正比例增加。此阶段是刀具的有效工作阶段。

(3)急剧磨损阶段(BC 段) 当刀具磨损达到一定限度后,已加工表面粗糙度变差,摩擦加剧,切削力、切削温度猛增,磨损速度增加很快,致使刀具很快失去切削能力,往往产生振动、噪声等。

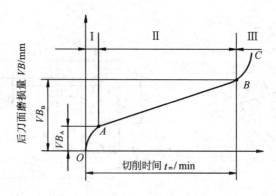

图 2-13　刀具磨损过程曲线

因此,刀具应避免达到急剧磨损阶段,在这个阶段到来之前,就应更换新刀或新刃。

2.4.2　刀具寿命

1.刀具的磨钝标准

刀具磨损到一定限度就不能继续使用,这个磨损限度称为磨钝标准。国际标准 ISO 规定以 1/2 背吃刀量处后刀面上测定的磨损带宽度 VB 值作为刀具的磨钝标准。

根据加工条件的不同,磨钝标准应有变化。粗加工应取大值,工件刚性较好或加工大件时应取大值,反之应取小值。

自动化生产中的精加工刀具,常以沿工件径向的刀具磨损量作为刀具的磨钝标准,称为刀具径向磨损量。

目前,在实际生产中,常根据切削时突然发生的现象,如产生振动、已加工表面质量变差、切屑颜色改变、切削噪声明显增加等因素来决定是否更换刀具。

2.刀具寿命

刀具寿命又称刀具耐用度,是指一把新刀从开始切削直到磨损量达到磨钝标准为止总的切削时间,或者说是刀具两次刃磨之间总的切削时间,用 T 表示,单位为 min。刀具总寿命应等于刀具耐用度乘以重磨次数。

在工件材料、刀具材料和刀具几何参数选定后,刀具寿命由切削用量三要素决定。刀具寿命 T 与切削用量三要素之间的关系可由下面经验公式来确定,即

$$T=\frac{C_{\mathrm{T}}}{v_{\mathrm{c}}^{\frac{1}{m}} f^{\frac{1}{n}} a_{\mathrm{p}}^{\frac{1}{p}}} \tag{2-17}$$

式中　C_{T}——与刀具、工件材料,切削条件有关的系数;

　　　m、n、p——寿命指数,分别表示切削用量三要素 v_{c}、f、a_{p} 对寿命 T 的影响程度。

参数 C_{T},m,n,p 均可由有关切削加工手册中查得。例如,当用硬质合金车刀切削碳素钢(σ_{b}=0.736 GPa)时,车削用量三要素(v_{c}、f、a_{p})与刀具寿命 T 之间的关系为

$$T=\frac{7.77 \times 10^{11}}{v_{\mathrm{c}}^{5} f^{2.25} a_{\mathrm{p}}^{0.75}} \tag{2-18}$$

由式(2-18)可以看出:当其他条件不变,切削速度提高一倍时,寿命 T 将降低到原来的 3% 左右;若进给量提高一倍,其他条件不变时,寿命 T 则降低到原来的 21% 左右;若背吃刀量提高一倍,其他条件不变时,寿命 T 仅降低到原来的 59% 左右。由此不难看出,在切削用量三要素中,切削速度 v_{c} 对刀具寿命的影响最大,进给量 f 次之,背吃刀量 a_{p} 影响最小。因此,在

实际使用中,在确保使刀具寿命降低较少而又不影响生产率的前提下,应尽量选取较大的背吃刀量、较小的切削速度和适中的进给量。

3. 刀具合理寿命的选择

由于切削用量与刀具寿命密切相关,因此在确定切削用量时,应选择合理的刀具寿命。但在实践中,一般是先确定一个合理的刀具寿命 T 值,然后以它为依据选择切削用量,并计算切削效率和核算生产成本。确定刀具合理寿命有两个依据:最高生产率寿命和最低生产成本寿命。

(1)最高生产率寿命 T_P　它是根据切削一个零件所花时间最少或在单位时间内加工出的零件数最多来确定的。

切削用量三要素 v_c、f 和 a_p 是影响刀具寿命的主要因素,也是影响生产率的决定性因素。提高切削用量,可缩短切削时间 t_m,从而提高生产率,但容易使刀具磨损,降低刀具寿命,增加换刀、磨刀和装刀等辅助时间,反而会降低生产率。

最高生产率寿命 T_P 可用下面经验公式确定,即

$$T_P = \left(\frac{1-m}{m}\right)t_{ct} \tag{2-19}$$

式中　t_{ct}——换一次刀所需的时间,min;

　　　m——切削速度对刀具寿命的影响系数。

(2)最低生产成本寿命 T_c　它是根据加工零件的一道工序成本最低来确定的。

一般来说,刀具寿命越长,刀具磨刀及换刀等费用越少,但因延长刀具寿命需减小切削用量,降低切削效率,使经济效益变差,同时,机动时间过长所需机床折旧费用、消耗能量费用也增多。因此,在确定刀具寿命时应考虑生产成本对其的影响。

最低生产成本寿命 T_c 可按下面经验公式确定,即

$$T_c = \frac{1-m}{m}\left(t_{ct} + \frac{C_t}{M}\right) \tag{2-20}$$

式中　M——该工序单位时间内所分担的全厂开支,元;

　　　C_t——磨刀费用(包括刀具成本和折旧费),元。

通常情况下,最低生产成本寿命 T_c 高于最高生产率寿命 T_P,故生产中常采用最低生产成本寿命 T_c,只有当生产紧况需要时才采用最高生产率寿命 T_P。

2.5　切削用量的合理选择

切削用量的合理选择,对加工质量、生产率及加工成本都有重要影响。我们应根据具体条件和要求,考虑约束条件,正确选择切削用量。

2.5.1　选择切削用量的原则

1. 切削用量对加工质量的影响

切削用量的选择会影响切削变形、切削力、切削温度和刀具寿命,从而会对加工质量产生影响。

a_p 增大,切削力成比例增大,工艺系统变形大、振动大、工件加工精度下降,表面粗糙度增大。

f 增大,切削力也增大(但不呈正比例),使表面粗糙度的增大更为显著。

ν_c 增大,切削变形、切削力、表面粗糙度等均有所减小。

因此,精加工应采用小的 a_p、f,为避免积屑瘤、鳞刺的影响,可用硬质合金刀具高速切削($\nu_c > 80 \text{ m/min}$),或用高速钢刀具低速切削($\nu_c \leqslant 38 \text{ m/min}$)。

2. 切削用量对刀具耐用度的影响

根据刀具耐用度计算公式:$T = \dfrac{7.77 \times 10^{11}}{v_c^5 f^{2.25} a_p^{0.75}}$,可知 ν_c、f、a_p 中任一参数增大,T 都会下降。但其影响度不一样,ν_c 最大,f 次之,a_p 最小。故从刀具耐用度出发选择切削用量时,首先选择大的 a_p,其次选择大的 f,最后再根据已定的 T 确定合理的 ν_c 值。

3. 切削用量对生产率的影响

以车外圆为例,来看看切削用量对生产率的影响。若不计辅助工时,以切削工时 t_m 计算生产率 P,单位是 min^{-1},则

$$P = 1/t_m$$

其中:

$$t_m = \frac{l_w \Delta}{n_w f a_p} = \frac{l_w \Delta \pi d_w}{1\,000 v_c f a_p} \tag{2-21}$$

式中 t_m——切削工时,min;

$\quad\quad d_w$——工件加工前直径,mm;

$\quad\quad l_w$——工件加工部分长度,mm;

$\quad\quad \Delta$——加工余量,mm;

$\quad\quad n_w$——工件转速,r/min。

令 $\dfrac{1\,000}{l_w \Delta \pi d_w} = A_0$(常数),可推得:

$$P = A_0 a_p f v_c \tag{2-22}$$

由式(2-22)可知,ν_c、f、a_p 中任一参数增加一倍,生产率 P 增加一倍。

综上所述,切削用量的三要素对加工质量、生产率、刀具耐用度的影响不尽相同,故选择切削用量时要考虑综合效果,其原则是在保证加工质量的前提下尽可能提高生产率,降低生产成本(较高的刀具寿命)。

2.5.2 切削用量的确定

1. 背吃刀量 a_p 的合理选择

背吃刀量 a_p 一般是根据加工余量确定的。

粗加工(表面粗糙度值 Ra 50~12.5 μm)时,一次走刀尽可能切除全部余量,在中等功率机床上,$a_p = 8 \sim 10$ mm;当余量太大或不均匀、工艺系统刚性不足、断续切削时,可分几次走刀。

半精加工(表面粗糙度值 Ra 6.3~3.2 μm)时,$a_p = 0.5 \sim 2.0$ mm。

精加工(表面粗糙度值 Ra 1.6~0.8 μm)时,$a_p = 0.1 \sim 0.4$ mm。

2. 进给量 f 的合理选择

粗加工时,对表面质量没有太高的要求,而切削力往往较大,合理的 f 应是工艺系统(机床进给机构强度、刀杆强度和刚度、刀片的强度、工件装夹刚度等)所能承受的最大进给量。生产中 f 常根据工件材料的材质、形状尺寸、刀杆截面尺寸、已定的 a_p,从切削用量手册中查得。

一般情况当刀杆尺寸、工件直径增大，f 可较大；a_p 增大，因切削力增大，f 就选择较小的；加工铸铁时的切削力较小，所以 f 可大些。

精加工时，进给量主要受加工表面粗糙度限制，一般取较小值。但进给量值过小，切削深度太薄，刀尖处应力集中，散热不良，使刀具磨损加快，反而使表面粗糙度加大。所以，进给量也不宜太小。

3. 切削速度 v_c 的合理选择

由已定的 a_p、f 及 T，可计算 v_c。根据式 $T=\dfrac{C_T}{v_c^{\frac{1}{m}}f^{\frac{1}{n}}a_p^{\frac{1}{p}}}$ 可推得

$$v_c=\frac{C_v}{T^m a_p^{x_v} f^{y_v}}K_v \tag{2-23}$$

式中　C_v、x_v、y_v——工件、刀具材料不同及不同进给量时的系数，可在切削手册中查得；

　　　K_v——切削速度修正系数。影响 K_v 的因素较多，如工件材料、毛坯表面形态、刀具材料、加工方法、主偏角、副偏角、刀尖圆弧半径、刀杆尺寸等。

v_c 确定后，计算机床主轴转速 n，单位是 r/min，即

$$n=\frac{1\,000v_c}{\pi d_w} \tag{2-24}$$

式中　d_w——工件加工前直径，mm。

因一般机床主轴转速为有限的不连续间断值，故所定 n 是其所有值或接近值。

选择切削速度的一般原则是：

①粗加工时，a_p、f 均较大，故 v_c 较小；精加工时 a_p、f 均较小，所以 v_c 较大。

②工件材料强度、硬度较大时，应选较小的 v_c，反之应选较大的 v_c。材料加工性能越差，v_c 越低。易切削钢的 v_c 较同等条件的普通碳钢高。加工灰铸铁的 v_c 较碳钢低。加工铝合金、铜合金的 v_c 较加工钢高得多。

③刀具材料的性能越好，v_c 可选得越高。

此外，在选择 v_c 时，还应考虑：

● 精加工时，应尽量避免积屑瘤和鳞刺产生的区域。

● 断续切削时，为减小冲击和热应力，应当降低 v_c。

● 在易发生振动情况下，v_c 应避开自激振动的临界速度。

● 加工大件、细长件、薄壁件及带硬皮的工件时，应选用较低的 v_c。

总之，选择切削用量时，可参照有关手册的推荐数据，也可凭经验根据选择原则确定。

2.5.3　切削用量的优化

切削用量的优化，即在一定的预定目标及约束条件下，选择最佳的切削用量。常用的优化目标函数有最低加工成本、最高生产率、最大利润。

在切削用量三要素中，背吃刀量 a_p 主要取决于加工余量，没有多少选择余地，一般都已事先给定，而不参与优化。所以切削用量的优化主要是指切削速度 v_c 与进给量 f 的优化组合。生产中 v_c 和 f 的数值是不能任意选定的。它们要受到机床、工件、刀具及切削条件等方面的限制，根据这些约束条件，可建立一系列约束条件不等式。对所建立的目标函数及约束方程求解，便可很快获得 v_c 和 f 的最优解。

一般来说，求解方法不止一种，计算工作量也相当大。目前，随着电子计算机技术，特别是

微型计算机技术的不断发展,可以代替人工计算,用科学的方法来寻求最佳切削用量。

2.6 刀具几何参数的合理选择

刀具的几何参数除包括刀具的切削角度外,还包括刀面的形式、切削刃的形状、刃区的形式(切削刃区的剖面形式)等。刀具几何参数对切削时金属的变形、切削力、切削温度和刀具磨损都有显著影响,从而影响生产率、刀具寿命、已加工表面质量和加工成本。为充分发挥刀具的切削性能,除应正确选用刀具材料外,还应合理选择刀具几何参数。

刀具的合理几何参数,是指在保证加工质量的前提下,能够获得最高刀具寿命,从而能够达到提高切削效率,降低生产成本的目的。这里要注意区别"合理"与"能用",应全面考虑,综合分析。

1. 前角的选择

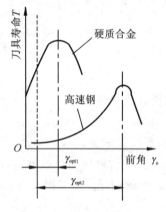

图 2-14 合理前角数值

前角的大小决定切削刃的锋利程度和强固程度。增大前角可使刀刃锋利,使切削变形减小,切削力和切削温度减小,提高刀具寿命,并且,较大的前角还有利于排除切屑,使表面粗糙度减小。但是,增大前角会使刃口楔角减小,削弱刀刃的强度,同时,散热条件恶化,使切削区温度升高,导致刀具寿命降低,甚至造成崩刃。所以前角不能太小,也不能太大,应有一个合理值,即存在一个刀具寿命为最大的前角——合理前角 γ_{opt},如图 2-14 所示。

刀具合理前角通常与工件材料、刀具材料及加工要求有关。

首先,当工件材料的强度、硬度大时,为增加刃口强度,降低切削温度,增加散热体积,应选择较小的前角;当材料的塑性较大时,为使变形减小,应选择较大的前角;加工脆性材料,塑性变形很小,切屑为崩碎切屑,切削力集中在刀尖和刀刃附近,为增加刃口强度,宜选用较小的前角。通常加工铸铁 $\gamma_{opt} = 5° \sim 15°$;加工钢材 $\gamma_{opt} = 10° \sim 20°$;加工紫铜 $\gamma_{opt} = 25° \sim 35°$;加工铝 $\gamma_{opt} = 30° \sim 40°$。

其次,刀具材料的强度和韧性较高时可选择较大的前角。如高速钢刀具强度高,韧性好,可选择较大的前角;硬质合金刀具脆性大,怕冲击,应选择较小的前角;而陶瓷刀应比硬质合金刀的合理前角还要小些。

此外,工件表面的加工要求不同,刀具所选择的前角大小也不相同。粗加工时,为增加刀刃的强度,宜选用较小的前角;加工高强度钢断续切削时,为防止脆性材料的破损,常采用负前角;精加工时,为增加刀具的锋利性,宜选择较大的前角;工艺系统刚性较差和机床功率不足时,为使切削力减小,减小振动、变形,故选择较大的前角。

2. 后角的选择

刀具后角的作用是减小切削过程中刀具后刀面与工件切削表面之间的摩擦。后角增大,可减小后刀面的摩擦与磨损,刀具楔角减小,刀具变得锋利,可切下很薄的切削层;在相同的磨损标准 VB 下,所磨去的金属体积减小,使刀具寿命提高;但是后角太大,楔角减小,刃口强度减小,散热体积减小,将使刀具寿命减小,故后角不能太大。因此,与前角一样,有一个刀具耐用度最大的合理后角 α_{opt},如图 2-15 所示。

刀具合理后角的选择首先依据切削厚度 a_c(或进给量 f)的大小。a_c 增大,前刀面上的磨损量加大,为使楔角增大以增加散热体积,提高刀具寿命,后角应小些;a_c 减小,磨损主要在后刀面上,为减小后刀面的磨损和增加切刃的锋利程度,应使后角增大。一般车刀合理后角 α_{opt} 与进给量 f 的关系为:$f > 0.25$ mm/r,$\alpha_{opt} = 5° \sim 8°$;$f \leqslant 0.25$ mm/r,$\alpha_{opt} = 10° \sim 12°$。

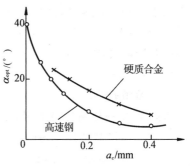

图 2-15 不同刀具材料的合理后角

其次,刀具合理后角 α_{opt} 取决于切削条件。一般原则是:

(1)工件材料较软,塑性较大时,已加工表面易产生硬化,后刀面摩擦对刀具磨损和工件表面质量影响较大,应取较大的后角;当工件材料的强度或硬度较高时,为加强切削刃的强度,应选取较小的后角。

(2)工艺系统刚性较差时,易出现振动应使后角减小。

(3)对于定向尺寸精度要求较高的刀具,应取较小的后角。这样使可供磨耗掉的金属体积较多,刀具寿命增加。

(4)精加工时,因背吃刀量 a_p 及进给量 f 较小,切削厚度较小,刀具磨损主要发生在后面,此时宜取较大的后角。粗加工或刀具承受冲击载荷时,为使刃口强固,应取较小的后角。

(5)刀具的材料对后角的影响与前角相似。一般高速钢刀具可比同类型的硬质合金刀具的后角大 $2° \sim 3°$。

(6)车刀的副后角一般与主后角数值相等。而有些刀具(如切断刀)由于结构的限制,只能取得很小。

3. 主偏角的选择

主偏角 κ_r 的大小影响着切削力、切削热和刀具寿命。当切削面积 A_D 不变时,主偏角减小,使切削宽度 a_w 增大,切削厚度 a_c 减小,会使单位长度上切削刃的负荷减小,使刀具寿命增加;主偏角减小,刀尖角 ε_r 增大,使刀尖强度增加,散热体积增大,使刀具寿命提高;主偏角减小,可减少因切入冲击而造成的刀尖损坏;减小主偏角可使工件表面残留面积高度减小,使已加工表面粗糙度减小。但是,减小主偏角,将使径向分力 F_p 增大,引起振动及增大工件挠度,这会使刀具寿命下降,已加工表面粗糙度增大及降低加工精度。主偏角还影响断屑效果和排屑方向。增大主偏角,使切屑窄而厚,易折断。对钻头而言,增大主偏角,有利于切屑沿轴向顺利排出。因此,主偏角可根据不同加工条件和要求选择使用,一般原则是:

(1)粗加工、半精加工和工艺系统刚性较差时,为减小振动提高刀具寿命,选择较大的主偏角。

(2)加工很硬的材料时,为提高刀具寿命,选择较小的主偏角。

(3)据工件已加工表面形状选择主偏角。如加工阶梯轴时,选 $\kappa_r = 90°$;需 $45°$ 倒角时,选 $\kappa_r = 45°$ 等。

(4)有时考虑一刀多用,常选通用性较好的车刀,如 $\kappa_r = 45°$ 或 $\kappa_r = 90°$ 等的车刀。

4. 副偏角的选择

副偏角 κ_r' 的作用是减小副切削刃和副后刀面与工件已加工表面间的摩擦。副偏角对刀具耐用度和已加工表面粗糙度都有影响。副偏角减小,会使残留面积高度减小,已加工表面粗糙度减小;同时,副偏角减小,使副后刀面与已加工表面间摩擦增加,径向力增大,易出现振动。但是,副偏角太大,使刀尖强度下降,散热体积减小,刀具寿命减小。

一般选取:精加工 $\kappa_r'=5°\sim10°$;粗加工 $\kappa_r'=10°\sim15°$。有些刀具因受强度及结构限制(如切断车刀),取 $\kappa_r'=1°\sim2°$。

5. 刃倾角的选择

刃倾角 λ_s 的作用是控制切屑流出的方向,影响刀头强度和切削刃的锋利程度。当刃倾角 $\lambda_s>0°$ 时,切屑流向待加工表面;$\lambda_s=0°$ 时,切屑沿主剖面方向流出;$\lambda_s<0°$ 时,切屑流向已加工表面,如图 2-16 所示。在断续切削时,不同的刃倾角对切削刃首先接触工件的位置有不同影响,当 $\lambda_s=0°$ 时,切削刃全长与工件同时接触,因而冲击较大;当 $\lambda_s>0°$ 时,刀尖首先接触工件,易崩刀尖;当 $\lambda_s<0°$ 时,离刀尖较远处的切削刃先接触工件,保护刀尖。故断续切削时,选择负的刃倾角有利于保护刀尖。粗加工时宜选用负刃倾角,以增加刀具的强度;当工件刚性较差时,不宜采用负刃倾角,因为负刃倾角将使径向切削力 F_p 增大。精加工时宜选用正刃倾角,可避免切屑流向已加工表面,保证已加工表面不被切屑碰伤。大刃倾角刀具可使排屑平面的实际前角增大,刃口圆弧半径减小,使刀刃锋利,能切下极薄的切削层(微量切削)。

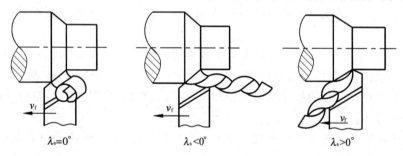

$\lambda_s=0°$ $\lambda_s<0°$ $\lambda_s>0°$

图 2-16　刃倾角对切屑流向的影响

刃倾角主要由切削刃强度与流屑方向决定。一般加工钢材和铸铁时,粗加工取 $\lambda_s=-5°\sim0°$,精加工取 $\lambda_s=0°\sim5°$,有冲击负荷时取 $\lambda_s=-15°\sim5°$。

刀具切削部分的各构造要素中,最关键的地方是切削刃,它完成切除与成形表面的任务,而刀尖是工作条件最困难的部位,为提高刀具寿命,必须设法保护切削刃和刀尖。为此,要处理好刃区的形式,如锋刃、负倒棱、过渡刃、修光刃等。有关刀面的形式、切削刃的形状、切削刃区的剖面形式等内容,可参考相关刀具设计手册。

最后还需明确,刀具各角度间是互相联系互相影响的。而任何一个刀具的合理几何参数,都应在多因素的互相联系中确定。

2.7　磨削原理

磨削是现代机械制造中最常用的加工方法之一,其应用范围很广。磨削可用来加工一般金属与非金属材料和各种高硬度材料,可磨削外圆、内孔、平面、螺纹、齿轮、花键、导轨、其他复杂的成形表面及各种刀具的前、后刀面等多种表面。磨削能达到很高的尺寸精度和很低的表面粗糙度。其加工尺寸精度一般可达 IT6～IT5 级,表面粗糙度值可达 1.25～0.01 μm。

2.7.1　磨削加工类型

根据砂轮与工件相对位置的不同,磨削可大致分为内圆磨削、外圆磨削和平面磨削。如

图 2-17 所示为主要的磨削加工类型。

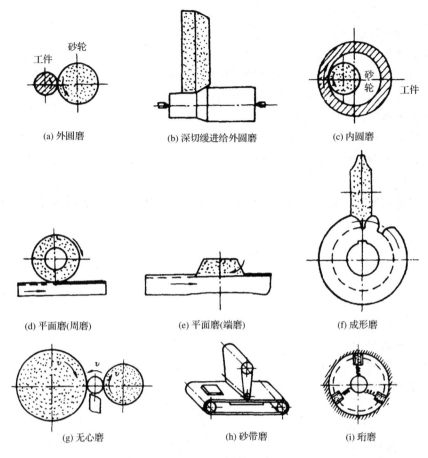

(a) 外圆磨 (b) 深切缓进给外圆磨 (c) 内圆磨

(d) 平面磨(周磨) (e) 平面磨(端磨) (f) 成形磨

(g) 无心磨 (h) 砂带磨 (i) 珩磨

图 2-17　主要的磨削加工类型

2.7.2　磨削运动

磨削时,一般有四个运动。如图 2-18 所示为外圆磨削与平面磨削时的运动。

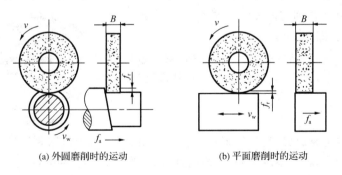

(a) 外圆磨削时的运动　　　(b) 平面磨削时的运动

图 2-18　磨削时的运动

1. 主运动

磨削主运动是砂轮的旋转运动。主运动速度是砂轮外圆的线速度,其表达式为

$$v = \frac{\pi d_0 n_0}{1\,000} \tag{2-25}$$

式中　v——砂轮线速度,即磨削速度,m/s;

　　　　d_0——砂轮直径,mm;

　　　　n_0——砂轮转速,r/s。

2. 径向进给运动

径向进给运动用径向进给量 f_r 来表示,它是工件相对于砂轮在工作台每双(单)行程内沿砂轮径向移动的距离,其单位为 mm/(d·str)。

3. 轴向进给运动

轴向进给运动是工件相对于砂轮沿其轴向的进给运动,用轴向进给量 f_a 来表示。一般 $f_a=(0.2\sim0.8)B$,B 为砂轮宽度。f_a 的单位圆磨时为 mm/r,平磨时为 mm/(d·str)。

4. 工件进给运动

工件进给运动既可以是工件自身的旋转运动,也可以是工件随工作台的直线往复运动,它可以用工件速度 v_w 来表示。

外圆磨削时,工件速度为

$$v_w=\frac{\pi d_w n_w}{1\ 000} \tag{2-26}$$

式中　v_w——工件速度,m/s;

　　　　d_w——工件直径,mm;

　　　　n_w——工件转速,r/s。

平面磨削时,工件速度为

$$v_w=\frac{2L n_{tab}}{1\ 000} \tag{2-27}$$

式中　L——工作台行程,mm;

　　　　n_{tab}——工作台往复频率,s^{-1}。

2.7.3　砂轮及其特性

磨削所用的主要工具是磨轮。砂轮是用得最多的一种磨轮。它是由结合剂将刚玉类或碳化硅类磨料黏合而成的多孔体,如图 2-19 所示。

砂轮的切削性能由砂轮的特性决定,而砂轮的特性与组成砂轮的各要素,即磨料、粒度、结合剂、硬度、组织等有关。

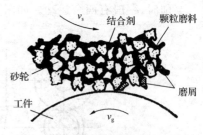

图 2-19　砂轮的构造

1. 磨料

磨料是砂轮的主要成分,它直接担负着切削作用。在磨削时,它要经受高速的摩擦、剧烈的挤压,所以磨料必须具有很高的硬度、耐磨性、耐热性以及相当的韧性,还要具有比较锋利的形状,以便磨下金属。

磨料可分为天然磨料和人造磨料两大类。一般天然磨料含杂质多,质地不匀。天然金刚石虽好,但价格昂贵,故目前制造磨轮主要是用人造磨料。

制造砂轮的磨料有刚玉类(氧化铝类)、碳化硅类、金刚石类和立方氮化硼类。

四类磨料的几项主要性能对比见表 2-1。

表 2-1　　　　　　　　　四类磨料的几项主要性能对比(所有指标都以金刚石为 1)

磨料种类	刚玉类	碳化硅类	金刚石类	立方氮化硼类
显微硬度	0.2~0.24	0.28~0.33	1	0.8~0.9
导热系数	0.012	0.027	1	
磨削能力	0.1~0.3	0.25~0.28	1	磨韧性材料 3~5,磨脆性材料<1

2. 粒度

粒度是指磨粒的大小。粒度号有筛选法、沉淀法或显微测量法等三种表示方法。筛选法用来区分较大的磨粒,以每英寸长度上筛孔的数目来表示。例如,粒度号 46♯ 是指能通过每英寸长度上有 46 个孔眼的筛网,而不能通过下一档每英寸长度上有 60 个孔眼的筛网的颗粒大小。沉淀法或显微测量法用来区分微小颗粒(常称为微粉,作研磨用),就用颗粒的最大尺寸(以微米计)为粒度号。例如,W20 表示微粉的颗粒尺寸在 $14~20~\mu m$。

通常,磨毛坯时可选用 12♯~24♯;磨削外圆、内圆和平面时可选用 36♯~70♯;刃磨刀具时可选用 46♯~100♯;螺纹磨削、成形磨削和低表面粗糙度磨削时可选用 100♯~280♯。

3. 结合剂

结合剂是指将细小的磨粒黏固成砂轮的结合物质。砂轮的强度、耐冲击性、耐腐蚀性、耐热性主要取决于结合剂的性能。此外,结合剂对磨削温度、磨削表面粗糙度等也有一定的影响。

常用的结合剂有陶瓷结合剂(A)、树脂结合剂(S)和橡胶结合剂(X)三种。

陶瓷结合剂是一种无机结合剂,其优点很多,除薄片砂轮外,它可以做成各种粒度、硬度、组织、形状和尺寸的砂轮,因而应用范围最广。目前工厂中 80% 的砂轮采用的是陶瓷结合剂。树脂结合剂是一种有机结合剂,耐热性较差(耐热温度为 200 ℃左右)。采用树脂结合剂的砂轮一般应用于磨断钢锭、铸件去毛刺、磨窄槽、切断工件等场合。橡胶结合剂也是一种有机结合剂,耐热性更差(耐热温度低于 150 ℃)。橡胶结合剂的应用不如陶瓷结合剂、树脂结合剂两种结合剂普遍,只用于切断、磨窄槽、磨滚动轴承滚道、制作无心磨床导轮以及制成抛光砂轮抛光成形面等。

4. 硬度

砂轮硬度是指结合剂黏结磨粒的牢固程度,也就是指磨粒在磨削力作用下,从砂轮表面上脱落下来的难易程度。砂轮越硬,磨粒黏结越牢,越不易脱落;砂轮越软,磨粒黏结越不牢,越容易脱落。所以砂轮硬度和磨料硬度完全是两回事。

砂轮硬度对磨削生产率和加工表面质量都有很大的影响。如果选得太硬,磨粒磨钝后仍不能脱落,磨削效率很低,使磨削力和磨削热显著增加,使工件表面被烧伤,表面粗糙度增加。如果选得太软,磨粒还没有磨钝时已从砂轮上脱落,砂轮损耗快,形状也不易保持,工件精度难以控制,脱落的磨粒容易把工件表面划伤,使其表面粗糙度增大。

若砂轮硬度选得合适,磨粒磨钝后因磨削力增大而自行脱落,则新的锋利的磨粒露出继续担负切削工作,这一过程称为砂轮的自锐性或自砺性。若砂轮的自锐性好,则磨削效率高,工件的表面粗糙度值较小,但同时砂轮损耗也相应较大,因此,选择合适的砂轮硬度很重要。我国砂轮硬度等级分为超软、软、中软、中、中硬、硬、超硬等七个大级,具体选用可查阅相应资料。

5. 组织

砂轮的组织是指砂轮的松紧程度,也就是磨粒在砂轮内所占的比例。砂轮的组织分类见

表 2-2。

表 2-2　　　　　　　　　　　　　　　砂轮的组织分类

组织分类	紧密					中等				疏松			
组织代号	0	1	2	3	4	5	6	7	8	9	10	11	12
磨粒占砂轮的体积比/%	62	60	58	56	54	52	50	48	46	44	42	40	38

　　砂轮组织松,砂轮不易被磨屑堵塞,切削液和空气能带入磨削区域,可降低磨削区域的温度,减少工件发热变形和烧伤,也可以提高磨削效率。但加工表面粗糙度值增大,也不易保持砂轮的轮廓形状。

　　一般砂轮都制成中等松紧,采用组织代号 5。当加工表面粗糙度要求较小时,成形磨削宜采用组织代号 3~4。端磨磨削韧性特别好的钢料和有色金属时,砂轮易堵塞,宜采用组织代号 7~9。

　　组织代号一定,砂轮磨粒间空隙的大小就决定于结合剂的多少。只要用较少的结合剂就能保证砂轮有足够的强度,它的气孔尺寸可以达到 0.7~1.4 mm。这种砂轮不易堵塞,磨削效率高,而且发热少,散热快,使工件不至于被烧伤。

2.7.4　磨削过程和磨削机理

　　磨粒要从工件上切下切屑,要经历滑擦阶段、刻划阶段和切削阶段,如图 2-20 所示。在滑擦阶段,由于磨粒具有很大的实际负前角和相对较大的刃口圆弧半径,以及磨粒与工件开始接触时的切削厚度非常小,因此磨粒并未切削工件,而只是在工件表面滑擦而过,工件仅产生弹性变形。当磨粒继续前进时,由于挤入深度的增大,它与工件间的压力逐步增大,工件表面的金属由弹性变形逐步过渡到塑性变形。但是,毕竟由于切削厚度太小,还未达到形成切屑的临界值(临界值与磨粒刃口圆弧半径、工件材料及其状态等因素有关),因此磨粒未切除切屑而只在工件表面上挤压刻划出沟痕。磨粒的前方和两侧的金属材料由于塑性变形而隆起凸出,这实质上为材料内摩擦的一种表现。此时磨粒和工件间的挤压摩擦作用加剧,热应力显著增加。这个阶段称为刻划阶段。磨粒的刃口圆弧半径越大,则刻划的路程越长。当刻划阶段继续进行,并且切削厚度达到临界值时,被磨粒推挤的金属材料明显地滑移而形成切屑,以达到切削的目的。

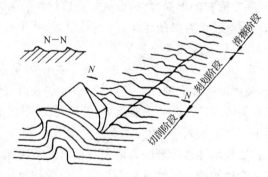

图 2-20　磨粒切削过程的三个阶段

　　磨粒在砂轮表面的分布高低不齐和其刃口圆弧半径大小不一,使得砂轮表面所有磨粒在参与磨削的过程中所起的作用不同。有些磨粒仅起滑擦作用;有些磨粒可以完成滑擦和刻划的作用;其他的磨粒则能完成从滑擦到形成切屑的全部作用。在磨粒切削过程(切屑的形成过程)中,三个阶段所占的比例同工件材料和磨削速度等因素有关。一般说工件材料较硬,磨削速度较高,磨削表面的隆起凸出量相应地就较小,即塑性变形较小,刻划阶段就较短。所以,磨削硬度较高的工件以及提高磨削速度,可以获得较低的表面粗糙度。

2.7.5　磨削温度

磨削时由于速度很高,同时切除单位体积切屑所需的能量为普通切削加工的 10～20 倍,所以磨削温度很高。这样高的磨削温度会导致工件尺寸精度下降及加工表面质量降低。因此,研究磨削温度并加以控制是提高表面质量和保证加工精度的重要方面。

1. 磨削温度

平时所说的磨削温度是指砂轮与工件接触面的平均温度 θ_A。但深一步考虑,就会发现磨粒和工件接触面的温度才是真正的磨削点的温度。因此,把磨削温度区分为磨粒磨削点温度 θ_{dot} 和砂轮磨削区温度 θ_A。此外,还有由于磨削热传入工件而引起的工件温度升高。

仅仅说磨削温度会因含义不清而引起误解。比如说,磨粒磨削点温度 θ_{dot} 瞬时可达 1 000 ℃ 左右,可砂轮磨削区温度 θ_A 只有几百摄氏度,而整个工件的温升却不到几十摄氏度。所以一定要把砂轮磨削区温度、磨粒磨削点温度和工件的温升三者的含义区分清楚。

工件的温升是由磨削热传入工件引起的,它影响工件的尺寸和形状精度。磨粒磨削点温度 θ_{dot} 不但影响加工表面质量,而且与磨粒的磨损及切屑熔着现象有密切关系。此外,砂轮磨削区温度 θ_A 与磨削烧伤、磨削裂纹的产生密切相关。

2. 磨粒磨削点温度和砂轮磨削区温度的影响因素

(1)工件速度对磨粒磨削点温度的影响比砂轮速度影响大。因为工件速度增加,单位时间内进入磨削区的工件材料增加,每个磨粒的切削厚度增加,磨削力和能量消耗都增加,所以温度也增加。而砂轮速度增加,单位时间内进入磨削区的磨粒数增加,使每个磨粒的切削厚度减小,这样部分抵消了由于速度增加而增大了的摩擦热,因此,温度增加得小些。

(2)径向进给量是通过单个磨粒的切削厚度的变化以及同时工作的磨粒数的变化来影响磨粒磨削点温度,当径向进给量增加时,磨粒磨削点温度也增加,但没有工件速度和砂轮速度的影响大。

(3)径向进给量对砂轮磨削区温度的影响最大,这是因为径向进给量增加将使砂轮和工件接触区增大。

2.7.6　磨削表面质量

磨削表面质量包括磨削表面的表面粗糙度和磨削表面的物理力学性能两方面。

1. 磨削表面的表面粗糙度

磨削表面的表面粗糙度是由磨粒磨削后在加工表面上形成残留廓形和工艺系统振动所引起的波纹所决定的。

磨削表面的表面粗糙度可以根据理论分析获得,但与实际相差悬殊,因此,有各种实验公式。其一般形式为

$$Ra = K_{Ra} f_r^a \left(\frac{v_w}{v}\right)^b \left(\frac{f_a}{B}\right)^c \tag{2-28}$$

式中　K_{Ra}——视具体条件而异的常数;

　　a、b、c——有关指数,一般 $a=0.25, b=0.50, c=0.38$。

由式(2-28)可知,对表面粗糙度影响最大的是比值 v_w/v,其次是比值 f_a/B,f_r 的影响最小。

2.磨削表面的物理力学性能

(1)磨削的表面烧伤

磨削钢材工件,特别是磨削耐热钢、合金钢、模具钢及硬质合金工件时,开始工件表面呈正常的金属光泽,随后逐渐转为黄褐色甚至成为紫黑色,这就是磨削表面的烧伤现象。工件表面的各种颜色是由于在高温磨削下形成的氧化膜厚度不等,在阳光下出现不同干涉色的缘故。所以根据工件表面的颜色,就可推断磨削温度及其烧伤深度。若工件表面颜色为淡黄色,则其磨削温度为 400～500 ℃,其烧伤深度较浅;若工件表面颜色为紫色,则其磨削温度为 800～900 ℃,其烧伤深度较深。

影响磨削表面烧伤的因素主要有以下几点:

①砂轮的磨料种类、粒度和砂轮硬度等。砂轮硬度过高,结合力太强,自锐性差,将使磨削力增大,易产生磨削烧伤。提高砂轮磨粒的硬度、韧性和强度,有助于保持刃尖的锋利性及自锐性,从而抑制磨削烧伤。金刚石磨料由于其强度、硬度都比较高,相对而言最不易产生磨削烧伤,是一种理想的磨料。

选用粗粒度砂轮磨削时,既可减少发热量,又可在磨削软而塑性大的材料时避免砂轮的堵塞。

②磨削用量。砂轮速度 v 及径向进给量 f_r 的影响较大,v 及 f_r 较小时,不会出现烧伤,随着 v 及 f_r 的增大,烧伤逐渐严重。工件速度 v_w 的影响较小,只有当 v_w 极小时才会出现烧伤。

③工件材料。工件材料硬度越高,磨削发热量越多;但材料过软,则易于堵塞砂轮,反而使加工表面温度急剧上升。

工件材料的韧性越大,所需磨削力也越大,发热也越多。

导热系数低的材料,如轴承钢、高速钢等在磨削加工中更易产生金相组织的变化。

④接触长度。砂轮与工件的接触长度大,易堵塞砂轮而不易冷却,容易出现烧伤。

⑤冷却方法。采用切削液带走磨削区的热量可以避免烧伤,但目前使用的冷却方法却效果较差,原因是切削液未能进入磨削区。为了使切削液能较好地进入磨削区起到冷却作用,目前采用的主要方法有内冷却法、喷射法等。内冷却法是将切削液通过砂轮空心主轴引入砂轮的中心腔,由于砂轮具有多孔性,当砂轮高速旋转时,强大的离心力将切削液沿砂轮孔隙向四周甩出,使磨削区直接得到冷却。

磨削表面烧伤的实质是使工件产生了金相组织变化,所以会破坏工件表层组织,严重时会产生裂纹,严重影响工件的耐磨性和使用寿命。因此,必须避免磨削烧伤。

(2)磨削表面的残余应力与磨削裂纹

磨削表面的残余应力是由于磨削过程中金属体积发生变化等因素形成的。其中由于磨削温度的不均匀将形成热应力,一般为拉应力;由于金相组织的变化将形成相变应力,可能为拉应力或压应力;由于磨削过程塑性变形的不均衡将形成塑变应力,一般为压应力。磨削表面层残余应力是以上三者的合力。残余压应力可提高零件疲劳强度和使用寿命。残余拉应力将使零件表面翘曲,强度下降,形成疲劳破坏。所以磨削过程应尽量避免形成残余拉应力。

磨削过程中,当形成的残余拉应力超过工件材料的强度极限时,工件表面就会出现裂纹。

磨削裂纹极浅,呈网状或垂直于磨削方向。有时不在其表层,而存在于其表层之下。有时在研磨或使用过程中,由于去除了其表面极薄金属层后,残余应力失去平衡,因而形成微小裂纹。这些微小裂纹,在交变载荷作用下,会迅速扩展,造成工件的破坏。

磨削表面烧伤、残余应力及裂纹均与磨削温度有紧密联系,凡能降低磨削温度的措施,都对提高磨削表面质量和避免表面缺陷有帮助。

2.7.7　砂轮的修整

砂轮的表面形态不仅与砂轮的粒度、组织等要素有关,还在很大程度上取决于砂轮的修整质量。

砂轮修整的目的一是修锐,即去除已经磨损或被磨屑堵塞的砂轮表层,使里层锐利的磨粒显露出来参与切削;二是整形,即使砂轮表面有足够数量的等高切削刃和修整砂轮形状,从而降低磨削表面的粗糙度。

修整砂轮使用的工具有:金刚石笔;用高速钢、高碳钢或淬硬合金制造的金属滚压轮;金刚石滚轮等。应用最广的是用单个磨粒金刚石笔以车削法修整砂轮,其运动情况类似于在车床上切削外螺纹,但 a_p、f 都很小而且均匀。

思考与习题

2-1　金属切削过程的实质是什么?

2-2　切削塑性工件材料时,金属变形区是如何划分的? 各变形区中的变形情况如何?

2-3　切屑形态有几种主要类型? 每种类型的特点是什么?

2-4　什么是积屑瘤? 它是怎样形成的?

2-5　简述刀具前角对切削变形的影响规律。

2-6　以外圆车削为例说明切削合力、分力的分布情况及切削功率。

2-7　简述切削用量对切削力的影响。

2-8　简述刀具几何参数对切削力的影响。

2-9　切削温度的含义是什么?

2-10　切削用量三要素对切削温度的影响有哪些?

2-11　工件材料的性能如何影响切削温度?

2-12　刀具几何参数如何影响切削温度?

2-13　刀具的各种磨损形态各有什么特征?

2-14　刀具磨损原因有哪些? 刀具材料不同,其磨损原因是否相同?

2-15　刀具磨损过程可分为几个阶段? 各阶段有什么特点?

2-16　什么是刀具耐用度?

2-17　切削用量三要素对刀具耐用度的影响有何不同?

2-18　切削加工性衡量指标有哪些?

2-19　合理前角、后角的概念及其选择原则是什么?

2-20　砂轮特性由哪些因素组成?

2-21　磨削循环中包括那几个阶段?

2-22　磨削过程中的表面烧伤是怎样产生的? 有何危害?

第 3 章

外圆表面的加工方法

常见机械加工方法及装备

思政目标

制造业是国民经济的重要支撑,而机械加工装备是制造业发展的基础。历史经验告诉我们,落后就要挨打,"东芝事件"是学习先进制造装备技术的一个典型投射。目前我国的机械制造装备水平与世界先进国家还有较大差距,制约了国家各层面的发展,需要一辈辈人不懈努力,加快中华民族伟大复兴的进程。

案例导入

机器零件是由不同类型的基本表面构成的,零件的加工实质上就是通过加工这些表面来实现的。那么,哪些加工方法可以获得这些基本表面(如外圆表面、内孔表面、平面等)?所涉及的机械装备有何特点?本章的任务就是以外圆表面、孔表面、平面以及圆柱齿轮齿面加工为主线,介绍机械制造中的常见加工方法及装备。如图 3-1 所示为机械切削加工中常用的车、铣、刨、磨床。

(a) 车床
(b) 铣床
(c) 磨床
(d) 刨床

图 3-1　常见的机械加工装备

3.1　外圆表面加工方法及装备

3.1.1　外圆表面的车削加工

1.加工方法

（1）粗车　车削加工是外圆表面粗加工最经济有效的方法。由于粗车的主要目的是高效地从毛坯上切除多余金属，因而提高生产率是其主要任务。

粗车通常采用尽可能大的背吃刀量和进给量来提高生产率。为保证必要的刀具寿命，所选切削速度一般较低。粗车时，车刀应选取较大的主偏角，以减小背向力，防止工件产生变形和振动；选取较小的前角、后角和负值的刃倾角，以增强车刀切削部分的强度。粗车所能达到的加工精度为 IT12～IT11，表面粗糙度 Ra 值为 50～12.5 μm。

（2）精车　精车的主要任务是保证零件所要求的加工精度和表面质量要求。精车外圆表面一般采用较小的背吃刀量与进给量和较高的切削速度（$v_c \geqslant 100$ m/min）。在加工大型轴类零件外圆表面时，常采用宽刃车刀低速精车（$v_c = 2 \sim 12$ m/min）。精车时，车刀应选用较大的前角、后角和正直的刃倾角，以提高加工表面质量。精车可作为较高精度外圆表面的最终加工或作为精细加工的预加工。精车的加工精度可达 IT8～IT6 级，表面粗糙度 Ra 值可达 1.6～0.8 μm。

（3）细车　细车的特点是背吃刀量 a_p 和进给量 f 取值极小（$a_p = 0.03 \sim 0.05$ mm，$f = 0.02 \sim 0.2$ mm/r），切削速度高达 150～2000 m/min。细车一般采用立方氮化硼（CBN）、金刚石等超硬材料刀具进行加工，所用机床也必须是主轴能做高速回转并具有很高刚度的高精度或精密机床。细车的加工精度及表面粗糙度与普通外圆磨削大体相当，加工精度可达 IT6～IT5 级，表面粗糙度 Ra 值可达 0.02～1.25 μm，多用于磨削加工性能不好的有色金属工件的精密加工。对于容易堵塞砂轮气孔的铝及铝合金等工件，细车更为有效。在加工大型精密外圆表面时，细车可以代替磨削加工。

2.提高外圆表面车削生产率的途径

车削是轴类、套类和盘类零件外圆表面加工的主要工序，也是这些零件加工耗费工时最多的工序。提高外圆表面车削生产率的途径有：

（1）采用高速切削　高速切削是通过提高切削速度来提高加工生产率的。切削速度的提高除要求车床主轴具有高转速外，主要受刀具材料的限制。硬质合金、立方氮化硼等优质刀具材料的问世，为推广应用高速切削创造了条件。硬质合金车刀的切削速度可达 200～250 m/min，陶瓷车刀可达 500 m/min，而人造金刚石和立方氮化硼车刀切削普通钢时的切削速度可达 600～1200 m/min。高速切削不但可以提高生产率，而且可以降低加工表面的粗糙度（Ra 值可达 1.25～0.63 μm）。

（2）采用强力切削　强力切削是通过增大切削面积（$f \times a_p$）来提高生产率的。其特点是对车刀进行改进，在刀尖处磨出一段副偏角 $\kappa_r' = 0$、长度取为 1.2～1.5f 的修光刃，在进给量 f 提高几倍甚至十几倍的条件下进行切削时，加工表面粗糙度 Ra 值仍能达到 5～2.5 μm。强力切削比高速切削的生产率更高，适用于刚度比较好的轴类零件的粗加工。采用强力切削时，车床加工系统必须具有足够的刚性及功率。

（3）采用多刀加工方法　多刀加工是通过减少刀架行程长度来提高生产率的。图 3-2 所示列出了几种不同的多刀加工方式。

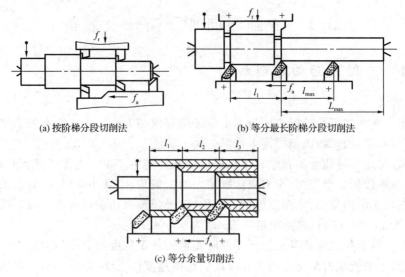

(a) 按阶梯分段切削法　　　　　(b) 等分最长阶梯分段切削法

(c) 等分余量切削法

图 3-2　多刀加工

3.1.2　卧式车床(CA6140 型)

车床是做进给运动的车刀对做旋转主运动的工件进行切削加工的机床。车床的通用性好,可完成各种回转表面、回转体端面及螺纹面等表面的加工,是外圆表面切削加工的主要设备,也是一种应用最为广泛的金属切削机床。车床的种类很多,按结构和用途的不同,主要分为以下几类:

(1)卧式车床　卧式车床的万能性好,加工范围广,是最基本和应用最广的车床。

(2)立式车床　立式车床的主轴竖直安置,工作台面处于水平位置,主要用于加工径向尺寸大,轴向尺寸较小的大、重型盘套类、壳体类工件。

(3)转塔车床　转塔车床有一个可装多把刀具的转塔刀架,根据工件的加工要求,预先将所用刀具在转塔刀架上安装调整好;加工时,通过刀架转位,装夹在转塔刀架上的刀具依次轮流工作。转塔车床适用于成批生产加工内外圆表面有同轴度要求的较复杂工件。

(4)仿形车床　仿形车床能按照样板或样件的轮廓自动车削出形状和尺寸相同的工件。仿形车床适用于在大批量生产中加工圆锥形、阶梯形及成形回转面的工件。

(5)专门化车床　专门化车床是为某类特定零件的加工而专门设计制造的,如凸轮轴车床、曲轴车床、车轮车床等。

限于篇幅,下面仅以 CA6140 型卧式车床为例,介绍普通车床结构和传动。

1. 机床布局

图 3-3 是 CA6140 型卧式车床的外形图,其主要部件及功能如下:

(1)主轴箱 1　也称床头箱,它固定在床身 4 的左端,内部装有主轴和变速、传动机构。主轴箱的功能是支承主轴,并将动力经变速、传动机构传给主轴,使主轴按规定的转速带动工件转动。

(2)床鞍和刀架 2　它位于床身 4 中部,可沿床身导轨做纵向移动。刀架部件由几层刀架组成,它的功用是装夹刀具,使刀具做纵向、横向或斜向进给运动。

(3)尾座 3　它装在床身 4 右端的尾座导轨上,并可沿此导轨纵向调整其位置。尾座的功能是安装做定位支撑用的后顶尖,也可以安装钻头、铰刀等孔加工刀具以进行孔加工。

(4)进给箱 8　它固定在床身 4 的左前侧。进给箱内装有进给运动的变速装置,用于改变

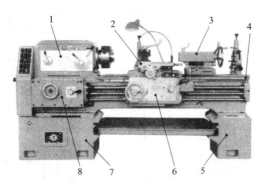

图 3-3　CA6140 型卧式车床

1—主轴箱；2—床鞍和刀架；3—尾座；4—床身；5—右床腿；6—溜板箱；7—左床腿；8—进给箱

进给量。

(5)溜板箱 6　它固定在床鞍的底部。溜板箱的功用是把从进给箱传来的运动传递给刀架，使刀架实现纵向和横向进给或快速移动。溜板箱上装有各种操纵手柄和按钮。

(6)床身 4　床身固定在左床腿 7 和右床腿 5 上。在床身上安装着车床的各个主要部件，使他们在工作时保持准确的相对位置。

2. 机床的传动系统

图 3-4 为 CA6140 型卧式车床的传动系统原理框图。它概要地表示了由电动机带动主轴和刀架运动所经过的传动机构和重要元件。

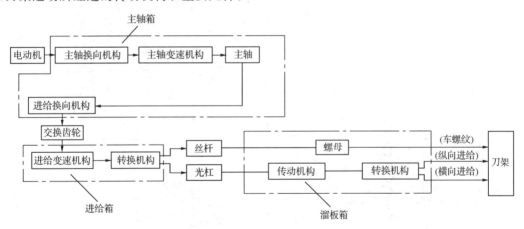

图 3-4　CA6140 型卧式车床传动系统原理

电动机经主轴换向机构、主轴变速机构带动主轴转动；进给传动从主轴开始，经进给换向机构、交换齿轮和进给箱内的变速机构和转换机构，溜板箱中的传动机构和转换机构传至刀架。溜板箱中的转换机构起改变进给方向的作用，使刀架做纵向或横向、正向或反向进给运动。

3. 机床的主传动链

图 3-5 所示为 CA6140 型卧式车床传动系统图。主传动部分从电动机开始到主轴为止。电动机的旋转运动经 V 带轮传动副传至主轴箱中的 Ⅰ 轴。在 Ⅰ 轴上装有双向多片离合器 M_1，使主轴正转、反转或停止，它就是图 3-4 中的主轴换向机构。压紧离合器 M_1 左侧摩擦片时，Ⅰ 轴的运动经齿轮副 56/38 或 51/43 传给 Ⅱ 轴，使 Ⅱ 轴获得两种转速；压紧右侧摩擦片时，Ⅰ 轴的运动经齿轮 50 和 Ⅶ 轴上的空套齿轮 34 传给 Ⅱ 轴上的固定齿轮 30，由于 Ⅰ 轴至 Ⅱ 轴间多了一个中间齿轮 34，故 Ⅱ 轴的转动方向与经 M_1 左侧传动时相反。Ⅱ 轴的运动可通过 Ⅱ、Ⅲ 轴间三对齿轮的任何一对传至 Ⅲ 轴。运动由 Ⅲ 轴到主轴（Ⅵ轴）可以有两种不同的传动路线：

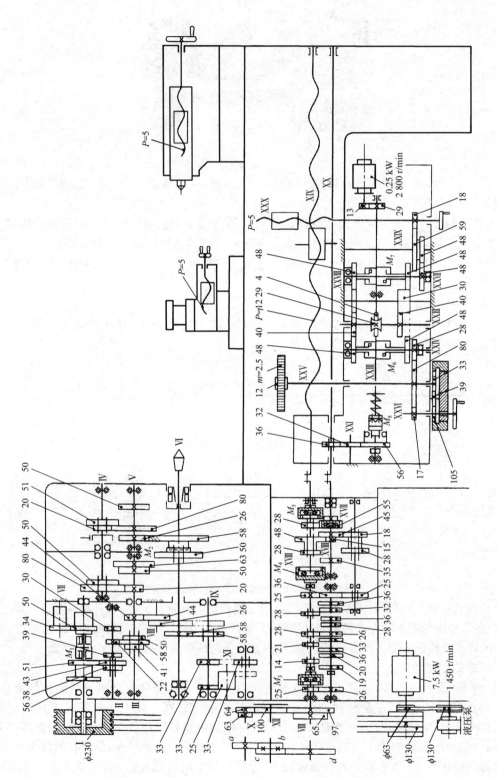

图3-5　CA6140型卧式车床传动系统

（1）高速传动路线　主轴上的滑动齿轮 50 位于左端，与Ⅲ轴上的齿轮 63 啮合，运动由Ⅲ轴经齿轮副 63/50 直接传给主轴。

（2）低速传动路线　主轴上的滑动齿轮 50 移至右端与主轴上的牙嵌式离合器 M_2 啮合，Ⅲ轴上的运动经齿轮副 20/80 或 50/50 传给Ⅳ轴，然后由Ⅳ轴经齿轮副 20/80 或 51/50 传给Ⅴ轴，再经齿轮副 26/58 和牙嵌式离合器 M_2 传至主轴。

上述滑动变速齿轮副就是图 3-4 中的主轴变速机构。

4. 主轴箱的主要机构

图 3-6 是 CA6140 型卧式车床主轴箱的展开图。展开图是按照传动轴的传动顺序，通过其轴心线剖切，并展开在一个水平面上的装配图。图 3-6 是图 3-7 所示 A-A 剖切面的展开图。

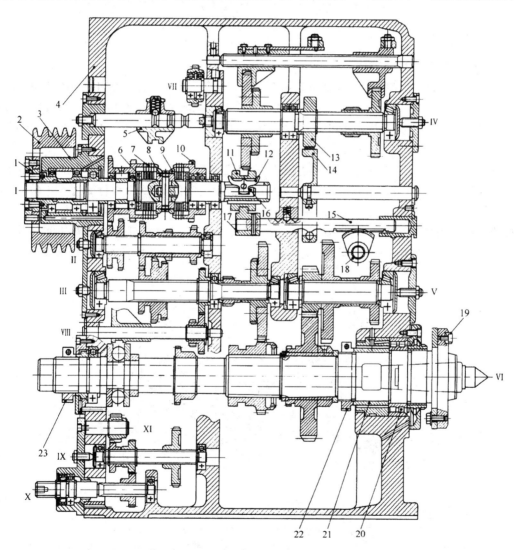

图 3-6　CA6140 型卧式车床主轴箱的展开图

（1）主轴组件　CA6140 型卧式车床的主轴（图 3-6 中的Ⅵ轴）是一个空心的阶梯轴，主轴前端锥孔用于安装顶尖或心轴。主轴采用前后两支承结构。前支承为 P5 级精度的 NN3000k 型双列圆柱滚子轴承，用于承受径向力。该轴承内圈与主轴的配合面带有 1：12 的锥度，拧动

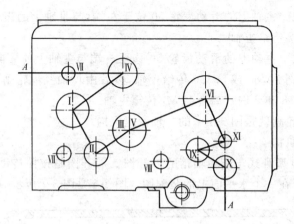

图 3-7　展开图的剖切面

螺母 22 通过套筒 21 推动轴承 20 的内圈在主轴锥形表面上自左向右移动,使轴承内圈在径向膨胀,可使轴承径向间隙减小。轴承间隙调整好后须将螺母 22 锁紧。主轴的后支承由一个推力球轴承和一个角接触球轴承组成。推力球轴承承受自右向左作用的轴向力,角接触球轴承承受自左向右作用的轴向力,还同时承受径向力。这两个轴承的间隙和预紧程度由主轴后端的螺母 23 调整。调整好后,须将螺母 23 锁紧。

　　主轴前端采用短圆锥和法兰结构,用来安装卡盘或拨盘。图 3-8 是卡盘与主轴前端的连接图。安装卡盘时,先让卡盘座 4 在主轴 3 的短圆锥面上定位,将四个螺栓 5 通过主轴轴肩及锁紧盘 2 上的孔拧入卡盘座 4 的螺孔中,再将锁紧盘 2 沿顺时针方向相对主轴转动一个角度,使螺栓 5 进入锁紧盘 2 的窄槽内,然后拧紧螺钉 1,最后拧紧螺母 6,即可将卡盘牢靠地安装在主轴的前端。主轴转矩通过主轴法兰前端面上的圆形拨块(图 3-6 中件 19)传给卡盘。

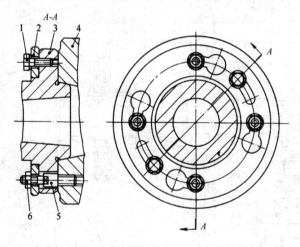

图 3-8　卡盘与主轴前端的连接

1—螺钉;2—锁紧盘;3—主轴;4—卡盘座;5—螺栓;6—螺母

　　(2)卸荷带轮　电动机的运动经 V 带传至 I 轴左端的带轮 2(图 3-6),带轮 2 与花键套 1 用螺钉固定成一体,由两个深沟球轴承支承到法兰 3 的内孔中,法兰 3 固定在主轴箱箱体 4 上;带轮 2 通过花键套 1 带动 I 轴旋转时, I 轴只传递转矩, V 带拉力产生的径向载荷通过轴承和法兰 3 直接传给箱体 4, I 轴不承受传动带拉力作用,带轮 2 把径向载荷卸给了箱体,故称带轮 2 为卸荷带轮。

(3)双向多片离合器、制动器及其操纵机构 双向多片离合器装在Ⅰ轴上,其结构如图3-9所示。离合器由内摩擦片3、外摩擦片2、摆杆(元宝销)10、双联齿轮1和空套齿轮12等组成。内摩擦片3的内花键孔与Ⅰ轴的花键相连。外摩擦片2用光滑圆孔空套在Ⅰ轴的花键上,孔径略大于花键外径;外摩擦片外圆上有四个凸缘卡在空套在Ⅰ轴上的双联齿轮1和空套齿轮12侧端面上的四个轴向槽内。内外摩擦片相间排列安装。

双向多片离合器的接通与脱开如图3-9所示,向右移动拨叉11,带动滑套8右移,滑套8的右端面拨动摆杆10的右翅使摆杆10绕销轴9顺时针摆动,摆杆10下端的凸缘拨动装在Ⅰ轴内孔中的拉杆7向左移动,通过固定销5和花键滑套6由螺母4左端面压紧内、外摩擦片,左离合器接通,Ⅰ轴的运动通过左端的内、外摩擦片传给双联齿轮1,使主轴正转,用于切削加工。同理,向左移动拨叉11,右离合器接通,Ⅰ轴的运动通过右端的内、外摩擦片传给空套齿轮12,使主轴反转。当滑套8处于图3-9所示中间位置时,左、右离合器都脱开,主轴停止转动。当需要调整内、外摩擦片间的压紧力时,压下挡销13,转动螺母4,调整螺母4端面相对于摩擦片的距离,确定好螺母4的调整位置后,让螺母4端部的轴向槽对准挡销13,挡销13便在弹簧弹力的作用下自动向上抬起,重新卡入螺母4端部的轴向槽中,以固定螺母4的轴向位置。摩擦片间的压紧力是根据离合器应传递的额定转矩调整的,主轴超载时,内、外摩擦片间打滑,起过载保护作用。

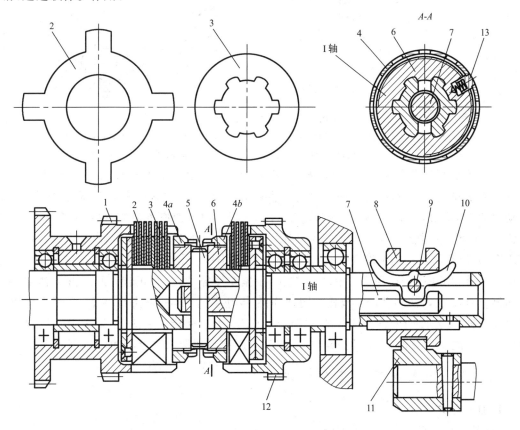

图 3-9 双向多片离合器

1—双联齿轮;2—外摩擦片;3—内摩擦片;4—螺母;5—固定销;6—花键滑套;
7—拉杆;8—滑套;9—销轴;10—摆杆;11—拨叉;12—空套齿轮;13—挡销

制动器及其操纵机构如图3-10所示,制动器安装在Ⅳ轴上(图3-6),在离合器脱开时,它能使主轴迅速停止转动,以缩短停机时间,并保证操作安全。制动轮9(图3-6中件13)是一个钢制的圆盘,它与Ⅳ轴用花键连接。制动带8是一条钢带,内侧有一层酚醛石棉以增加摩擦;制动带8的一端与杠杆7(图3-6中件14)连接,另一端通过调节螺钉6等与箱体相连。离合器M_1(图3-5)接通使主轴转动时,制动轮9随Ⅳ轴(图3-6)转动;离合器脱开时,齿条轴15(图3-6中件15)的凸起部分使杠杆7摆动,制动带8被拉紧,Ⅳ轴迅速停止转动,主轴也就随之迅速停止转动。

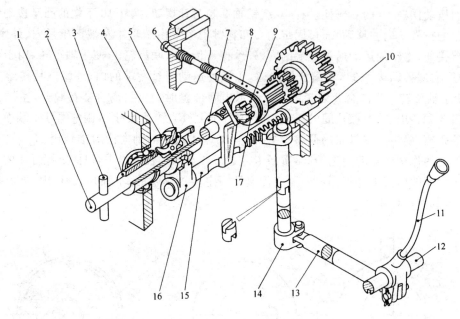

图3-10　制动器及其操纵机构

1—拉杆;2—销;3—Ⅰ轴;4—滑套;5—摆杆;6—调节螺钉;7—杠杆;8—制动带;9—制动轮;
10—扇齿轮;11—手柄;12—轴;13—杆;14—曲柄;15—齿条轴;16—拨叉;17—Ⅳ轴

当左或右离合器接通时,要求制动带8松开;左、右离合器都脱开时,要求制动带8拉紧。为操纵方便并避免出错,制动器和摩擦离合器共用一套操纵机构,由手柄11联合操纵。向上扳动手柄11,通过杆13、曲柄14、扇齿轮10(图3-6中件18)使齿条轴15右移;齿条轴15左端有拨叉16(图3-6中件17),它卡在滑套4(图3-6中件11)的环槽内,齿条轴15右移,滑套4也随之右移;滑套4内孔的两端为锥孔,滑套4右移,摆杆5绕销轴顺时针摆动,摆杆下端凸缘推动拉杆1(图3-6中件16,图3-9中件7)左移,压紧左摩擦片,主轴正转。此时齿条轴15左面的凹槽正对杠杆7,使制动带8放松。同理,向下扳动手柄11,齿条轴15左移,压紧右摩擦片,同时齿条轴15左面凹槽正对杠杆7,制动带8松开,主轴反转。手柄11处于中间位置时,离合器脱开的同时齿条轴15上的凸起移至杠杆7处,使制动带8拉紧,主轴迅速停止转动。

3.1.3　外圆表面的磨削加工

1. 加工方法

(1)工件有中心支承的外圆磨削

①纵向进给磨削　图3-11是纵向进给磨削外圆的加工示意图。图中,砂轮旋转n_c是主运动,工件除了旋转(圆周进给运动n_w)外,还和工作台一起做纵向往复运动(纵向进给运动f_a),工件每往复一次(或每单行程),砂轮向工件做横向进给运动f_r,磨削余量在多次往复行

程中磨去。在磨削的最后阶段,要做几次无横向进给的光磨行程,以消除由于径向磨削力的作用在机床加工系统中产生的弹性变形,直到磨削火花消失为止。

纵向进给磨削外圆时,磨削深度小,磨削力小,散热条件好,磨削精度较高,表面粗糙度较小;但由于工作行程次数多,生产率较低。它适于在单件小批量生产中磨削较长的外圆表面。

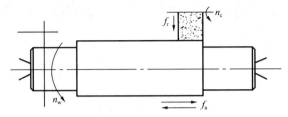

图 3-11 纵向进给磨削外圆

②横向进给磨削(切入磨削) 图 3-12 是横向进给磨削外圆的加工示意图。砂轮旋转 n_c 是主运动,工件做圆周进给运动 n_w,砂轮相对工件做连续或断续的横向进给运动 f_r,直到磨去全部余量。横向进给磨削的生产率高,但加工精度低,表面粗糙度较大。这是因为横向进给磨削时工件与砂轮接触面积大,磨削力大,发热量多,磨削温度高,工件易发生变形和烧伤。它适用于在大批量生产中加工刚性较好的外圆表面,如将砂轮修整成一定形状,还可以磨削成形表面。

在如图 3-13 所示的端面外圆磨床上,倾斜安装的砂轮做斜向进给运动 f,在一次安装中可将工件的端面和外圆同时磨出,生产率高。此种磨削方法适于在大批量生产中磨削轴颈对相邻轴肩有垂直度要求的轴、套类工件。

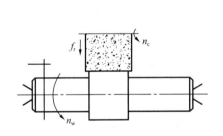

图 3-12 横向进给磨削外圆

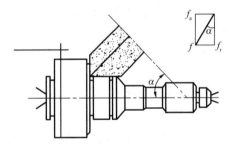

图 3-13 同时磨削外圆和端面

(2)工件无中心支承的外圆磨削(无心磨削)

图 3-14 是无心外圆磨削的加工原理示意图。磨削时,工件放在砂轮与导轮之间的托板上,不用中心孔支承,故称为无心磨削。导轮是用摩擦因数较大的橡胶结合剂制作的磨粒较粗的砂轮,其圆周速度一般为砂轮的 1/80~1/70,靠摩擦力带动工件旋转。无心磨削时,砂轮和工件的轴线总是水平放置的,而导轮的轴线通常要在垂直平面内倾斜一个角度 $\alpha(\alpha=1°\sim6°)$,其目的是使工件获得一定的轴向进给速度 v_f。图中 $v_t=v_w+v_f$,v_t 是导轮与被磨工件接触点的线速度,v_w 是导轮带动工件旋转的分速度,v_f 是导轮带动工件沿磨削砂轮轴线做进给运动的分速度。

无心磨削的生产率高,容易实现工艺过程的自动化;但所加工的零件具有一定局限性,不能磨削带长键槽和平面的圆柱表面,也不能用于磨削同轴度要求较高的阶梯轴外圆表面。

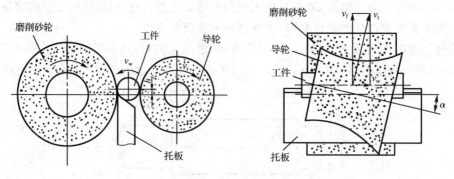

图 3-14　无心外圆磨削

（3）快速点磨

用快速点磨法磨削外圆时,砂轮轴线与工件轴线之间有一个微小倾斜角 $\alpha(\pm 0.5°)$,砂轮与工件以点接触进行磨削,砂轮对工件的磨削加工类似于一个微小的刀尖对工件进行加工。用传统磨削方法磨削外圆时,砂轮与工件为线接触。两种磨削方法的比较如图 3-15 所示。

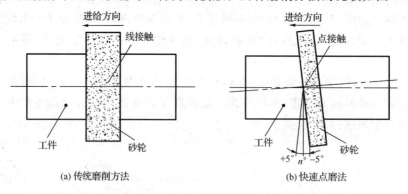

图 3-15　快速点磨法与传统磨削方法的比较

为便于控制快速点磨的加工精度,砂轮端面与工件外圆的接触点必须与工件轴线等高,砂轮在数控装置的控制下进行精确进给。

快速点磨法采用 CBN(立方氮化硼)或金刚石砂轮进行高速磨削,磨削速度高达 $100\sim600$ m/s。

快速点磨法与传统的磨削方法相比较,砂轮与工件接触面积小,磨削速度高,磨削过程中产生的磨削力小,磨削热少,加工质量好,生产率高,砂轮寿命长。在汽车制造业中,发动机中的曲轴和凸轮轴、变速器中的齿轮轴和传动轴等均可采用快速点磨工艺进行磨削加工。

2. 外圆磨削的尺寸控制

磨削的主要特点之一是砂轮具有自锐作用。砂轮的自锐作用可以使磨粒始终保持锋利状态,但它会使砂轮的径向磨损速度加剧,故磨削外圆时一般不能用预先确定砂轮径向进给量的方法来保证工件的直径尺寸。为保证外圆磨削的尺寸精度,需要根据工件在磨削过程中的实际尺寸变化来控制砂轮的径向进给量。在大批量生产中,通常采用在磨削过程中对工件进行主动测量的方法来控制工件尺寸。图 3-16 所示是一种通过主动测量来保证磨削加工尺寸的自动控制装置。磨削时测量头架移向工件,电感式测量头在加工过程中对工件的尺寸进行实时测量,测量结果以电信号的形式输出至控制装置,控制装置根据接收到的测量电信号及预先设定的程序,控制砂轮架的横向进给量,实现粗磨-精磨-光磨循环。

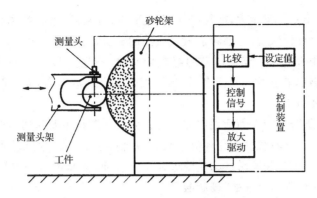

图 3-16 外圆磨削尺寸的自动控制

3. 外圆磨削加工的工艺特点及应用范围

①磨粒硬度高,它能加工一般金属刀具所不能加工的工件表面,例如,带有不均匀铸、锻硬皮的工件表面、淬硬表面等。

②磨削加工能切除极薄极细的切屑,修整误差的能力强,加工精度高(IT6～IT5),加工表面粗糙度小(Ra 值可小至 0.1 μm)。

③由于磨粒切除金属材料系大负前角切削,再加上磨削速度高(30～90 m/s),故磨削区的瞬间温度极高,有时甚至高达能使金属表面熔化的程度。

④由于大负前角磨粒在切除金属过程中消耗的摩擦功大,再加上磨屑细薄,切除单位体积金属所消耗的能量,磨削要比车削大得多。

综上分析可知,磨削加工更适于精加工,可用于加工淬火钢、工具钢以及硬质合金等硬度很高的材料,也可用砂轮磨削带有不均匀铸、锻硬皮的工件。但它不适宜加工塑性较大的有色金属材料(例如铜、铝及其合金),因为这类材料在磨削过程中容易堵塞砂轮,使其失去切削作用。磨削加工既广泛用于单件小批量生产,也广泛用于大批量生产。

随着磨削技术的发展,近年来出现了高效磨削工艺,例如,高速磨削($v>$50 m/s)、宽砂轮磨削、多砂轮磨削、深切缓进给磨削(磨削深度 10 mm 左右,最高可达 30 mm,进给速度相当于普通磨削的 1/10～1/100)和利用沾满磨粒的环形布(砂带)作为切削工具的砂带磨削等。

高精度磨削和低粗糙度表面磨削是近年来在生产中发展起来的先进制造技术,其要点为:精细修整砂轮,提高磨粒的微刃性和微刃的等高性;砂轮主轴的回转误差应小于 1 μm,磨床带有砂轮微量进给机构;冷却润滑液须经精细过滤。如上述加工条件控制得好,可以获得表面粗糙度很小($Ra<0.16$ μm)的光洁表面,同时还可以获得几何精度很高的精确表面(圆度误差<0.5 μm)。

3.1.4 外圆表面的光整加工

光整加工是精加工后,从工件表面上不切除或切除极薄金属层,用以提高加工表面的尺寸和形状精度、降低表面粗糙度的加工方法。对于加工精度要求很高(IT6 以上)、表面粗糙度要求很小(Ra 值为 0.2 μm 以下)的外圆表面,需经光整加工。光整加工的主要任务是减小表面粗糙度,有的光整加工方法还有提高尺寸精度和形状精度的作用,但一般都没有提高位置精度的作用。外圆表面的光整加工方法主要有研磨、超精加工、滚压、抛光等。

1. 研磨

研磨是在研具与工件之间加入研磨剂对工件表面进行光整加工的方法。研磨时,工件和研具之间的相对运动较复杂,研磨剂中的每一颗磨粒一般都不会在工件表面上重复自己的运动轨迹,具有较强的误差修正能力,能提高加工表面的尺寸精度、形状精度和减小表面粗糙度。

研具材料比工件材料软,部分磨粒能嵌入研具的表层,对工件表面进行微量切削。为使研具磨损均匀和保持形状准确,研具材料的组织应细密、耐磨。最常用的研磨材料是硬度为120～160HBW的铸铁,它适用于加工各种工件材料,而且制造容易,成本低。也有用铜、巴氏合金等材料制造研具的。

研磨剂由磨料、研磨液和表面活性物质等混合而成。磨料主要起切削作用,应具有较高的硬度。常用磨料有刚玉、碳化硅、碳化硼等。研磨液有煤油、汽油、全损耗系统用油、工业甘油等,主要起冷却润滑作用。表面活性物质附着在工件表面,使其生成一层极薄的软化膜,易于切除。常用的表面活性物质有油酸、硬脂酸等。

研磨分为手工研磨和机械研磨两种。手工研磨是手持研具进行研磨。研磨外圆时,可将工件装夹在车床卡盘上或顶尖上做低速旋转运动,研具套在工件被加工表面上,用手推动研具做往复运动。机械研磨在研磨机上进行,图3-17为在研磨机上研磨外圆的装置简图。图中,上、下两个研磨盘1和2之间有一工作隔离盘3,工件放在隔离盘的槽中。研磨时上研磨盘固定不动,下研磨盘转动。隔离盘3由偏心轴带动与下研磨盘同向转动。研磨时,工件一面滚动,一面在隔离盘槽中轴向移动,磨粒在工件表面上刻划出复杂的磨削痕迹。上研磨盘的位置可轴向调节,使工件获得所要求的研磨压力。工件轴线与隔离盘半径方向偏斜一角度γ($\gamma=6°\sim15°$),可使工件产生轴向移动。

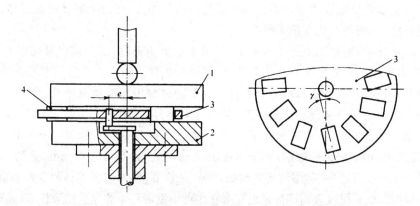

图 3-17 机械研磨外圆
1、2—研磨盘;3—工作隔离盘;4—工件

研磨属光整加工,研磨前加工面要进行良好的精加工。研磨余量在直径上一般取为0.10～0.03 mm。粗研时研磨速度为40～50 m/min,精研时为10～15 m/min。

研磨的工艺特点是设备比较简单,成本低,加工质量容易保证,可加工钢、铸铁、硬质合金、光学玻璃、陶瓷等多种材料。如果加工条件控制得好,研磨外圆可获得很高的尺寸精度(IT6～IT4)、极小的表面粗糙度(Ra 值为 0.100～0.008 μm)和较高的形状精度(圆度误差为 0.003～0.001 mm)。但研磨不能提高位置精度,生产率较低。

2. 超精加工

超精加工是用细粒度的磨条或砂带进行微量磨削的一种光整加工方法,其加工原理如图 3-18 所示。加工时,工件做低速旋转(0.03～0.33 m/s),磨具以恒定压力(0.05～0.3 MPa)压向工件表面,在磨具相对工件轴向进给的同时,磨具做轴向低频振动(振动频率为 8～30 Hz,振幅为 1～6 mm),对工件表面进行加工。超精加工是在加注大量冷却润滑液条件下进行的。

磨具与工件表面接触时,最初仅仅碰到前工序留下的凸峰,这时单位压力大,切削能力强,凸峰很快被磨掉。冷却润滑液的作用主要是冲洗切屑和脱落的磨粒,使切削能正常进行。当被加工表面逐渐呈光滑状态时,磨具与工件表面之间的接触面积不断增大,压强不断下降,切削作用减弱。最后,冷却润滑液在工件表面与磨具间形成连续的油膜,切削作用自动停止。超精加工的加工余量很小(一般为 $5\sim8~\mu m$),常用于加工发动机曲轴、轧辊、滚动轴承套圈等。

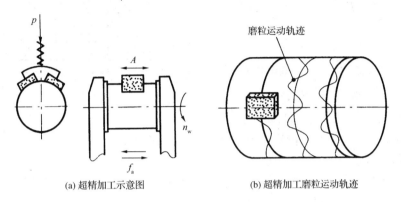

(a) 超精加工示意图　　　　　(b) 超精加工磨粒运动轨迹

图 3-18　外圆的超精加工

　　超精加工的工艺特点是设备简单,自动化程度较高,操作简便,生产率高。超精加工能减小工件的表面粗糙度(Ra 值可达 $0.100\sim0.012~\mu m$),但不能提高尺寸精度和位置精度。工件精度由前面工序来保证。

3.2　孔加工方法及装备

　　与外圆表面加工相比,孔加工的条件要差得多,加工孔要比加工外圆困难。这是因为孔加工所用刀具的尺寸受被加工孔尺寸的限制,刚性差,容易产生弯曲变形和振动;用定尺寸刀具加工孔时,孔加工的尺寸往往直接取决于刀具的相应尺寸,刀具的制造误差和磨损将直接影响孔的加工精度;加工孔时,切削区在工件内部,排屑及散热条件差,加工精度和表面质量都不容易控制。

3.2.1　钻孔与扩孔

1. 钻孔

钻孔是在实心材料上加工孔的第一道工序,钻孔直径一般小于 80 mm。钻孔加工有两种方式(图 3-19):一种是钻头旋转,例如在钻床、镗床上钻孔;另一种是工件旋转,例如在车床上钻孔。上述两种钻孔方式产生的误差是不相同的。在钻头旋转的钻孔方式中,由于切削刃不对称和钻头刚性不足而使钻头引偏时,被加工孔的中心线会发生偏斜或不直,但孔径基本不变;而在工件旋转的钻孔方式中则相反,钻头引偏会引起孔径变化,而孔中心线仍然是直的。

2. 扩孔

扩孔是用扩孔钻对已经钻出、铸出或锻出的孔做进一步加工(图 3-20),以扩大孔径并提高孔的加工质量。扩孔加工既可以作为精加工孔前的预加工,也可以作为要求不高的孔的最终加工。

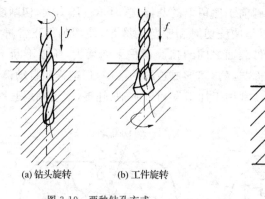

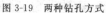

(a) 钻头旋转　　　(b) 工件旋转

图 3-19　两种钻孔方式

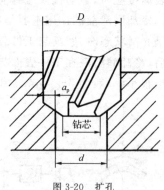

图 3-20　扩孔

与钻孔相比,扩孔具有下列特点:

①扩孔钻齿数多(3～8 个齿),导向性好,切削比较稳定;

②扩孔钻没有横刃,切削条件好;

③加工余量较小,容屑槽可以做得浅些,钻芯可以做得粗些,刀体强度和刚性较好。扩孔加工的精度一般为 IT11～IT10 级,表面粗糙度 Ra 值为 12.5～6.3 μm。扩孔常用于加工直径小于 $\phi 100$ mm 的孔。在钻直径较大的孔时($D \geqslant 30$ mm),常先用小钻头(直径为孔径的 0.5～0.7 倍)预钻孔,然后再用相应尺寸的扩孔钻扩孔,这样可以提高孔的加工质量和生产率。

3.2.2　铰孔

铰孔是孔的精加工方法之一,在生产中应用很广。对于直径较小的孔,相对于内圆磨削及精镗而言,铰孔是一种较为经济实用的加工方法。

铰孔余量对铰孔质量的影响很大,余量太大,铰刀的负荷大,切削刃很快被磨钝,不易获得光洁的加工表面,尺寸公差也不易保证;余量太小,不能去掉上道工序留下的刀痕,自然也就没有改善孔加工质量的作用。一般粗铰余量取为 0.15～0.35 mm,精铰取为 0.05～0.15 mm。

为避免产生积屑瘤,铰孔通常采用较低的切削速度(高速钢铰刀加工钢和铸铁时,$v <$ 8 m/min)进行加工。进给量的取值与被加工孔径有关,孔径越大,进给量取值越大。用高速钢铰刀加工钢和铸铁时,进给量常取为 0.3～1.0 mm/r。

铰孔时必须用适当的切削液进行冷却、润滑和清洗,以防止产生积屑瘤并及时清除切屑。

与磨孔和镗孔相比,铰孔生产率高,容易保证孔的精度;但铰孔不能校正孔轴线的位置误差,孔的位置精度应由前面的工序保证。铰孔不宜加工阶梯孔和不通孔。

铰孔尺寸精度一般为 IT9～IT7 级,表面粗糙度 Ra 值一般为 3.2～0.8 μm。对于中等尺寸、精度要求较高的孔(例如 IT7 级精度孔)。钻—扩—铰工艺是生产中常用的典型加工方案。

3.2.3　镗孔

镗孔是在预制孔上用切削刀具使之扩大的一种加工方法。镗孔工作既可以在镗床上进行,也可以在车床上进行。

1. 镗孔方式

镗孔有三种不同的加工方式

(1)工件旋转,刀具做进给运动　在车床上镗孔大都属于这种镗孔方式(图 3-21)。它的工艺特点:加工后孔的轴心线与工件的回转轴线一致,孔的圆度主要取决于机床主轴的回转精度,孔的轴向几何形状误差主要取决于刀具进给方向相对于工件回转轴线的位置精度。这种镗孔方式适用于加工与外圆表面有同轴度要求的孔。

(2)刀具旋转,工件做进给运动　如图 3-22(a)所示为在镗床上镗孔的情况,镗床主轴带动镗刀旋转,工作台带动工件做进给运动。这种镗孔方式镗杆的悬伸长度 L 一定,镗杆变形对孔的轴向形状精度无影响。但工作台进给方向的偏斜会使孔中心线产生位置误差。镗深孔或离主轴端面较远的孔时,为提高镗杆刚度和镗孔质量,镗杆由主轴前端锥孔和镗床后立柱上的尾架孔支承。

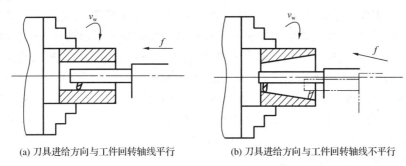

(a) 刀具进给方向与工件回转轴线平行　　　(b) 刀具进给方向与工件回转轴线不平行

图 3-21　工件旋转、刀具进给的镗孔方式

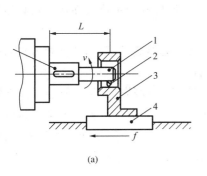
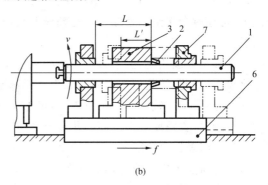

(a)　　　　　　　　　　　　　　　　(b)

图 3-22　刀具旋转、工件进给的镗孔方式

1—镗杆;2—镗刀;3—工件;4—工作台;5—主轴;6—拖板;7—镗模

如图 3-22(b)为专用镗模镗孔的情形,镗杆与机床主轴采用浮动连接,镗杆支承在镗模的两个导向套中,刚性较好。当工件随同镗模一起向右进给时,镗刀离左支承套的距离由 L 变为 L'(图中虚线);如果用单刃镗刀来镗孔,则镗杆的变形会使工件孔产生纵向形状误差;若改用双刃浮动镗刀镗孔,因两切削刃的背向力可以相互抵消,可以避免产生上述纵向形状误差。在这种镗孔方式中,进给方向相对主轴轴线的平行度误差对所加工孔的位置精度无影响,此项精度由镗模精度直接保证。

(3)刀具既旋转又进给　采用这种镗孔方式(图 3-23)镗孔,镗杆的悬伸长度是变化的,镗杆的受力变形也是变化的,靠近主轴箱处的孔径大,远离主轴箱处的孔径小,形成锥孔。此外,镗杆悬伸长度增大,主轴因自重引起的弯曲变形也增大,被加工孔轴线将产生相应的弯曲。这种镗孔方式只适用于加工较短的孔。

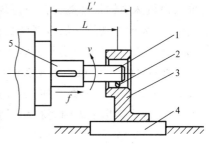

图 3-23　刀具既旋转又进给的镗孔方式

1—镗杆;2—镗刀;3—工件;

4—工件台;5—主轴

2.金刚镗

与一般镗孔相比,金刚镗的特点是背吃刀量小,进给量小,切削速度高,它可以获得很高的加工精度(IT7～IT6 级)和很光洁的表面(Ra 值为 0.4～0.05 μm)。金刚镗最初用天然金刚石镗刀加工,现在普遍采用硬质合金、立方氮化硼和人造金刚石刀具加工。金刚镗主要用于加工有色金属工件,也可用于加工铸铁件和钢件。

金刚镗常用的切削用量包括:背吃刀量,预镗为 0.2～0.6 mm,终镗为 0.1 mm;进给量为 0.01～0.14 mm/r;切削速度,加工铸铁时为 100～250 m/min,加工钢时为 150～300 m/min,加工有色金属时为 300～2 000 m/min。

为了保证金刚镗能达到较高的加工精度和表面质量,所用机床(金刚镗床)须具有较高的几何精度和刚度,机床主轴支承常用精密的角接触球轴承或静压滑动轴承,高速旋转零件须经精确平衡。此外,进给机构的运动必须十分平稳,保证工作台能做平稳低速进给运动。

金刚镗的加工质量好,生产率高,在大批量生产中被广泛用于精密孔的最终加工,如发动机气缸孔、活塞销孔、机床主轴箱上的主轴孔等。但须注意的是,用金刚镗加工钢铁材料制品时,只能使用硬质合金和立方氮化硼制作的镗刀,不能使用金刚石制作的镗刀,因金刚石中的碳原子与铁族元素的亲和力大,故易使刀具寿命降低。

3.镗孔的工艺特点及应用范围

镗孔与钻—扩—铰孔工艺相比,孔径尺寸不受刀具尺寸的限制,且镗孔具有较强的误差修正能力,可通过多次走刀来修正原孔轴线偏斜误差,而且能使所镗孔与定位表面保持较高的位置精度。

镗孔和车外圆相比,由于刀杆系统的刚性差、变形大、散热排屑条件不好,工件和刀具的热变形比较大,因此,镗孔的加工质量和生产率都不如车外圆高。

综上分析可知,镗孔的加工范围广,可加工各种不同尺寸和不同精度等级的孔。对于孔径较大、尺寸和位置精度要求较高的孔和孔系,镗孔几乎是唯一的加工方法。镗孔的加工精度为 IT9～IT7 级,表面粗糙度 Ra 值为 3.2～0.8 μm。镗孔可以在镗床、车床、铣床等机床上进行,也可以在镗铣加工中心或专用机床上进行,具有机动灵活的优点,生产中应用十分广泛。在大批量生产中,为提高镗孔效率,常使用镗模或专用机床。

3.2.4 珩磨孔

1.珩磨原理及珩磨头

珩磨是利用带有磨条(油石)的珩磨头对孔进行光整加工的方法。珩磨时,工件固定不动,珩磨头由机床主轴带动旋转并做往复直线运动。珩磨加工中,磨条以一定压力作用于工件表面,从工件表面上切除一层极薄的材料,其切削轨迹是交叉的网纹(图 3-24(b))。为使砂条磨粒的运动轨迹不重复,珩磨头回转运动的每分钟转数与珩磨头每分钟往复行程数应互成质数。

珩磨轨迹的交叉角 θ 与珩磨头的往复速度 v_a 及圆周速度 v_c 有关,由图 3-24(c)知,$\tan(\theta/2) = v_a/v_c$。θ 的大小影响珩磨的加工质量及效率,一般粗珩时取 $\theta = 40°\sim60°$,精珩时取 $\theta = 15°\sim45°$。为了便于排出破碎的磨粒和切屑,降低切削温度,提高加工质量,珩磨时应使用充足的切削液。

为使被加工孔壁都能得到均匀的加工,砂条的行程在孔的两端都要超出一段越程量(图 3-24 中的 Δ_1 和 Δ_2),越程量过小,会造成两端孔径比中间偏小;越程量过大,则使两端孔径偏大;越程量一般取为磨条长度的 30%～50%。为保证珩磨余量均匀,减少机床主轴回转误差对加工精度的影响,珩磨头和机床主轴之间大都采用浮动连接。

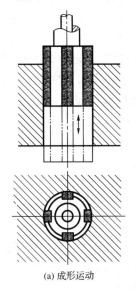

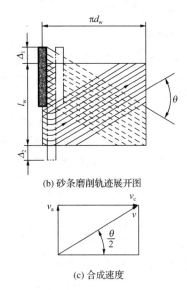

(b) 砂条磨削轨迹展开图

(c) 合成速度

(a) 成形运动

图 3-24　珩磨原理

珩磨头磨条的径向伸缩调整有手动、气动、液压等多种结构形式。图 3-25 所示为手动调整结构,磨条 4 用结合剂与砂条座 6 固结在一起,装在本体 5 的槽中,砂条座的两端用弹簧卡箍 8 箍住。向下旋转螺母 1 时,推动调整锥下移,调整锥 3 上的锥面推动顶销 7 使砂条胀开,以调整珩磨头的工作尺寸及磨条对工件孔壁的工作压力。珩磨过程中,由于孔径扩大、砂条磨损等原因,砂条对孔壁的工作压力将逐渐减小,需随时调整。手动调整工作压力不但操作费时,生产率低,而且还不容易将工作压力调整得合适,因此只适用于单件小批量生产。在大批量生产中则广泛采用气动或液动珩磨头。

2. 珩磨的工艺特点及应用范围

①珩磨能获得较高的尺寸精度和形状精度,加工精度为 IT7～IT6 级,孔的圆度和圆柱度误差可控制在 3～5 μm 的范围之内,但珩磨不能提高被加工孔的位置精度。

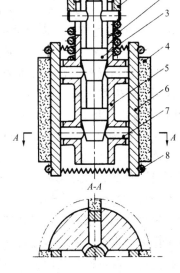

图 3-25　珩磨头

1—螺母;2—弹簧;3—调整锥;4—磨条;
5—本体;6—砂条座;7—顶销;8—弹簧卡箍

②珩磨能获得较高的表面质量,表面粗糙度 Ra 值为 0.2～0.025 μm,表层金属的变质缺陷层深度极微(2.5～25.0 μm)。

③与磨削速度相比,珩磨头的圆周速度虽不高($v_c = 16～60$ m/min),但由于砂条与工件的接触面积大,往复速度相对较高($v_a = 8～20$ m/min),所以珩磨仍有较高的生产率。

珩磨在大批量生产中广泛用于发动机缸孔及各种液压装置中精密孔的加工,孔径范围一般为 ϕ15～ϕ500 mm 或更大,并可加工长径比大于 10 的深孔。但珩磨不适用于加工塑性较大的有色金属工件上的孔,也不能加工带键槽的孔、花键孔等。

3.2.5 拉孔

1. 拉削与拉刀

拉孔是一种高生产率的精加工方法,它是用特制的拉刀在拉床上进行的。拉床分卧式拉床和立式拉床两种,以卧式拉床最为常见。图 3-26 所示是在卧式拉床上拉削圆孔。拉孔时,先将拉刀 7 的头部插入工件 9 的待加工孔中,并把工件的端面贴紧在拉床的球面支承垫圈 11 上(图 3-26(b)),然后由机床主轴上的夹头 5 将拉刀的头部夹住,并强制使拉刀从工件孔中通过,让拉刀上尺寸逐齿增大的刀齿顺序通过工件孔,从孔壁上一层一层地切除余量,最后加工出满足一定要求的孔。拉削时拉刀只做低速直线运动(主运动)。

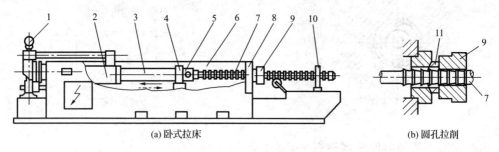

(a) 卧式拉床 (b) 圆孔拉削

图 3-26 在卧式拉床上拉削圆孔

1—压力表;2—液压缸;3—活塞拉杆;4—随动支架;5—夹头;6—床身;

7—拉刀;8—靠板;9—工件;10—滑动托架;11—球面支撑垫圈

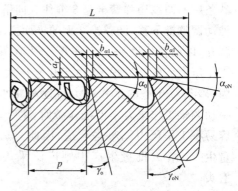

图 3-27 拉刀切削金属的过程

图 3-27 所示为拉刀刀齿尺寸逐齿增大切下金属的过程。图中 a_f 是相邻两刀齿半径上的高度差,即齿升量。齿升量一般根据被加工材料、拉刀类型、拉刀及工件刚性等因素选取。用普通拉刀拉削钢件圆孔时,粗切刀齿的齿升量为 0.015~0.030 mm/齿,精切刀齿的齿升量为 0.005~0.015 mm/齿。刀齿切下的切屑落在两刀齿间的空间内,此空间称为容屑槽。拉刀同时工作的齿数一般应不少于 3 个,否则拉刀工作不平稳,容易在工件表面产生环状波纹。为了避免产生过大的拉削力而使拉刀断裂,拉刀工作时,同时工作的刀齿数一般不应超过 6~8 个。

拉孔有三种不同的拉削方式,分述如下:

(1)分层式拉削 这种拉削方式的特点是拉刀将工件加工余量一层一层顺序地切除。图 3-28 所示为分层式圆孔拉刀的拉削图形、切削部分齿形及切屑形状。为了便于断屑,刀齿上磨有互相交错的分屑槽。按分层式拉削方式设计的拉刀称为普通拉刀。

(2)分块式拉削 这种拉削方式的特点是加工表面的每一层金属是由一组尺寸基本相同但刀齿切削位置相互交错的刀齿(通常每组由 2~3 个刀齿组成)切除的。每个刀齿仅切去一层金属的一部分。图 3-29 所示为 3 个刀齿一组的圆孔拉刀切削齿形及其拉削图形。第一齿与第二齿的截形相同,但切削位置互相错开,各切除圆周上的几段金属,剩下的未切除部分则由一组中的第三个刀齿切除。第三个齿不开分屑槽,为使第三齿不切整圈材料,其外径应较同组其他刀齿直径小 0.02~0.05 mm。按分块拉削方式设计的拉刀称为轮切式拉刀。

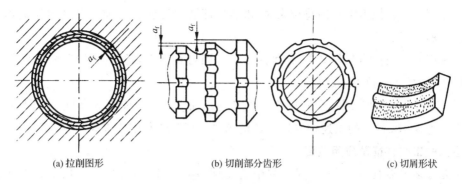

(a) 拉削图形   (b) 切削部分齿形   (c) 切屑形状

图 3-28 分层式拉削

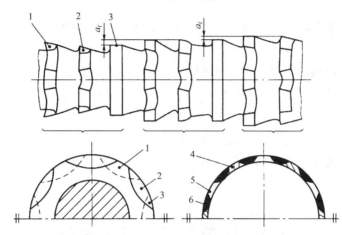

图 3-29 分块式拉削

1—第一齿;2—第二齿;3—第三齿;4—被第一齿切除的金属层;

5—被第二齿切除的金属层;6—被第三齿切除的金属层

（3）综合式拉削　这种方式集中了分层及分块式拉削的优点,粗切齿部分采用分块式拉削,精切齿部分采用分层式拉削。这样既可缩短拉刀长度,提高生产率,又能获得较好的工件表面质量。按综合拉削方式设计的拉刀称为综合式拉刀。

圆孔拉刀的结构如图 3-30 所示,它由下列几部分组成:

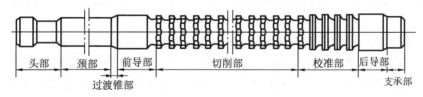

图 3-30 圆孔拉刀的结构

①头部——夹持刀具、传递动力的部分。

②颈部——连接头部与其之后的各部分,也是打印标记的部位。

③过渡锥部——使拉刀前导部易于进入工件孔中,起对准中心作用。

④前导部——工件以前导部定位进入拉刀切削部位。

⑤切削部——担负切削工作,包括粗切齿、过渡齿与精切齿三部分。

⑥校准部——校准和修光已加工表面。

⑦后导部——在拉刀工作即将结束时，由后导部继续支承工件，防止因工件下垂而损坏刀齿和碰伤已加工表面。

⑧支承部——当拉刀又长又重时，为防止拉刀因自重下垂，增设支承部，由它将拉刀支承在滑动托架上，托架与拉刀一起移动。

拉刀切削部分的几何参数有：齿升量 a_f、齿距 p、刃带宽度 b_{a1}、前角 γ_o、后角 α_o（图 3-27）。拉刀常用牌号为 W18Cr4V 的高速钢制造。切削部热处理后的硬度要求为 63～66HRC。

2. 拉孔的工艺特征及应用范围

①拉刀是多刃刀具，在一次拉削行程中就能顺序完成孔的粗加工、精加工和光整加工工作，生产率高。

②拉孔精度主要取决于拉刀的精度。在通常条件下，拉孔精度可达 IT9～IT7 级，表面粗糙度 Ra 值可达 6.3～1.6 μm。

③拉孔时，工件以被加工孔自身定位（拉刀前导部就是工件的定位元件），拉孔不易保证孔与其他表面的相互位置精度；对于那些内外圆表面具有同轴度要求的回转体零件的加工，往往都是先拉孔，然后以孔为定位基准加工其他表面。

④拉刀不仅能加工圆孔，还可以加工成形孔、花键孔。

拉孔常用在大批量生产中加工孔径为 $\phi10$～$\phi80$ mm、孔深不超过孔径 5 倍的中小型零件上的通孔。

3.3　平面加工方法及装备

3.3.1　概述

平面是箱体类零件、盘类零件的主要表面之一。平面加工的技术要求包括：平面本身的精度（例如直线度、平面度），表面粗糙度，平面相对于其他表面的尺寸精度，位置精度（例如平行度、垂直度等）。

加工平面的方法很多，常用的有铣、刨、车、拉、磨削等方法。铣平面是平面加工最常用的方法。

刨平面所用机床、工具结构简单，调整方便，通用性好。经粗刨—精刨后，平面的尺寸精度可达 IT9～IT7 级，表面粗糙度值 Ra 可达 6.3～1.6 μm，直线度可达 0.04～0.08 mm/m。如果再经过宽刃细刨，刨削质量还可相应提高。但刨削为单行程切削，往复运动换向时有较大的惯性冲击，刨削速度比其他切削方式低得多（一般小于 60 m/min），再加上刨平面还有空行程损失，故刨平面的生产率较低。刨平面只适于在单件小批量生产中应用，尤其适于加工狭长平面，例如床身导轨等。

平面加工中的车、拉、磨削等加工方法，其工艺特点与前述外圆表面及孔加工中的论述基本相同。车平面主要用于加工轴、套、盘等回转体零件的端面。端面直径较大时，一般在立式车床上加工。在车床上加工端面容易保证端面与轴线的垂直度要求。拉平面是一种加工精度高、生产率高的先进加工方法，适用于在大批量生产中加工质量要求较高、但面积不大的平面。磨平面更适合于精加工，它能加工淬硬工件。

3.3.2 铣平面

铣削时,铣刀的旋转运动是主运动。图 3-31(a)是在卧式铣床上铣平面,图 3-31(b)、图 3-31(c)所示为在立式铣床上铣平面。图中 a_p 为背吃刀量(铣削深度),是指平行于铣刀轴线方向测量的切削层尺寸;a_e 是侧吃刀量(铣削宽度),是指垂直于铣刀轴线方向测量的切削层尺寸;v_f 为进给速度,是单位时间内工件与铣刀沿进给方向的相对位移量。

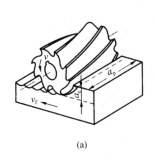
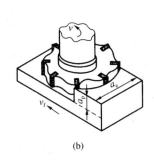
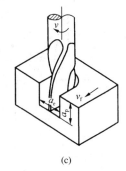

(a)　　　　　　　　　　　(b)　　　　　　　　　　　(c)

图 3-31　铣平面

1. 铣削方式

铣平面有端铣和周铣两种方式。端铣是指用分布在铣刀端面上的刀齿进行铣削的方法;周铣是指用分布在铣刀圆柱面上的刀齿进行铣削的方法。由于端铣的加工质量和生产率比周铣高,在大批量生产中端铣比周铣用得多。周铣可使用多种形式的铣刀,能铣槽、铣成形表面,并可在同一刀杆上安装几把刀具同时加工几个表面,适用性好,在生产中用得也比较多。

按照铣平面时主运动方向与进给运动方向的相对关系,周铣有顺铣和逆铣之分。工件进给方向与铣刀刀齿切入工件的切削速度方向相反称为逆铣,如图 3-32(a)所示;工件进给方向与铣刀刀齿切出工件的切削速度方向相同称为顺铣,如图 3-32(b)所示。

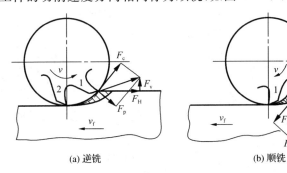

(a) 逆铣　　　　　　　　　　　(b) 顺铣

图 3-32　顺铣与逆铣

顺铣和逆铣各有特点,应根据加工的具体条件合理选择。

(1)从切屑截面形状分析　逆铣时,刀齿的切屑厚度由零逐渐增加,刀齿切入工件时切削厚度为零,由于切削刃钝圆半径的影响,刀齿在已加工表面上滑擦一段距离后才能真正切入工件,因而刀齿磨损快,加工表面质量较差。顺铣时则无此现象。实践证明,顺铣时铣刀寿命比逆铣高 2~3 倍,加工表面质量也比较好,但顺铣不宜铣带硬皮的工件。

(2)从工件装夹可靠性分析　逆铣时,刀齿对工件的垂直作用力 F_v 向上,容易使工件的装夹松动;顺铣时,刀齿对工件的垂直作用力 F_v 向下,使工件压紧在工作台上,加工比较平稳。

（3）从工作台丝杠、螺母间隙分析　图 3 33 中，螺母固定不动，丝杠回转带动工作台（与工件）做进给运动。逆铣时，工件受到的水平铣削力 F_H 与进给速度 v_f 的方向相反，铣床工作台丝杠始终与螺母接触，如图 3-33(a) 所示。顺铣时，工件受到的水平铣削力 F_H 与进给速度 v_f 相同，由于丝杠与螺母间有间隙（螺母固定在机座上，丝杠通过轴承安装在工作台下方），铣刀会带动工件和工作台连同丝杠一起窜动（图 3-33(b)），这会使铣削进给量突然增大，容易打刀。采用顺铣法加工时，必须采取措施消除丝杠与螺母间的间隙。

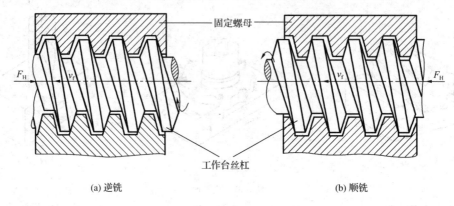

(a) 逆铣　　　　　　　　　　　　　　　　　(b) 顺铣

图 3-33　铣削时丝杠和螺母的间隙

端铣时，按照铣刀回转中心与工件进给对称中心是否重合可分为对称铣和不对称铣两种形式，如图 3-34 所示。端铣时铣刀刀齿在切入切出工件阶段会受到很大的冲击。在刀齿切入阶段，刀齿完全切入工件的过渡时间越短，刀齿受到的冲击越大。刀齿完全切入工件时间的长短与刀具的切入角 β（图 3-34）有关，切入角 β 越小，刀齿全部切入工件的过渡时间越短，刀齿受到的冲击就越大，β 趋于 0 时是最不利的情况。由图 3-34 可知，从减小刀齿切入工件时受到的冲击考虑，图 3-34(b) 所示的不对称铣比图 3-34(a) 所示的对称铣更为有利。

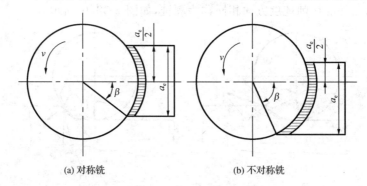

(a) 对称铣　　　　　　　　　　　　　　　(b) 不对称铣

图 3-34　端铣的两种形式

2. 铣刀及其几何角度

铣刀的种类很多，按用途可分为圆柱形铣刀、面铣刀、三面刃铣刀、立铣刀、键槽铣刀、角度铣刀、成形铣刀等，已在前面章节中介绍。这里主要介绍圆柱形铣刀和面铣刀的结构和几何角度。

（1）圆柱形铣刀的结构　刀齿排列在刀体圆周上的铣刀称为圆柱形铣刀。它的结构形式分为由高速钢制造的整体圆柱形铣刀和镶焊硬质合金刀片的镶齿圆柱形铣刀（图 3-35）。圆

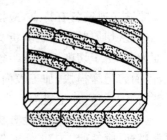

图 3-35　镶齿圆柱形铣刀

柱形铣刀一般采用螺旋刀齿,以提高切削工作的平稳性。

(2)面铣刀的结构 面铣刀的刀齿排列在刀体端面上。硬质合金面铣刀是加工平面的最主要刀具,较常用的有焊接夹固式面铣刀和机夹可转位面铣刀。将刀片用机械夹固方式固定在刀体上的面铣刀称为机夹可转位面铣刀。当刀片的一个切削刃用钝后,可直接在机床上通过转换刀片位置更换切削刃或更换新刀片,节省了更换刀具所花费的时间。机夹可转位铣刀的结构形式有很多,如图 3-36 所示是小直径($<\phi$ 90 mm)的锥柄机夹可转位面铣刀。

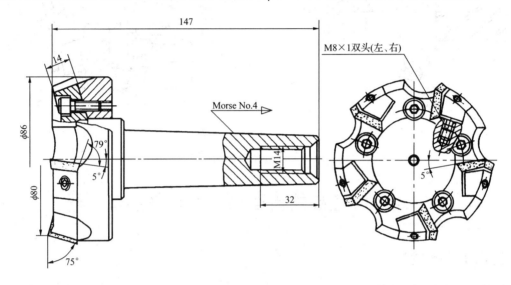

图 3-36 锥柄机夹可转位面铣刀

(3)铣刀的几何角度 圆柱形铣刀和面铣刀是铣刀的基本形式,图 3-37 给出了这两种刀具的几何角度。

①前角 γ_o 及法前角 γ_n 铣刀前角 γ_o 在正交平面 P_o 中测量。为了便于铣刀的制造和测量,圆柱形铣刀还要标注法平面 P_n 内的法前角 γ_n。

②后角 α_o 铣刀后角在正交平面 P_o 中测量。

③刃倾角 λ_s 铣刀的刃倾角是主切削刃和基面之间的夹角,在切削平面 P_s 中测量。圆柱形铣刀的刃倾角就是刀齿的螺旋角 β。

3. 铣削的工艺特点及应用范围

由于铣刀是多刃刀具,刀齿能连续地依次进行切削,没有空程损失且主运动为回转运动,可实现高速切削,故铣平面的生产率一般都比刨平面高。其加工质量与刨平面相当,经粗铣—精铣后,尺寸精度可达 IT9~IT7 级,表面粗糙度 Ra 值可达 6.3~1.6 μm。

由于铣平面的生产率高,在大批量生产中铣平面已逐渐取代了刨平面。在成批生产中,中小件加工大多采用铣削,大件加工则铣刨兼用,一般都是粗铣、精刨。而在单件小批量生产中,特别是在一些重型机器制造厂中,刨平面仍被广泛应用。因为刨平面不能获得足够的切削速度,有色金属材料的平面加工几乎全部都用铣削。

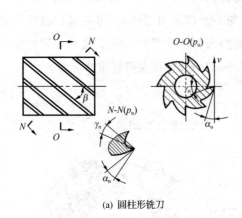
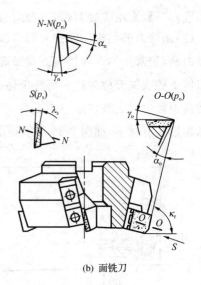

(a) 圆柱形铣刀　　　　　　　　　　　　　(b) 面铣刀

图 3-37　铣刀的几何角度

3.4　圆柱齿轮齿面加工方法及装备

3.4.1　概述

1. 齿轮的主要技术要求

齿轮传动应满足以下四个方面的要求：

（1）传递运动的准确性　要求齿轮较准确地传递运动，传动比应恒定，即要求齿轮在一转中的转角误差不得超过一定限度。

（2）传递运动的平稳性　要求齿轮传递运动平稳，以减小冲击、振动和噪声，要求限制齿轮转动时瞬时速比变化量。

（3）载荷分布的均匀性　要求齿轮工作时，齿面接触要均匀，以便使齿轮在传递动力时不致因载荷分布不均而使接触应力过大，引起齿面过早磨损或破损。还要对接触面积和接触位置提出要求。

（4）齿侧具有间隙　两个相互啮合齿轮的工作齿面接触时，要求相邻的两个非工作齿面间应留有一定的间隙，以储存润滑油，补偿因温度、弹性变形所引起的尺寸变化，防止齿轮在工作中发生齿面卡死或烧蚀。

为了保证齿轮正常工作，齿轮制造应达到一定的精度标准，《圆柱齿轮 精度制 第 1 部分：轮齿同侧齿面偏差的定义和允许值》国家标准（GB/T 10095.1—2008）规定了 13 个精度等级，用数字 0～12 由低到高的顺序排列，0 级最高，12 级最低。齿轮的制造精度和齿侧间隙主要根据传动用途、使用条件、传动功率、圆周速度等性能指标来确定。对于用于分度传动的齿轮，对齿轮的运动精度要求高；对于用于高速动力传动的齿轮，为了减小冲击和噪声，对工作平稳性精度有较高要求；对于用于低速重载传动的齿轮，则要求齿面载荷分布均匀，保证齿轮的承载能力；对于用于换向和读数机构的齿轮，则应严格控制齿侧间隙。

除了上述各项精度外,还应对齿轮装配基准面的尺寸公差、几何公差和表面粗糙度等提出要求。

2. 圆柱齿轮齿面的加工方法

圆柱齿轮齿面的加工方法分为切削加工和无屑加工两大类。

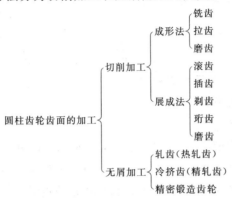

齿面的切削加工能获得良好的加工精度,是目前齿面加工的主要方法。

加工齿面的切削加工方法有成形法和展成法两大类。前者包括用模数铣刀在铣床上铣齿、用成形拉刀拉齿和成形砂轮磨齿。展成法是应用一对齿轮相啮合的原理来进行加工的,其中一个齿轮是被加工工件,另一个齿轮被做成刀具,使它的轮齿形成切削刃。用展成法加工出来的齿形轮廓是刀具切削刃运动轨迹的包络线。加工齿数不同的齿轮,只要模数和压力角相同,都可以用同一把刀具来加工。展成法加工的加工精度和生产率都较高,刀具的通用性好,在生产中应用十分广泛。

本节只介绍切削加工方法中展成法的滚齿、插齿、剃齿和磨齿加工的工艺。

3.4.2 滚齿与插齿

1. 滚齿加工原理

滚齿是应用一对交错轴斜齿圆柱齿轮副啮合原理,使用齿轮滚刀进行切齿的一种加工方法。在图 3-38(a)中,齿轮滚刀 1 相当于一个齿数 z_c 很少($z_c=1\sim4$,z_c 通常取为 1)、螺旋角很大、齿宽很宽的斜齿圆柱齿轮,呈蜗杆状。为了使这个蜗杆能起切削作用,可在蜗杆上开槽,形成前刀面及顶刃、侧刃和容屑槽,如图 3-38(b)所示;还要用铲齿的方法使刀齿具有一定的后角。

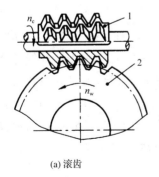
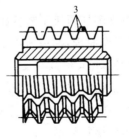
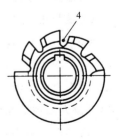

(a) 滚齿   (b) 齿轮滚刀

图 3-38 滚齿和齿轮滚刀

1—齿轮滚刀;2—被切削齿轮;3—切削刃;4—容屑槽

滚齿加工时,滚齿机有以下三种基本运动(图 3-39(a)):

(1)滚刀的旋转运动(n_c)   滚刀的旋转运动是滚齿加工的切削运动。

(2)工件的旋转运动(n_w)   工件的旋转运动是滚齿加工的分齿运动。

滚刀与工件的旋转运动之间,必须严格保持一对交错轴斜齿圆柱齿轮副的啮合传动关系,其传动比 i 应满足以下条件

$$i = \frac{n_c}{n_w} = \frac{z_w}{z_c} \tag{3-1}$$

式中 n_c、n_w——滚刀与被切削齿轮的转速;

z_w——被切削齿轮的齿数;

z_c——滚刀齿(头)数。

上述两种旋转运动构成滚齿加工的展成运动,形成齿面的母线(渐开线)。

当滚刀与被加工齿轮做展成运动时,滚刀切削刃连续运动轨迹的包络线便在工件上形成了轮齿齿廓,如图 3-39(b)所示。由图可知,滚齿加工形成的轮齿齿廓是由有限个切削刃的包络折线构成,并不是光滑的渐开线,存在着原理误差。

(3)轴向进给运动(f)   为了在全齿宽上切削出渐开线齿面,滚刀应沿被切削齿轮轴线方向进行轴向进给,轴向进给运动形成齿面的导线。

滚切斜齿齿轮时,被切削齿轮在实现上述运动的同时,还应该有一个附加的旋转运动 Δn_w。

目前在圆柱齿轮轮齿加工中,已广泛使用数控滚齿机。

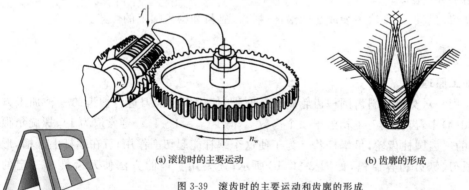

(a) 滚齿时的主要运动   (b) 齿廓的形成

图 3-39   滚齿时的主要运动和齿廓的形成

2. 插齿加工原理

插齿是利用一对平行轴圆柱齿轮副啮合原理,使用插齿刀进行切齿的一种加工方法。如图 3-40(a)所示为插齿的工作原理,插齿刀 1(图 3-40(b))相当于一个切削刃为渐开线并磨出前角和后角的假想圆柱齿轮 2,其模数与压力角与被加工齿轮相同。插齿刀以其内孔或锥柄紧固在插齿机的主轴上。插齿时,插齿刀与被切削齿轮间严格保持一对圆柱齿轮的啮合传动关系,插齿刀刀齿的连续运动轨迹在工件上包络出轮齿齿廓(图 3-40(c))。由图可知,插齿所形成的齿廓也是由很多条包络折线形成的,不是光滑的渐开线,也存在着原理误差。

插削直齿圆柱齿轮时,插齿机有以下几种基本运动:

(1)切削运动   插齿刀沿其轴线方向的快速直线往复运动是插齿的切削运动,以插齿刀每分钟往复运动的冲程次数表示(str/min)。提高插齿刀往复运动速度,可增加齿廓的包络线数

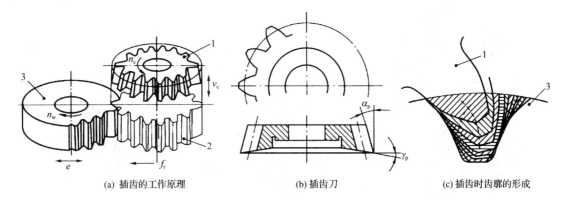

(a) 插齿的工作原理　　　　(b) 插齿刀　　　　(c) 插齿时齿廓的形成

图 3-40　插齿的工作原理和齿廓的形成

1—插齿刀;2—假想圆柱齿轮;3—被切削齿轮

目,使齿廓曲线更加光滑,齿形误差减小。

(2)展成运动　插齿刀与工件的旋转运动构成插齿加工的展成运动。插齿刀与工件的旋转运动之间,必须严格保持一对圆柱齿轮副的啮合传动关系,其传动比 i 应满足以下条件

$$i = \frac{n_c}{n_w} = \frac{z_w}{z_c} \tag{3-2}$$

式中　n_c、n_w——插齿刀和被切削齿轮的转速;

　　　z_c、z_w——插齿刀和被切削齿轮的齿数。

(3)圆周进给运动　插齿刀的旋转运动是插齿的圆周进给运动,以插齿刀每往复运动一次在其节圆上转过的弧长表示(mm/str)。圆周进给量的大小影响插齿的切削负荷和生产率。

(4)径向进给运动　开始插齿时,如果插齿刀立即切入至全齿深,将会因切削负荷过大而损坏刀具和机床。为了避免发生这种情况,工件应该逐渐地相对于插齿刀做径向进给运动,以插齿刀每往复运动一次工件径向移动量 f_r(mm/str)来表示。当径向进给至齿廓全深后,径向进给自动停止,再让工件与插齿刀做展成运动回转一周,便可在工件上插出完整的全深齿廓。

(5)让刀运动　插齿刀往复运动时,向下运动为切削行程,向上运动为空行程退刀。为避免插齿刀在空行程中擦伤已切削齿面和减小插齿刀的磨损,插齿刀在径向方向应有一让刀运动 e(图 3-40(a)),使插齿刀与被切削齿面脱离接触。让刀运动可由装夹被切削齿轮的工作台实现,也可以由插齿刀来完成。插齿刀空行程完成后,工作台或插齿刀再返回原位,以进行下一切削行程。

3.4.3　剃齿

1.剃齿加工原理

剃齿是利用一对交错轴斜齿轮啮合时沿齿向存在相对滑动而创建的一种齿轮精加工方法。图 3-41(b)所示是用一把左旋剃齿刀加工右旋齿轮的情况,在啮合点 p 剃齿刀的圆周速度为 v_c,工件的圆周速度为 v_w,v_c 与 v_w 都可以分解为齿面的法向分量(v_{cn} 与 v_{wn})和切向分量(v_{ct} 与 v_{wt})。由于啮合点的两个法向分量必须相等,即 $v_{cn} = v_{wn}$,而 v_{ct} 与 v_{wt} 不相等,故剃齿刀与被剃削齿轮啮合时在齿向上就有相对滑动发生。由于剃齿刀的齿面上开有许多切削刃(图 3-41(c)),剃齿刀便在被切齿面上剃下一层又薄又细的切屑(图 3-41(d))。

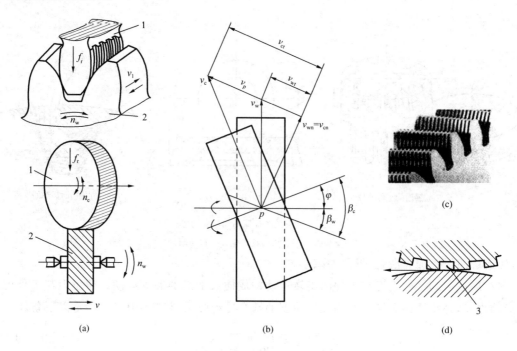

图 3-41　剃齿的加工原理

1—剃齿刀；2—被剃削齿轮；3—切屑

剃齿刀相对于被剃削齿轮在齿向上的滑动速度就是剃齿切削速度 v_p。由图 3-41(b)可知

$$v_p = v_{ct} - v_{wt} = v_c \sin \beta_c - v_w \sin \beta_w \tag{3-3}$$

因为 $v_{cn} = v_{wn}$，即

$$v_c \cos \beta_c = v_w \cos \beta_w$$

所以

$$v_w = \frac{v_c \cos \beta_c}{\cos \beta_w}$$

将 v_w 代入式(3-3)，经整理得

$$v_p = v_c \frac{\sin(\beta_c - \beta_w)}{\cos \beta_w} = \frac{v_c}{\cos \beta_w} \sin \varphi = \frac{\pi d_0 n_c}{1\,000 \cos \beta_w} \sin \varphi \tag{3-4}$$

式中　　φ——剃齿刀和工件轴线的夹角，$\varphi = \beta_c \pm \beta_w$，$\beta_w$ 与 β_c 分别为被剃削齿轮和剃齿刀的螺旋角，式中两螺旋方向相同时取"＋"号，相反时取"－"号；

d_0——剃齿刀节圆直径，mm；

n_c——剃齿刀转速，r/min。

2. 剃齿机运动

如图 3-41(a)所示，剃齿时剃齿机有如下运动：

(1)剃齿刀的正、反向转动　剃齿刀带动被剃削齿轮旋转时，剃齿切削速度 v_p 与剃齿刀转速 n_c 成正比。为了剃削齿轮轮齿的两个齿面，剃齿刀须交替地做正、反两个方向的旋转。

(2)工作台轴向进给运动　剃齿刀为一斜齿轮，当它与被剃削的直齿或斜齿圆柱齿轮做啮合运动时，两者的啮合为点接触。剃齿时，如果不做轴向进给运动，则在被剃削齿轮齿面上只有一条啮合点的运动轨迹。当被剃削齿轮为斜齿轮时，啮合点运动轨迹为一条与齿轮端面倾斜的曲线(图 3-42(a));如果被剃削齿轮为直齿轮时,啮合点运动轨迹为一条与齿轮端面平行的曲线(图 3-42(b))。为了使整个齿面都能得到加工,剃齿机工作台必须带动被剃削齿轮一起做轴向往复进给运动(v_f)。当工作台进给到一端时,便换向做反向进给,剃齿刀也随之变换旋转方向。

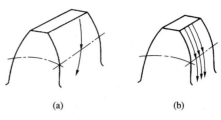

(a)   (b)

图 3-42 齿面上啮合点的轨迹

(3)径向(垂直)进给运动 工作台在轴向每往复运动一次或单向轴向运动一次,被剃削齿轮或剃齿刀沿垂直方向进行一次径向进给(f_r),以逐步切除全部剃齿余量。

3. 剃齿的工艺特点与应用范围

剃齿是一种利用剃齿刀与被剃削齿轮做自由啮合展成运动进行加工的方法,机床结构简单,造价相对较低。剃齿可修正轮齿的径向误差、齿形误差和减小齿面表面粗糙度,但它对轮齿的齿距累积误差等于切向误差的修正能力差。

剃齿加工精度主要取决于刀具,使用 A、B 等级的剃齿刀,可加工 7~6 级精度的齿轮,齿面粗糙度 Ra 值可达 1.25~0.40 μm。采用剃齿加工,可将经滚齿或插齿等预加工过的齿轮精度提高 1~2 级。

剃齿是一种高生产率的齿面加工方法,几分钟时间就可完成一个齿轮的加工。剃齿还是一种加工成本较低的齿轮精加工方法(平均加工成本比磨齿低 90%)。

在大批量生产中加工中等模数、7~6 级精度、未经淬硬的齿轮,剃齿是最常用的齿轮精加工方法。

3.4.4 磨齿

1. 磨齿方法分类及特点

按齿廓形成方法不同,磨齿可分为成形法磨齿和展成法磨齿两大类。

(1)成形法磨齿 成形法磨齿(图 3-43(a))是将砂轮修整成与被加工齿轮齿槽相对应的形状,对被加工齿轮齿槽逐个进行磨削。磨削时,砂轮一面旋转(n_c),一面沿齿宽方向做往复运动(A_1),磨完一个齿后,通过分度,再磨下一个齿。使用成形法磨齿时,机床运动简单,生产率高。但成形法磨齿的砂轮修整复杂,磨齿过程中砂轮各点磨损不均匀,加工精度不高,故生产中用得不多。近年来,采用立方氮化硼(CBN)制作成形砂轮,砂轮形状的保持性明显改善,这种磨齿方法在生产中的应用逐渐增加。

(2)展成法磨齿

①单片锥形砂轮磨齿(图 3-43(b))。砂轮的截面形状相当于假想齿条的一个齿。磨齿时,砂轮一面旋转(n_c),一面沿齿宽方向做往复运动(A_1),这就构成了假想齿条上的一个齿。被磨齿轮位于与假想齿条相啮合的位置,一面转动(n_w),一面做往复移动(A_2),实现展成运动。在工作的一个往复移动过程中,可先后磨出齿槽的两个侧面。磨完一个齿槽后,被磨齿轮快速退离砂轮,经分齿后再进入下一个齿槽的磨齿循环,直至磨完全部齿槽为止。用单片锥形砂轮磨齿,砂轮的刚性好,可采用较大的切削用量,其生产率比双片蝶形砂轮磨齿高。

②双片碟形砂轮磨齿(图 3-43(c))。两片碟形砂轮倾斜安装后,构成假想齿条的两个齿面。磨齿时,砂轮只在原位旋转(n_c),同时对两个齿面进行磨削;被加工齿轮一面转动(n_w),一面移动(A_2),实现展成运动。为了磨出全齿宽,被加工齿轮通过工作台实现轴向进给运动(A_1)。当两个齿面同时磨完之后,被加工齿轮快速退离砂轮,经分齿后,再进入下两个齿面的

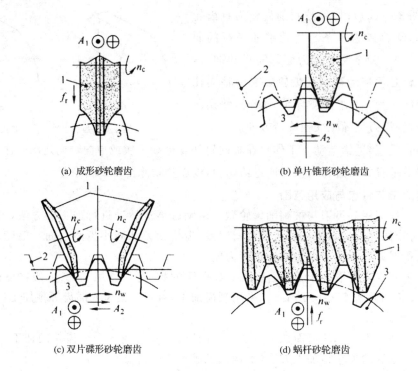

(a) 成形砂轮磨齿   (b) 单片锥形砂轮磨齿

(c) 双片碟形砂轮磨齿   (d) 蜗杆砂轮磨齿

图 3-43　不同磨齿方法的磨齿原理

1—砂轮;2—假想齿条;3—被磨齿轮

磨削。此种磨齿方法的生产率最低,因为它是用碟形砂轮的一圈棱边磨削,砂轮的刚性差,不能采用较大的磨削用量。

③蜗杆砂轮磨齿(图 3-43(d))。用蜗杆砂轮磨齿时,蜗杆砂轮与被磨齿轮相当于一对交错轴斜齿副啮合传动。蜗杆砂轮就是一个头数(齿数)很少(一般为单头或一个齿)、齿宽较宽的斜齿齿轮。蜗杆砂轮磨齿的成形原理和机床运动与滚齿相同。

使用蜗杆砂轮磨齿生产率高,因为它的展成运动和分齿运动是同时连续进行的,没有空行程和回程时间,调整时间也很短。

2. 磨齿的工艺特点和应用范围

磨齿加工的质量高,磨齿可纠正齿轮预加工中产生的各项齿轮误差,其加工精度比剃齿、珩齿高得多,磨齿的表面粗糙度 Ra 值可达到 $0.8\sim0.2\ \mu m$,而且能加工淬硬齿轮。加工 6～3 级精度的淬硬齿轮,磨齿是最有效的精加工方法。

磨齿的主要缺点是生产率低和成本较高。但自从出现了蜗杆砂轮磨齿机和立方碳化硼(CBN)砂轮成形磨齿机等新型磨齿机床,磨齿效率成倍提高,加工成本不断下降,这就使蜗杆砂轮磨齿工艺和成形磨齿工艺在大量生产中逐渐得到广泛应用。单片锥形砂轮磨齿和双片碟形砂轮磨齿只在单件和小批量生产中应用。

3.5　特殊表面加工

除前面讨论过的外圆、内孔表面(同属旋转表面)的加工及平面加工外,在机械制造中特殊表面的加工也占一定比例。而特殊表面一般也称为复杂曲面。

复杂曲面是由刀具相对于工件在三维空间内做坐标运动形成的,其切削加工方法主要有仿形铣和数控铣两种,使用的刀具一般是头部为圆形的球头铣刀。仿形铣必须预先制造出具有与被加工曲面相同形状的样件作为靠模。加工中与球头铣刀直径相同的球形仿形头始终以一定的压力紧靠样件表面,仿形头相对样件的运动被转换成电信号,经数据处理后用来控制仿形铣床各相应坐标轴的伺服进给机构,球头铣刀便在工件上加工出与样件具有相同形状的曲面。

随着数控加工技术的发展及数控加工设备的普及,特别是随着 CAD/CAM 和计算机辅助编程技术的发展,数控铣削现已成为复杂曲面切削加工最主要的方法。在数控铣床或加工中心上加工曲面时,由加工程序控制机床运动,使球头铣刀逐点按曲面三维坐标加工,被加工曲面是球头铣刀刃形在各点切削时所形成的包络面。

数控编程处理的复杂曲面有两类:一类是用方程式描述的解析曲面;另一类是以复杂方式自由变化的曲面,称为自由曲面,这类曲面通常是用三维离散坐标点表示的。对于解析曲面,只要给出任意两个坐标值就可以求出第三个坐标值,曲面上的每个点都可由曲面方程严格定义。对于自由曲面,首先应采用适当的数学方法对曲面进行描述,建立曲面的数学模型,然后将数学模型转换成计算机能够接受的形式输入计算机,编程时再由计算机按照输入的数据对曲面进行计算和处理,形成数控加工程序。一般情况下复杂曲面的数控加工程序要由计算机辅助完成。一些大型的商业化 CAD/CAM 集成软件包(如 Pro/E、UG、CATIA、Mastercam 等)可利用零件设计时提供的信息,自动生成复杂曲面的数控加工程序,并可进行加工过程的动态模拟。

大型复杂曲面需要在多轴联动加工中心上加工。加工中心上设有刀库,一般都配备十几把、几十把甚至上百把刀具,用来完成不同曲率半径曲面的粗、精加工。

数控加工与仿形法加工相结合,产生了数控仿形技术。对于要根据实物模型来进行加工的零件,数控仿形加工系统可在利用数控机床本身的数控坐标测量系统对实物模型进行仿形测量的同时,完成物体几何形状的数字化转换,直接进行仿形加工。

数控仿形加工的另一种加工方式是利用机床本身的测量系统或三坐标测量机先进行型面测量,对测量结果进行数字化建模处理后,再生成数控加工程序,然后按此程序加工出原实物模型的复制品,这种方式称为数字化仿形加工。数字化仿形加工的数字化模型可以是实物模型型面密集测量后的点集,按照它进行复制加工;也可在型面上有选择地测量少量特征点,通过这些点进行几何反求,建立 CAD 曲面模型后,再生成数控加工程序进行加工。后者称为反求工程。

3.6　数控机床与数控加工

3.6.1　数控机床的加工原理

1. 数控机床及其坐标系

用数字化信息进行控制的技术称为数字控制技术;装备了数控系统,能应用数字控制技术进行加工的机床称为数控机床。数控机床按用途分为普通数控机床和加工中心两大类。普通数控机床的工艺范围和普通机床相似,但更适合于加工形状复杂的工件。加工中心是带有刀库和自动换刀机械手,有些还配备托盘交换装置的数控机床。加工中心可在一次装夹后,完成工件的镗、铣、钻、扩、铰及攻螺纹等多种加工。

数控机床的加工原理如图 3-44 所示,首先把加工过程所需要的几何信息和工艺信息用数字量表示出来,并用规定的代码和格式编制出数控加工程序,然后用适当的方式通过输入装置将加工程序输入数控装置。数控装置对输入信息进行处理与运算后,将结果输入机床的伺服系统,控制并驱动机床运动部件按预定的轨迹和速度运动。输入装置、数控装置、伺服系统及机床本体是数控机床的四个基本组成部分。

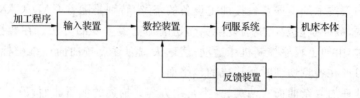

图 3-44　数控机床的加工原理

在数控机床中,机床直线运动的坐标轴按照 ISO 841 和我国的 JB/T 3051—1999 标准,规定为右手笛卡儿直角坐标系。X、Y、Z 的正方向是使工件的尺寸增加的方向,即增大工件和刀具间距离的方向。通常以平行于主轴的坐标为 Z 轴,X 轴平行于工件的主要装夹面且与 Z 轴垂直,Y 轴按右手笛卡儿直角坐标系确定。三个回转运动的坐标轴 A、B、C 分别表示回转轴线平行于 X、Y、Z 的旋转或摆动运动。其正方向分别用右手螺旋法则判定,如图 3-45 所示。

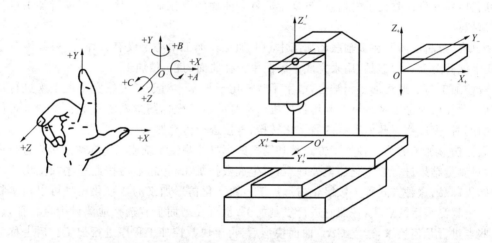

图 3-45　数控机床的坐标系

上述 X、Y、Z 坐标的正向都是在工件不动、通过移动刀具进行加工的情况下规定的;如果刀具位置不动,通过移动工件进行加工,则以 X'、Y'、Z' 表示,其正向与 X、Y、Z 坐标的正向相反。

机床数控系统能够控制的运动数目通常称为坐标(轴)数。如一台数控铣床,其 X、Y、Z 三个方向的运动都能进行数字控制,则称为三坐标数控铣床。数控机床在加工过程中不同坐标轴之间可以联动。所谓联动是指机床有关坐标轴各自按一定的速度和轨迹同时运动,它们的合成运动速度及轨迹符合预先规定的加工要求。

2. 数控机床的数控装置

数控机床早期的数控装置使用专用计算机,称为(普通)数控(NC)。随着计算机技术的发展,目前数控装置采用的是通用计算机,称为计算机数控(CNC)。CNC 装置是数控机床的控制中心,由它接收和处理输入信息,并将处理结果通过接口输出,对机床进行控制。

数控机床控制系统的组成如图 3-46 所示,图中虚线框内的部分构成 CNC 装置。它由

CPU、存储器（EPROM、RAM）、定时器、中断控制器所构成的微机基本系统及各种输入/输出接口所组成。CNC装置的主要功能为：

（1）功能控制　控制机床冷却液供给、主轴电动机开停、调速以及换刀等功能。

（2）位置控制　控制刀具与工件的相对运动位置或轨迹。

（3）信号处理　对系统运行过程中得到的机床状态信号（如刀具到位信号、工作台超程信号等）进行分析处理，使系统做出相应的反应，如工作台超程保护器报警等。

将计算机应用于机床数控系统是数控机床发展史上的一个重要里程碑。高性能的计算机数控系统可同时控制多个轴，并可对刀具磨损、破损和机床加工振动等进行实时监测和处理，还可对机床主轴转速、进给量等加工工艺参数进行实时优化控制。

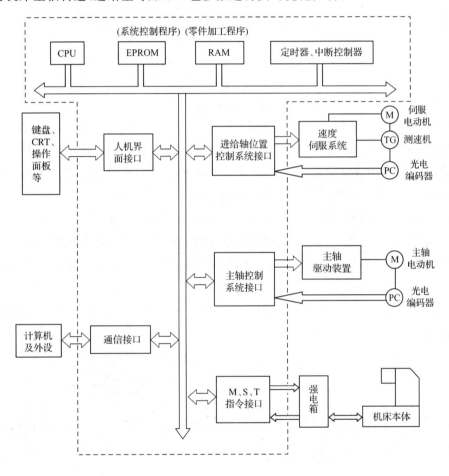

图 3-46　数控机床控制系统的组成

3. 数控机床的进给伺服系统

数控机床的进给伺服系统由伺服驱动电路、伺服驱动装置、机械传动机构及执行部件组成。它的作用是接收数控装置发出的进给速度和位移指令信号，由伺服驱动电路做数模转换和功率放大后，经伺服驱动装置（如伺服电动机、电液脉冲伺服马达等）和机械传动机构（如滚珠丝杠等），驱动机床的执行机构（如工作台、刀架、主轴箱等），以某一确定的速度、方向和位移量，沿机床坐标轴移动，实现加工过程的自动循环。

数控机床的进给伺服系统按位置检测和反馈方式的不同可分为以下两类：

(1)开环伺服系统　开环伺服系统如图 3-47 所示,该系统不带反馈检测装置,数控装置发出的指令信号是单向的。这种系统一般用功率步进电动机做伺服驱动装置。当需要在机床某个坐标轴方向运动一个基本长度单位时,数控装置向该轴伺服进给系统输出一个控制脉冲,经伺服驱动电路进行脉冲分配和功率放大后,驱动步进电动机转动一步,通过机械传动机构使机床工作台运动一个基本长度单位。该系统因无位置反馈,所以定位精度不高,一般只能达到 0.02 mm。它的优点是控制系统结构简单,工作稳定,调试维修方便,价格低廉。开环伺服系统主要用于精度要求不高的小型机床。

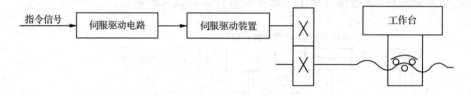

图 3-47　开环伺服系统

(2)闭环伺服系统　图 3-48 为典型的闭环伺服系统,它由比较器、伺服驱动电路、伺服电动机、位置检测器等组成。该系统将检测到的实际位移反馈到比较器中进行比较,由比较后的差值控制移动部件,进行误差修正,直到位置误差消除为止。采用闭环伺服系统可以消除由于机械传动部件的运动误差给位移精度带来的影响,定位精度一般可达 0.001~0.010 mm。由于直接测量工作台等移动部件位移量的装置价格较高,安装及调整都比较复杂且不易保养,故这种全闭环伺服系统只应用于精度要求很高的镗铣加工中心、超精密车床、超精密磨床等。目前大多数数控机床的位移检测反馈信号是从伺服电动机轴或滚珠丝杠上取得的,而不是取自机床终端运动部件,这种闭环系统称为半闭环系统(图 3-48 中虚线部分)。半闭环系统中的转角测量(使用脉冲编码器)比较容易实现,但由于后续传动链(由丝杠到机床终端的运动部件)误差的影响,其定位精度比闭环系统差。

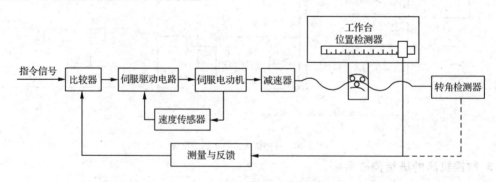

图 3-48　闭环伺服系统

3.6.2　数控铣床及加工中心的主运动及进给运动系统

1. 主运动系统

数控铣床的主运动系统应比普通铣床有更宽的调速范围,以保证加工时能选用合理的切削速度,能充分发挥机床性能。对于加工中心,为适应各种不同类型刀具和各种材料的切削要求,对主轴的调速范围要求更高,一般在每分钟十几转到几千转,甚至几万转。

　　为保证数控机床能在最有利的切削速度下进行加工,数控机床的主轴转速在其调速范围内通常都是无级可调的。现代数控机床采用直流或交流调速电动机作为主运动的动力源,应用最广泛的是笼形交流电动机配置变频调速装置的主轴驱动系统,这是因为笼形交流电动机不像直流电动机那样,有电枢电流需要换向带来的麻烦,而且体积小、质量轻、成本低。在数控机床中,由于机床主轴的变速功能主要是通过主轴电动机的无级调速来实现的,故其主运动系统的结构相对比较简单。

　　数控机床和加工中心的主传动系统有以下三种不同形式:

　　(1)电动机直接带动主轴旋转(图 3-49(a))　其优点是结构紧凑,缺点是主轴的转速-转矩输出特性和电动机输出特性相同,使用上受到一定限制。这类传动形式中,若把主轴电动机与电动机转子合为一体(电主轴),可使主轴部件结构紧凑、质量轻、惯量小、响应特性好,但电动机运转产生的热量容易使主轴产生变形,必须进行有效的温度控制和冷却。

　　(2)电动机经涌带或同步齿形带传动主轴(图 3-49(b))　其优点是结构简单,安装调试方便,机床主轴的转速—转矩输出特性可以得到改善。这种传动方式主要用于转速较高、变速范围不大、转矩特性要求不高的主轴传动。

　　(3)电动机经 1~4 对变速齿轮传动主轴　其优点是机床主轴的转速——转矩输出特性好,缺点是结构复杂。图 3-49(c)所示带有变速齿轮的主传动是大型数控机床经常采用的传动形式。采用齿轮变速与电动机无级调速相结合的传动方式,既可通过降速扩大输出转矩,又可通过变速扩大调速范围,特别是恒功率输出区段的转速范围。

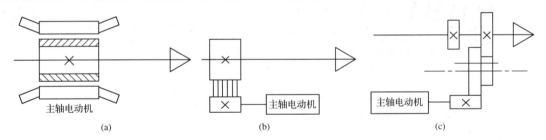

图 3-49　数控机床主传动系统的三种形式

2.进给运动系统

　　数控机床进给运动系统与普通机床不同。由于现代数控机床的进给伺服电动机及其控制系统的调速范围很宽(从每分钟不到一转至几千转),转矩可达数十甚至 100 N·m 以上,因此,可将伺服电动机直接与进给丝杠相连,使进给系统的机械传动机构变得十分简单。

　　为了提高进给系统的灵敏度、定位精度和低速运动的稳定性,必须设法减小有关传动副的摩擦因数,并减小静、动摩擦因数的差值。数控机床进给系统中普遍采用滚珠丝杠副传递运动,其优点是摩擦因数小,传动精度高,传动效率高达 95%~98%,是普通滑动丝杠副的 2~4 倍。

　　图 3-50 所示为滚珠丝杠的结构示意图。滚珠丝杠在丝杠和螺母之间填充滚珠作为中间传动元件,它由丝杠 1、螺母 2 和滚珠 3 及滚珠循环返回装置插管 4 等组成。当丝杠和螺母相

对运动时,滚珠沿着丝杠螺旋滚道面滚动,滚动数圈后离开丝杠螺旋滚道面,通过插管 4 返回其入口处继续循环。滚珠丝杠按回珠方式分为内循环和外循环两大类。图 3-50 所示为数控机床上常用的插管式外循环滚珠丝杠。

为了提高滚珠丝杠的轴向刚度,滚珠丝杠常用推力轴承来支承。滚珠丝杠的轴向负载不大时,也可用接触角为 60° 的角接触轴承来支承。滚珠丝杠常用的支承方式如图 3-51 所示。图 3-51(a)为一端轴向固定、一端自由的形式,由于其轴向刚度低,只用于短丝杠和竖直安装的丝杠;图 3-51(b)为一端固定、一端游动的形式,其轴向刚度与前者相同,但其压杆稳定性和临界转速比较高,常用于较长的卧式安装丝杠;图 3-51(c)为两端固定的形式,其轴向刚度为一端固定的 4 倍,并可采用预拉伸的办法来减少丝杠的自重下垂和补偿丝杠的热伸长变形,但其结构较为复杂,制造较困难,常用于长丝杠或回转速度较高并要求高精度、高刚度的场合。

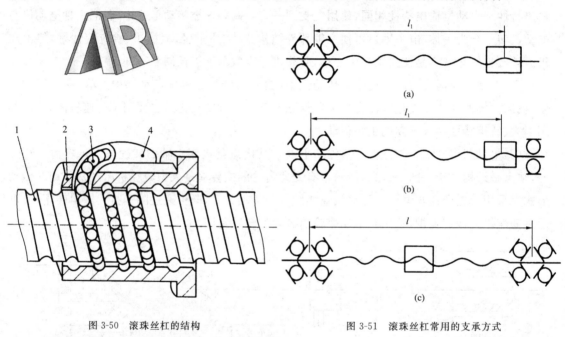

图 3-50　滚珠丝杠的结构

1—丝杠;2—螺母;3—滚珠;4—插管

图 3-51　滚珠丝杠常用的支承方式

滚珠丝杠传动对其轴向间隙有严格要求,这不仅是由于它会造成反向冲击,更主要的是它会引起反向"死区",即当工作台换向时,由于丝杠与螺母之间存在间隙,丝杠在反向转动一定角度后,才能带动工作台反向移动。这在开环或半闭环伺服系统中将影响定位精度。为了提高传动的稳定性及进给系统的刚度,滚珠丝杠在过盈条件下工作比较有利。消除丝杠螺母间隙和对丝杠螺母预加荷载的方法有多种,数控机床上比较常用的是双螺母加垫片的方法。在图 3-52(a)所示丝杠螺母的预紧结构中,垫片厚度比零间隙时两螺母端面间的距离 b 加厚 δ,使左、右螺母向两边撑开进行预紧。在图 3-52(b)所示丝杠螺母的预紧结构中,垫片厚度比 b 减薄 δ,靠螺钉拧紧左、右两螺母来预紧。滚珠丝杠的预加载荷一般应不低于丝杠最大轴向载荷的 1/3。预紧后滚珠丝杠的轴向刚度是不做预紧时的两倍。

近年来,随着高速、超高速加工技术的发展,滚珠丝杠机构已不能满足快速进给和快速变速、换向的要求,直线电动机开始应用于数控机床的伺服进给系统。直线电动机是可以直接产

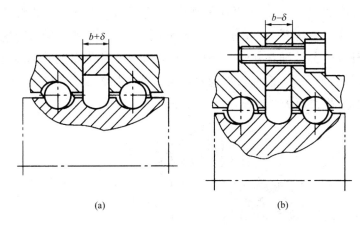

图 3-52　丝杠螺母的预紧结构

生直线运动的电动机,它可以看作是一台旋转电动机沿其径向剖开,然后拉平演变而成。和传统的"旋转电动机＋滚珠丝杠"的传动方式相比,它取消了减速器和滚珠丝杠副等中间环节,由电动机对机床执行部件(工作台、溜板等)实行直接驱动,可免除起动、变速和换向时因中间环节的弹性变形、间隙、磨损等因素造成的运动滞后现象,传动刚度高,反应速度快,动态响应快,最大进给速度可达 150～200 m/min,加(减)速度最大可达 10 g,且有较高的定位精度和重复定位精度(和闭环控制系统相配合,位移精度可达 0.001 mm)。直线电动机驱动当前存在的主要问题是:由于直线电动机的磁场是敞开的,磁力线易外泄,须妥善解决隔磁防磁问题;此外,直线电动机安装在机床工作台与床身导轨之间,处于机床的"腹部",散热条件极差,须采取相应的强制冷却措施。它适于在进给速度高、进给速度和进给方向频繁变化、加(减)速度特别大的数控机床伺服进给系统中应用,例如,高速与超高速加工中心。

3. 刀具自动夹紧装置和主轴周向定向装置

加工中心为了实现刀具在主轴上的自动装卸,要求配置刀具自动夹紧装置,其作用是自动地将刀具夹紧或松开,以便机械手能在主轴上安放或取走刀具。

由于在刀具切削时,切削转矩不能完全靠主轴与刀杆锥面配合产生的摩擦力来传递,因此通常在主轴前端设置两个端面键来传递转矩。换刀时,刀柄上的键槽必须对准端面键。为此,主轴在停止转动时,要求主轴必须准确地停在某一指定的周向位置上,主轴周向定向装置就是为保证换刀时主轴能准确停止在换刀位置而设置的。

3.6.3　JCS-018 型立式加工中心

加工中心是一种带有刀库并能自动更换刀具,对工件能进行多种加工操作的数控机床。下面以 JCS-018 型立式加工中心为主,介绍加工中心的主要结构。

1. 机床布局

JCS-018 型立式加工中心是北京机床研究所研制的一种具有自动换刀装置的数控立式镗铣床。在工件的一次装夹中,机床可对上平面进行铣削和对垂直孔进行钻、扩、铰、镗、锪、攻螺纹等多种加工操作。该机床适用于在多品种、中小批量生产中加工箱体类、板类、盘类、模具等工件。

JCS-018 型立式加工中心的外形及布局如图 3-53 所示。床身 1 上的滑座 2 可做横向（Y型）的进给运动；工作台 3 在滑座 2 上做纵向（X 轴）进给运动；床身 1 的后部装有固定立柱 4，主轴箱 8 可在立柱导轨上做垂直方向（Z 轴）进给运动。立柱的左侧前部装有自动换刀装置（包括刀库 6 和换刀机械手 7），左侧后部为数控装置的数控柜 5，右侧是驱动电柜 10，内有电源、伺服驱动装置等，操作面板 9 悬伸在机床前方。

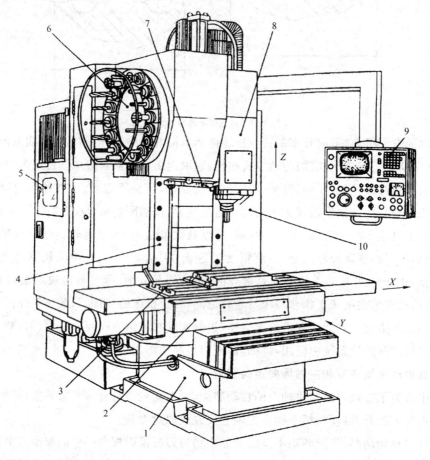

图 3-53　JCS-018 型立式加工中心

1—床身；2—滑座；3—工作台；4—立柱；5—数控柜；6—刀库

7—机械手；8—主轴箱；9—操作面板；10—驱动电柜

JCS-018 型立式加工中心的外形是开放式的，刀库、换刀机械手及工件加工区域都是敞开的。近年来，加工中心的外形基本上都是封闭式的，刀库、换刀机械手和工件加工区等都是封闭的，可提高加工环境的安全性。

2. 传动系统

图 3-54 是 JCS-018 型立式加工中心的传动系统简图。其主电动机是交流变频调速电动机，它靠改变电源频率无级调速，额定转速为 1 500 r/min，机床主轴最高转速为 4 500 r/min，为满足机床调速范围和转矩特性的要求，电动机经两级多楔带轮驱动主轴。经直径为 $\phi183.6$ mm/$\phi183.6$ mm 带轮副传动时，主轴转速为 45～4 500 r/min；经直径为 $\phi119$mm/$\phi239$ mm 带轮副传动时，主轴转速为 22.5～2 250 r/min。传动带采用一次成形三联 V 形带，可消除因 V 形带长度

不一致而产生的受力不均匀现象。

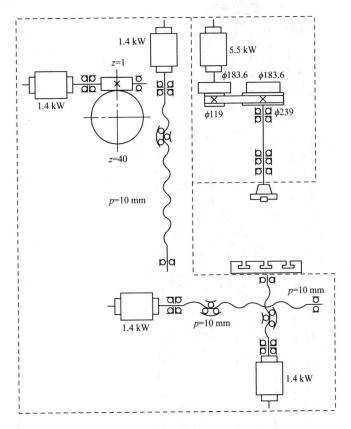

图 3-54　JCS-018 型立式加工中心传动系统

　　该机床 X、Y、Z 三轴各有一套基本相同的进给传动系统,进给丝杠由宽调速直流伺服电动机直接带动。

3. 伺服进给装置

　　图 3-55 为 JCS-018 型立式加工中心工作台纵向(X 轴)伺服进给装置。直流伺服电动机 1 经锥环无键联轴器 2、十字滑块联轴器 3(由于十字滑块联轴器存在间隙,现已普遍使用膜片弹性联轴器或波纹管联轴器)将运动传给丝杠 4,使工作台做纵向进给运动。锥环无键联轴器的结构如图 3-55 所示的局部放大图,图中 a 和 b 是相互配合的内、外锥环,通过拧紧端盖上的螺钉压紧内、外锥环,使内环 a 的内孔缩小,外环 b 的外圆胀大,靠摩擦力连接电动机轴和十字滑块联轴器的左连接件。十字滑块联轴器的右连接件用键与滚珠丝杠相连。锥环的对数可根据所传递的转矩选择,图 3-55 中用了两对。

　　其滚珠丝杠的支承方式为图 3-51(b)所示的一端固定、一端游动的形式。左支承为成对的角接触轴承,可承受径向和轴向双向载荷。右支承为一深沟球轴承,仅承受径向载荷,轴向位置不限。螺母 5、8 固定在工作台底部,两个螺母用连接键 7 定位,以固定它们之间的角向位置。螺母 5 固定在螺母座 9 中,螺母 8 可轴向调整位置。在两个螺母间安装两个适当厚度的半圆垫圈 6,以消除丝杠螺母间的间隙,并做适当预紧,以提高进给系统的刚度。

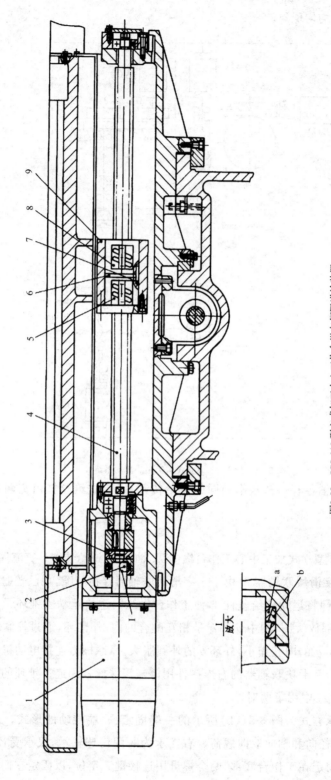

图3-55　JCS-018 型立式加工中心工作台纵向同服进给装置

1—电动机；2—锥环无键联轴器；3—十字滑块联轴器；4—丝杠；5、8—螺母；6—半圆垫圈；7—联接键；9—螺母座

4.主要部件结构

(1)主轴部件 图3-56为JCS-018型立式加工中心的主轴结构图,刀具自动夹紧装置装在主轴内孔中。该装置由拉杆6和头部的四个钢球4、碟形弹簧5、活塞8和螺旋弹簧7组成。图示位置为刀柄夹紧状态。当需要松开刀柄时,液压缸的上腔进油,活塞8向下移动压缩螺旋弹簧7,并推动拉杆6向下移动,碟形弹簧5被压缩,钢球4随拉杆一起向下移动至主轴孔径较大处时,便松开了刀柄1,机械手即可将刀具连同刀柄一起拔出。当需要夹紧刀柄时,活塞8的上端无油压,螺旋弹簧7使活塞8上移,拉杆6在碟形弹簧5的作用下上移,钢球4进入刀柄尾部拉钉3的环形槽内将刀柄拉紧。活塞8中间孔的上端接有压缩空气,机械手将刀具从主轴中拔出后,压缩空气通过活塞8和拉杆6中的孔,可将主轴轴端装刀柄的定位锥孔吹干净。JCS-018型立式加工中心采用靠弹簧力夹紧刀柄、靠液压力松开刀柄的刀柄夹紧机构,其优点是:如果突然停电,刀柄不会自行松脱。

该机床用钢球4拉紧刀柄,易将主轴孔和刀柄拉钉3压出坑痕,现已改用弹性卡爪结构。图3-57是一种使用弹性卡爪的刀具自动夹紧机构。弹性卡爪4由两瓣组成,装在主轴1内孔的轴向槽中。夹紧刀柄时,液压缸无压力油作用(图3-56),在螺旋弹簧7的作用下,活塞8上移,图3-57(a)中的拉杆6便在碟形弹簧5的弹力作用下带动弹性卡爪4上移,弹性卡爪4在主轴内孔锥面的作用下逐渐收紧,卡住并向上拽拉钉3,刀柄2便被夹紧在主轴锥孔中。松开刀柄时(图3-57(b)),液压缸推杆推动拉杆6克服碟形弹簧5的弹力下移,弹性卡爪4被推到主轴内孔大孔径处,并被拉杆6下端槽部的锥面撑开,弹性卡爪4与拉钉3脱开,拉杆6继续向下移动将刀柄顶松,机械手便可将刀柄连同刀具取出进行换刀。

加工中心的主轴周向定向装置(主轴准停装置)有机械式和电气式两种。JCS-018型立式加工中心使用的是电气式主轴周向定向装置(图3-58)。在主轴尾部塔轮1的上端面上装有厚垫片4,厚垫片4上安装一个体积很小的发磁体3,它与主轴一起旋转。磁感应器2固定在主轴准停位置处。数控系统发出主轴准停信号后,主轴立即减速至准停速度,当主轴通过塔轮1带动发磁体3转至与磁感应器2相对准的位置时,磁感应器2发出准停信号,此信号经放大后,由定向电路使电动机制动,主轴便准确地停在规定的周向位置上。

(2)自动换刀装置 JCS-018型立式加工中心设有刀库式自动换刀装置,它安装在立柱左侧上部,由刀库和机械手两部分组成,刀库可容纳16把刀具。图3-59列出了刀库及刀座的主要结构,圆盘式刀库(图3-59(a))由直流伺服电动机驱动(图3-54),经联轴器、蜗杆9和蜗轮8,驱动刀库圆盘7和16个刀座4转动,刀座4转到最下方为换刀位置。在换刀位置上气缸推动活塞杆(图中未画出)带动拨叉1向上运动,通过刀座顶部滚子2,使刀座4连同刀具绕支承板3上的铰链轴逆时针方向旋转90°,使刀座4处于与主轴中心相平行的位置,等待机械手换刀。

刀座4以铰链形式与支承板3连接,刀座4上的滚子5在不旋转的固定导盘6的环槽中限位,在换刀位置环槽开有缺口。换刀前弹簧11将销12端部的滚子压在支承板3的凹槽中,使刀座定位在水平位置。刀座尾部的两个弹簧球头销10用来夹紧刀具,使刀座旋转90°后刀具不会因自重而下落。

除了上述圆盘式刀库以外,加工中心上用得最多的还有链式刀库。圆盘式刀库结构简单,但由于刀具采用环形排列,空间利用率低,一般用于刀具容量较小的刀库。链式刀库的结构紧凑,刀库容量较大,链式刀库的结构形式可以根据机床的布局配置。

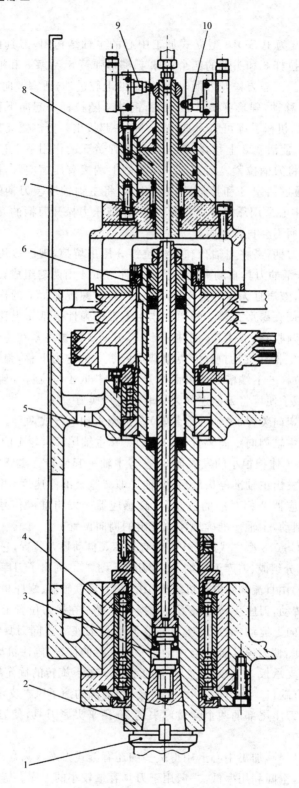

图3-56 JCS-018 型立式加工中心主轴结构

1—刀柄; 2—主轴; 3—拉钉; 4—钢球; 5—碟形弹簧; 6—拉杆; 7—螺旋弹簧; 8—活塞; 9, 10—行程开关

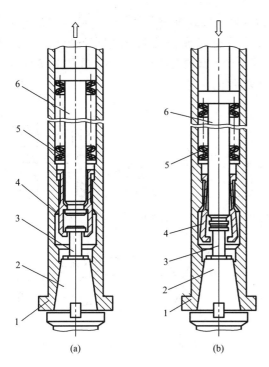

图 3-57 使用弹性卡爪的刀具自动夹紧机构

1—主轴；2—刀柄；3—拉钉；4—弹性卡爪；5—碟形弹簧；6—拉杆

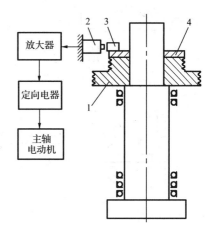

图 3-58 电气式主轴周向定向装置

1—塔轮；2—磁感应器；3—发磁体；4—厚垫片

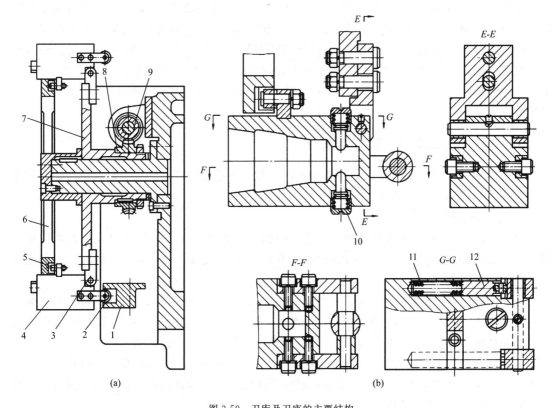

图 3-59 刀库及刀座的主要结构

1—拨叉；2—刀座顶部滚子；3—支承板；4—刀座；5—滚子；6—固定导盘；7—刀库圆盘

8—蜗轮；9—蜗杆；10—弹簧球头销；11—弹簧；12—销

JCS-018 型加工中心上使用的换刀机械手为双臂回转式机械手(图 3-60(a)),它是加工中心上最常用的一种形式。在换刀过程中,机械手要完成刀座准备(图 3-60(b))、抓刀(图 3-60(c))、拔刀(图 3-60(d))、交换主轴上和刀库上的刀具位置(图 3-60(e))、插刀(图 3-60(f))、机械手复位(图 3-60(g))和刀座复位(图 3-60(h))等动作。

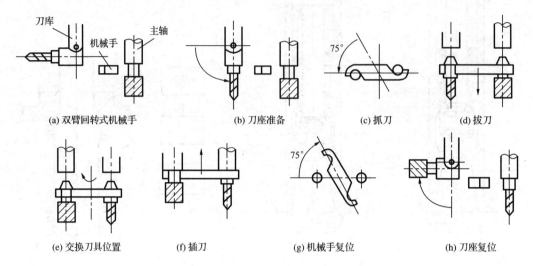

(a) 双臂回转式机械手　　(b) 刀座准备　　(c) 抓刀　　(d) 拔刀

(e) 交换刀具位置　　(f) 插刀　　(g) 机械手复位　　(h) 刀座复位

图 3-60　换刀过程

图 3-61 为机械手手臂和手爪结构图。手臂两端各有一个手爪。手爪上抓刀的圆弧部分有一锥销 7,机械手抓刀时,锥销 7 插入刀柄键槽,活动销 5 在弹簧 1 作用下将刀柄顶靠在固定爪 6 中。机械手向下拔刀时,因销 4 上方无物阻挡,在弹簧 2 作用下,锁紧销 3 的锥面迅速进入活动销 5 底部锥孔,锁住活动销 5,使之顶住刀具,保证机械手在回转 180° 的过程中刀具不会脱落。当机械手向上插刀时,销 4 被机床上的挡块压下,锁紧销 3 从活动销 5 中退出,活动销 5 可在销孔中自由运动。机械手反转复位时,活动销 5 从刀柄周边滑出,刀具则被留在主轴锥孔或刀座孔内。

3.6.4　数控加工程序编制

数控机床是按照预先编制好的数控加工程序对工件进行加工的。生成数控机床加工程序的过程称为数控加工程序编制。

1. 数控加工程序编制步骤

(1)分析零件图样和编制数控加工工艺　根据零件图样对工件的尺寸、形状、相互位置精度等技术要求和毛坯进行详细分析,制定加工方案,合理确定走刀路线,正确选用刀具、切削用量及工件的装夹方法等。

(2)计算刀具运动轨迹　根据零件图样上的几何尺寸和已确定的走刀路线,计算刀具运动轨迹各关键点(如被加工曲线的起点、终点、曲率中心等)的坐标值。当用直线段、圆弧段来逼近非圆曲线时,还应计算出逼近线段交点的坐标值,以获得刀具位置数据。

在进行刀具运动轨迹计算时,需要确定工件原点(也称编程原点),编程时是以该点为基准计算刀具轨迹各点坐标值的。工件原点是根据工件的特点人为设定的。设定的依据主要是便于编程,一般都选在工件的设计基准或工艺基准上。

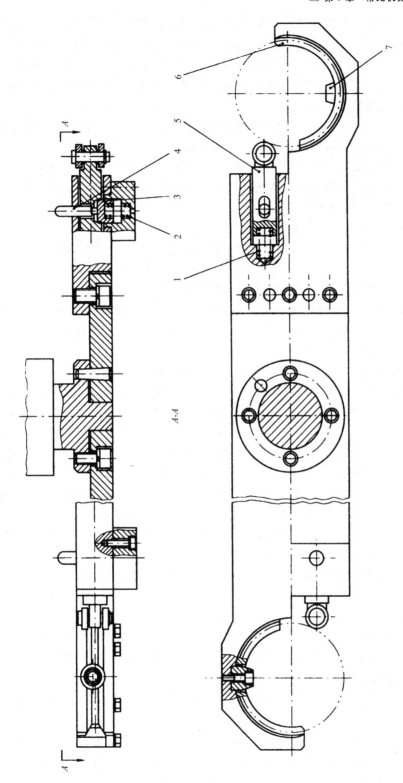

图3-61 机械手手臂和手爪

1、2—弹簧；3—锁紧销；4—销；5—活动销；6—固定爪；7—锥销

（3）编写加工程序并进行程序校验　在完成上述步骤后，须将零件加工的工艺顺序、运动轨迹与方向、位移量、切削参数（主轴转速、进给量、背吃刀量）以及辅助动作（换刀、变速、冷却液开停等）按照动作顺序，用机床数控系统规定的代码和程序格式，逐段编写加工程序，并将加工程序输入到数控系统中。数控机床一般都具有图形显示功能，可先在机床上进行图形模拟加工，用以检查刀具轨迹是否正确。

对于加工程序不长、几何形状不太复杂零件的数控加工程序，采用手工编程比较方便、快捷。对于几何形状复杂的零件，特别是空间复杂曲面零件，或者几何形状虽不复杂，但程序量很大的零件，需用计算机辅助完成，即计算机辅助数控编程。采用计算机辅助数控编程需有专用的数控编程软件，目前广泛应用的计算机辅助数控编程软件是以 CAD 软件为基础的交互式 CAD/CAM 集成数控编程系统。

2. 数控加工程序的结构与程序段格式

一个完整的数控加工程序由程序号和若干个程序段组成。程序号由地址码与程序编号组成，例如，00100。每个程序段表示数控机床的一个加工工步或动作。程序段由一个或若干个字组成，每个字由字母和数字组成，每个字表示数控机床的一种功能。

程序段的格式是指一个程序段中有关字的排列、书写方式和顺序的规定，格式不符合规定，数控系统便不能接受。目前各种机床数控系统广泛应用的是字地址程序段格式。下面这个程序段就是这种格式的一个实例：

　　　　N105 G01 X15.0Y32.0Z6.5F100M03S1500T0101；

上例中，N 为程序段号代码（或称作地址符），105 表示该程序的编号（现代数控系统很多都不要求列程序段号）；G 为准备功能代码，在《数控机床穿孔带程序段格式中的准备功能 G 和辅助功能 M 的代码》（JB/T 3208—1999）中规定，准备功能由字母 G 和紧随其后的两位数字组成，从 G00 至 G99 共有 100 种，其作用是规定数控机床的运动方式，本例中 G01 表示直线插补；X、Y、Z 为沿相应坐标轴运动的终点坐标位置代码，其后的数字为相应坐标轴终点的坐标值；F 为进给速度代码，其后的数字表示进给速度为 100 mm/min；M 为辅助功能代码，辅助功能由字母 M 及紧随其后的两位数字组成，用于规定数控机床加工时的开关功能，如主轴正、反转及开停、冷却液开关、工件夹紧及松开等，按我国《数控机床穿孔带程序段格式中的准备功能 G 和辅助功能 M 的代码》（JB/T 3208—1999）的规定，辅助功能代码从 M00 至 M99 共 100 种，本例中 M03 表示主轴正转；S 为主轴转速功能代码，紧随其后的数字表示主轴转速为 1500 r/min；T 为刀具功能代码，紧随其后的数字 0101 表示使用一号刀具和该刀具的一号补偿值；"；"为程序段结束符。

现代数控系统广泛使用可变程序段格式，其程序段的长短、字的顺序、字数和字长等都是可变的。在一个程序段内，不需要的字以及与前面程序段中相同的继续有效的字可以不写。

3. 数控加工程序编制实例

例 3-1　在数控立式铣床上精铣如图 3-62 所示零件的凸台轮廓，试为该工序编写数控加工程序。

解：根据零件的加工要求，本例选用直径为 ϕ20 mm 的立铣刀进行加工。切削用量取为：主轴转速 $n=1000$ r/min，垂直进给速度 $v_f=30$ mm/min，轮廓加工进给速度 $v_f=50$ mm/min。工件原点设定在工件的左下角，走刀路线为：P1→P2→P3→P4→P5→P6。

该工序的数控加工程序为（/ * 后为对程序段的说明）

O1234　　　　　　　　　　　　　　　/ * 程序号
N01　　　G00X−15.0Y−15.0Z35.0；　　/ * 快速移至起刀点

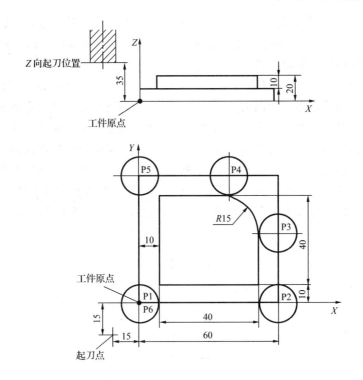

图 3-62　数控加工零件图

N02	X0Y0Z22.5S1000M03；	/＊快速移至 P1，主轴正转
N03	G01Z10.0F30.0M08；	/＊以 30 mm/min 的进给速度直线插补至 Z＝10 mm 处，开切削液
N04	X60.0F50；	/＊以 50 mm/min 的进给速度直线插补至 P2
N05	Y35.0；	/＊直线插补至 P3，进给速度不变
N06	G03X35.0Y60.0I−15.0J0；	/＊逆时针圆弧插补至 P4，进给速度不变，X、Y 为圆弧的终点坐标，I，J 为圆心相对于圆弧起点的坐标
N07	G01X0；	/＊直线插补至 P5，进给速度不变
N08	Y0；	/＊直线插补至 P6，进给速度不变
N09	Z22.5M09；	/＊刀具退离工件，关切削液
N10	G00X−15.0Y−15.0Z35.0；	/＊刀具快速回到起刀点
N11	M30；	/＊程序结束并返回至程序起点

3.7　特种加工

3.7.1　电火花加工

1. 加工原理

电火花加工是利用工具电极和工件电极间脉冲性电火花放电产生的高温去除工件上多余的材料，使工件获得预定的形状、尺寸和表面粗糙度要求的加工方法。生产中应用最广的电火花加工方法有两类，一类是用具有一定形状的电极工具（常用的电极工具材料是石墨、铜或是它们的合金)进行加工的电火花穿孔或电火花成形加工;另一类是用细丝(一般为钼丝、钨丝或铜丝)电极加工二维轮廓形状的电火花线切割加工。电火花线切割加工还可按电极丝的走丝速度分为快速走丝和慢速走丝两类。

如图 3-63 所示,为电火花成形加工原理示意图。工件 1 与工具 4 分别与直流脉冲电源 2(电压为 100 V 左右,放电持续时间为 $10^{-7} \sim 10^{-3}$ s)的两极相连接,自动进给调节装置 3 使工具与工件之间始终保持一个很小的放电间隙。当工具在进给机构的驱动下在工作液中靠近工件时,极间电压击穿间隙,产生电火花放电。电火花放电产生的瞬时局部高温使工件和工具表面各自电蚀成一个小坑。放电结束后,工作液恢复绝缘,下一个脉冲又在工具和工件之间重复上述过程。随着工具电极不断地向工件进给,就可将工具的形状复制在工件上,加工出所需要的尺寸和形状。工具电极虽然也会被电蚀,但其速度远小于工件被电蚀的速度,这种现象称作"极效应"。

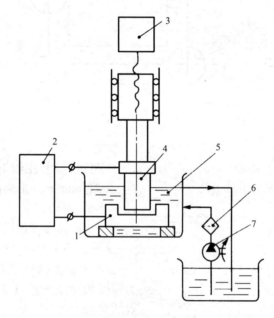

图 3-63　电火花成形加工原理
1—工件;2—直流脉冲电源;3—自动进给调节装置;4—工具
5—工作液;6—过滤器;7—工作液泵

如图 3-64 所示为快速走丝电火花线切割加工原理示意图,图中,卷丝筒 7 做正反向交替转动,使电极丝 4 相对工件 2 上下交替移动;脉冲电源 3 的两极分别接在工件 2 和电极丝 4 上,使电极丝 4 和工件 2 之间发生脉冲放电,对工件进行切割;装夹工件的数控工作台可在 x、y 轴两坐标方向各自移动,将工件切割成所需的形状;走丝的速度为 10 m/s 左右,电极丝可反复使用,损坏到一定程度时须更换新丝。

慢速走丝电火花线切割加工形式为单向慢速(2~8 m/min)连续走丝,用过的、已发生损耗的电极丝不断被新的电极丝替换,且走丝平稳,无振动,故慢速走丝电火花线切割的加工质量比快速走丝电火花线切割好,但生产率相对较低。

2. 工艺特点及应用范围

电火花加工工具不和工件直接接触,没有切削力作用,对机床加工系统的刚度要求不高;电火花加工可加工任何导电材料的工件,不受工件材料强度、硬度、脆性和韧性的影响,为耐热

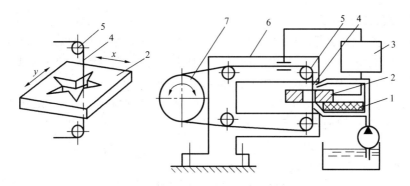

图 3-64　快速走丝电火花线切割加工原理

1—绝缘板；2—工件；3—脉冲电源；4—电极丝；5—导向轮；6—支架；7—卷丝筒

钢、淬火钢、硬质合金等难加工材料地加工提供了有效的加工方式。电火花加工的应用范围很广，可加工各种型孔、曲线孔、微小孔及各种曲面型腔，还可以用于切割、刻字和表面强化等。

3.7.2　电解加工

1. 电解加工原理

电解加工是利用金属在电解液中受到电化学阳极溶解将工件加工成形的。图 3-65 所示给出了电解加工原理示意图。图中，工件 3 接直流电源（10～20 V）阳极，工具 2 接阴极，加工时，两极之间保持一定的间隙（0.1～1 mm），电解液（NaCl 或 NaNO$_3$ 溶液）以一定压力（0.5～2.5 MPa）从两极间的间隙中高速（5～50 m/s）流过，在电场作用下，阳极工件表面金属产生阳极溶解产物，溶解产物被电解液带走，工件表面便逐渐形成与阴极工具表面相似的形状。图 3-66 表示了电解加工成形原理，图 3-66（a）是刚开始加工的情况，阴极工具与阳极工件之间的间隙是不均匀的；图 3-66（b）是加工终了时的情况，工件表面被电解成与阴极工具相同的形状，阴极工具与阳极工件间的间隙是均匀的。

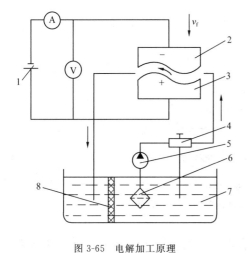

图 3-65　电解加工原理

1—直流电源；2—工具阴极；3—工件阳极；4—调压阀

5—电解液泵；6—过滤器；7—电解液；8—过滤网

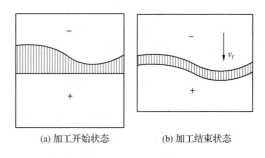

(a) 加工开始状态　　(b) 加工结束状态

图 3-66　电解加工成形原理

2. 工艺特点及应用范围

电解加工的生产率极高,约为电火花加工的 5~10 倍;电解加工可以加工形状复杂的型面(如汽轮机叶片)或型腔(如模具);电解加工中工具不和工件直接接触,加工中无切削力作用,加工表面无冷作硬化,无残余应力,加工表面周边无毛刺,能获得较高的加工精度和表面质量,表面粗糙度 Ra 值可达 $1.25~0.20~\mu m$,工件的尺寸误差可控制在 $\pm 0.1~mm$ 范围内,电解加工中工具电极无损耗,可长期使用。

电解加工存在的主要问题:

(1)电解液过滤、循环装置庞大,占地面积大。

(2)电解液具有腐蚀性,须对机床设备采取周密的防腐措施。

电解加工广泛应用于加工型孔、型面、型腔、炮筒膛线等,并常用于倒角和去毛刺。另外,电解加工与切削加工相结合(如电解磨削、电解珩磨、电解研磨等),往往可以取得很好的加工效果。

3.7.3 激光加工

1. 加工原理

激光的亮度极高,方向性极好,波长的变化范围小,可以通过光学系统把激光聚集成一个极小的光束,其能量密度可达 $10^8 \sim 10^{10}~W/cm^2$,远远超过金属达到沸点所需的能量密度($10^5 \sim 10^6~W/cm^2$)。激光照射在工件表面上,光能被加工表面吸收,并迅速转换成热能,使工件材料被瞬间熔化、汽化。

激光加工设备由电源、激光发生器、光学系统(反射镜、聚焦镜)和机械系统(工件、工作台)等组成。如图 3-67 所示,激光发生器将电能转化成光能,产生激光束,经光学系统聚焦后照射在工件表面上;工件固定在可移动的工作台上,工作台由数控系统控制和驱动。

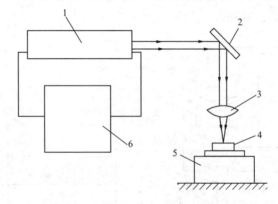

图 3-67 激光加工原理

1—激光发生器;2—反射镜;3—聚焦镜;4—工件;5—工作台;6—电源

2. 工艺特点及应用范围

激光加工是利用高端激光束进行加工的,不存在工具的磨损问题,工件也无受力变形。激光束能量密度高,可加工各种金属材料和非金属材料,例如硬质合金、陶瓷、石英、金刚石等。激光适用于在硬质材料上打小孔,常用于打金刚石拉丝模、宝石轴承、发动机喷油嘴、航空发动机叶片上的小孔;除打孔外,激光还广泛用于切割、焊接、热处理工艺。

3.7.4 超声波加工

1. 超声波加工原理

超声波加工是利用工具端面的超声频振动(振动频率为 19 000～25 000 Hz),驱动工作液中的悬浮磨料撞击加工表面的加工方法,其加工原理如图3-68所示。加工时,液体(常用水或煤油)和微细磨料混合的悬浮液被送入工件与工具之间。超声波发生器将工频交流电转变为具有一定功率输出的超声频振荡能源,并由换能器转换成超声纵向机械振动,其振幅经变幅杆放大(0.05～0.1 mm)后驱动工具端面迫使悬浮液中的磨料以很大的速度撞击被加工表面,将加工区域的材料撞击成很细的微粒,由悬浮液带走,随着工具的不断进给,工具的形状便被复印在工件上。工具材料可用较软的材料制造,例如黄铜、20钢、45钢等。悬浮液中的磨料为氧化铝、碳化硅、碳化硼等。粗加工选用粒度为F180～F400的磨粒,精加工选用粒度为F600～F1 000的磨粒。

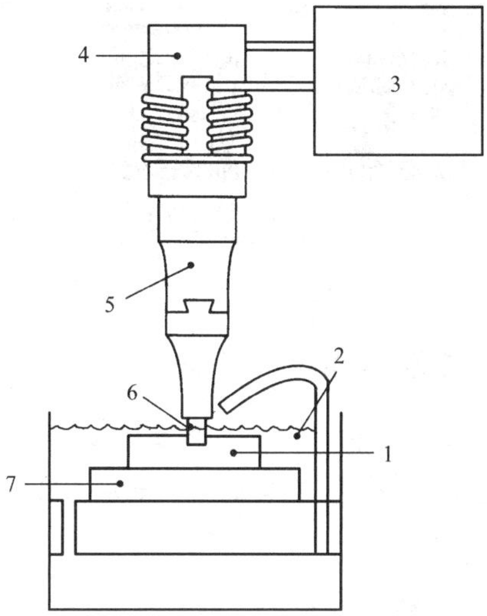

图 3-68 超声波加工原理
1—工件;2—悬浮液;3—超声波发生器;
4—换能器 5—变幅杆;6—工具;7—工作台

2. 超声波加工特点及应用范围

超声波加工既能加工导电体材料,也能加工不导电体和半导体材料,例如,玻璃、陶瓷、石英、锗、硅、玛瑙、宝石、金刚石等。超声波加工机床的结构相对简单,操作维修方便。超声波加工存在的主要问题是生产率相对较低。超声波加工适用于加工脆硬材料,尤其适用于加工不导电的非金属硬脆材料,例如,玻璃、陶瓷等。为提高生产率,降低工具损耗,在加工难切削材料时,常将超声波振动和其他加工方法相结合进行复合加工,例如超声波切削、超声波电解加工、超声波线切割等。

思考与习题

3-1 表面发生线的形成方法有几种?

3-2 试以外圆磨床为例分析机床的哪些运动是主运动? 哪些运动是进给运动?

3-3 机床有哪些基本组成部分? 试分析其主要功用。

3-4 什么是外联系传动链? 什么是内联系传动链? 各有何特点?

3-5 试分析提高车削生产率的途径和方法。

3-6 车刀有哪几种? 试简述各种车刀的结构特征及应用范围。

3-7 试述 CA6140 型卧式车床主传动链的传动路线。

3-8 CA6140 型卧式车床的主轴在主轴箱中是如何支承的? 三爪自定心卡盘是怎样装夹到主轴上的?

3-9 CA6140 型卧式车床是怎样通过双向多片摩擦离合器实现主轴正转、反转和制动的?

3-10 CA6140 型卧式车床主轴箱 I 轴上带的拉力作用在哪些零件上?

第4章

机床夹具设计

机床夹具是机械工艺系统的主要组成部分之一,是用于快速、准确安装工件的工具。"工欲善其事,必先利其器",设计并使用合理的专用夹具是保证加工质量并提高生产效率的重要途径。

![案例导入]

在成批、大量生产中,为保证工件某工序的加工要求,必须使工件在机床上相对刀具的切削或成形运动处于准确的相对位置。以加工图 4-1 所示零件为例,要求钻后盖上的 $\phi 10$ mm 孔,批量生产。实际生产中,若在钻床上加工,必须使 $\phi 10$ mm 孔的中心线与刀具(钻头)回转中心即机床主轴中心线重合,同时,在加工过程中还需保持这一位置准确不变。为保证加工精度及生产率,显然不能靠人工操作找正,为此设计一套工艺装备——钻床夹具,来实现工件快速准确地安装。其钻床夹具如图 4-2 所示。

工件的相对位置精度要求较高时,或批量生产中为提高生产率,工件在机床上的定位与夹紧往往通过机床夹具来实现。机床夹具是工艺系统的重要组成部分,在生产中应用十分广泛。本章的任务就是介绍机床夹具在机械加工中的作用、种类及组成;工件的六点定位原理和各种典型夹紧机构的工作原理;各类专用机床夹具的工作原理和设计原理,从而能够具有设计一般程度专用夹具的能力。

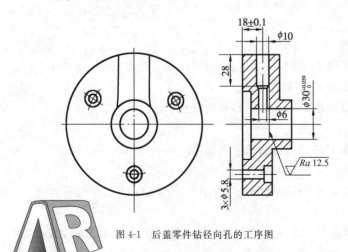

图 4-1　后盖零件钻径向孔的工序图

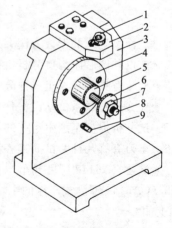

图 4-2　后盖零件钻床夹具

1—钻套;2—钻模板;3—夹具体;4—支承板;
5—圆柱销;6、7、8—夹紧元件;9—菱形销

4.1　概　述

机床夹具是机床上用以装夹工件(和引导刀具)的一种装置。其作用是将工件定位,以使工件获得相对于机床和刀具的正确位置,并把工件可靠地夹紧。

定位的任务是使工件相对于机床占有某一正确的位置,夹紧的任务则是保持工件的定位位置不变。

定位过程与夹紧过程都可能使工件偏离所要求的正确位置而产生定位误差与夹紧误差。定位误差与夹紧误差之和称为装夹误差。

4.1.1　机床夹具的作用

(1)保证加工精度　用机床夹具装夹工件,能准确确定工件与刀具、机床之间的相对位置关系,可以保证加工精度。

(2)提高生产率　机床夹具能快速地将工件定位和夹紧,可以减少辅助时间,提高生产率。

(3)减轻劳动强度　机床夹具可采用机械、气动、液动夹紧装置,可以减轻工人的劳动强度。

(4)扩大机床的工艺范围　利用机床夹具,能扩大机床的加工范围,例如,在车床或钻床上使用镗模可以代替镗床镗孔,使车床、钻床具有镗床的功能。

4.1.2　机床夹具的分类

1.按夹具的应用范围分类

(1)通用夹具　通用夹具是指结构已经标准化,且有较大适用范围的夹具,例如,车床用的三爪卡盘和四爪卡盘,铣床用的平口钳及分度头等。

(2)专用机床夹具　专用机床夹具是针对某一工件的某道工序专门设计、制造的夹具。专用机床夹具适用于在产品相对稳定、产量较大的场合应用。

(3)组合夹具　组合夹具是用一套预先制造好的标准元件和部件组装而成的夹具。组合夹具结构灵活多变,设计和组装周期短,夹具零部件能长期重复使用,适用于在多品种、单件小批量生产或新产品试制等场合。

(4)成组夹具　成组夹具是在采用成组加工时,为每个零件组设计、制造的夹具,当改换加工同组内的另一种零件时,只需调整或更换夹具上的个别元件(或专用调整组件),即可进行加工。成组夹具适于在多品种、中小批量生产中应用。

(5)随行夹具　它是一种在自动线上使用的移动式夹具,在工件进入自动线加工之前,先将工件装在夹具中,然后夹具连同被加工工件一起沿着自动线依次从一个工位移到下一个工位,直到工件退出自动线加工时,才将工件从夹具中退出。随行夹具是一种始终随工件一起沿着自动线移动的夹具。

2.按使用机床类型分类

机床类型不同,夹具结构各异,由此可将夹具分为车床夹具、钻床夹具、铣床夹具、镗床夹具、磨床夹具和组合机床夹具等类型。

3.按夹具动力源分类

按夹具所用夹紧动力源,可将夹具分为手动夹紧夹具、气动夹紧夹具、液压夹紧夹具、气液联动夹紧夹具、电磁夹紧夹具、真空夹紧夹具等。

4.1.3 专用机床夹具的组成

专用机床夹具一般由下列几部分组成：

1. 定位元件

定位元件是用来确定工件正确位置的元件。被加工工件的定位基面与夹具定位元件直接接触。图 4-2 中的支承板 4 、圆柱销 5、菱形销 9 即为定位元件，工件底面与支承板 4 接触，$\phi 30$ mm 孔与圆柱销 5 接触，底部 $\phi 5.8$ mm 孔被插入菱形销 9 中，实现定位。

2. 夹紧装置

夹紧装置是使工件在外力作用下仍能保持其正确定位位置的装置。图 4-2 中的 6、7、8 为夹紧元件，组成夹紧装置。

3. 对刀元件、导向元件

对刀元件、导向元件是指夹具中用于确定（或引导）刀具相对于夹具定位元件具有正确位置关系的元件，例如钻套（图 4-2 中 1）、镗套、对刀块等。

4. 连接元件

夹具连接元件是指用于确定夹具在机床上具有正确位置并与之连接的元件，例如安装在铣床夹具底面上的定位键等。

5. 其他元件及装置

根据加工要求，有些夹具尚需设置分度转位装置、靠模装置、工件抬起装置和辅助支承装置等。

6. 夹具体

夹具体是用于连接夹具元件和有关装置使其成为一个整体的基础件（图 4-2 中 3）。夹具通过夹具体与机床连接。

定位元件、夹紧装置和夹具体是夹具的基本组成部分，其他部分可根据需要设置。

4.2 工件在夹具中的定位

4.2.1 定位原理

物体在空间具有六个自由度，即沿三个坐标轴的移动（分别用符号 $\vec{x}$、$\vec{y}$ 和 $\vec{z}$ 表示）和绕三个坐标轴的转动（分别用 $\hat{x}$、$\hat{y}$ 和 $\hat{z}$ 表示），如果完全限制了物体的这六个自由度，则物体在空间的位置就完全确定了，如图 4-3 所示。

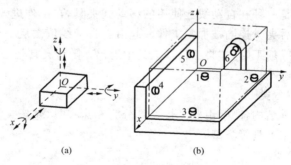

(a)   (b)

图 4-3 定位分析示例

　　欲使工件在空间处于准确位置,必须选用与被加工工件相适应并按一定规则布置的六个约束点来限制工件的六个自由度,实现完全定位,这就是工件定位的六点定位原理,也称"六点定则"。

　　工件的六个自由度完全被限制的定位称为完全定位。按加工要求,允许有一个或几个自由度不被限制的定位称为不完全定位。

　　工件加工所需限制的所有自由度必须全部限制,否则就会产生欠定位现象。欠定位的情况是不允许的。

　　工件定位是通过定位元件来实现的。在选择定位元件时,原则上不允许出现几个定位元件同时限制工件某一个自由度的情况。几个定位元件重复限制工件某一个自由度的定位现象,称为过定位。

　　消除过定位及其干涉一般有两个途径:一是改变定位元件的结构,以消除被重复限制的自由度;二是提高工件定位基面之间及夹具定位元件工作表面之间的位置精度,以减少或消除过定位引起的干涉。

　　表 4-1 列出了常见典型定位方式及定位元件所限制的自由度。

表 4-1　　　常见典型定位方式及定位元件所限制的自由度

工件定位基面	定位元件	定位方式及所限制的自由度	工件定位基面	定位元件	定位方式及所限制的自由度
平面	支承钉	$\vec{x}\cdot\vec{z}$　$\vec{y}$　$\vec{z}\cdot\vec{x}\cdot\vec{y}$	平面	固定支承与辅助支承	$\vec{x}\cdot\vec{z}$　$\vec{z}\cdot\vec{x}\cdot\vec{y}$
	支承板	$\vec{x}\cdot\vec{z}$　$\vec{z}\cdot\vec{x}\cdot\vec{y}$	圆孔	定位销（心轴）	$\vec{x}\cdot\vec{y}$
					$\vec{x}\cdot\vec{y}$　$\vec{x}\cdot\vec{y}$
	固定支承与自位支承	$\vec{x}\cdot\vec{z}$　$\vec{z}\cdot\vec{x}\cdot\vec{y}$		锥销	$\vec{x}\cdot\vec{y}\cdot\vec{z}$

工件 定位基面	定位元件	定位方式及所限制的自由度	工件 定位基面	定位元件	定位方式及所限制的自由度
圆孔	锥销	$\hat{x}\cdot\hat{y}$　z　$\vec{x}\cdot\vec{y}\cdot\vec{z}$	半圆孔		$\vec{y}\cdot\vec{z}$
外圆柱面	支承板 或 支承钉	$\vec{z}$　　$\vec{z}\cdot\hat{y}$	外圆柱面		$\vec{y}\cdot\hat{z}$
	V形块	$\vec{y}\cdot\vec{z}$　$\vec{y}\cdot\hat{z}$　$\vec{y}$		锥套	$\vec{x}\cdot\vec{z}\cdot\hat{y}$　$\vec{x}\cdot\vec{y}\cdot\vec{z}$　$\vec{y}\cdot\hat{z}$
	定位套	$\vec{y}\cdot\vec{z}$　$\vec{y}\cdot\vec{z}$　$\hat{y}\cdot\hat{z}$	锥孔	顶尖	$\vec{x}\cdot\vec{y}\cdot\vec{z}$　$\vec{y}\cdot\hat{z}$
				锥心轴	$\vec{x}\cdot\vec{y}\cdot\vec{z}$　$\vec{y}\cdot\hat{z}$

注：□内点数表示相当于支承点的数目；□外注表示定位元件所限制工件的自由度。

4.2.2 机床夹具常用定位方式及定位元件

工件定位方式不同,夹具定位元件的结构形式也不同,这里只介绍几种常用的基本定位元件。实际生产中使用的定位元件都是这些基本定位元件的组合或是它们的变形。

1.工件以平面定位常用定位元件

(1)支承钉 常用支承钉的结构形式如图 4-4 所示。平头支承钉(图 4-4(a))用于支承精基准平面;球头支承钉(图 4-4(b))用于支承粗基准平面;网纹顶面支承钉(图 4-4(c))能产生较大的摩擦力,但网槽中的切屑不易清除,常用于工件以粗基准定位且要求产生较大摩擦力的侧面定位场合。一个支承钉相当于一个支承点,限制一个自由度;在一个平面内,两个支承钉限制两个自由度;不在同一直线上的三个支承钉限制三个自由度。

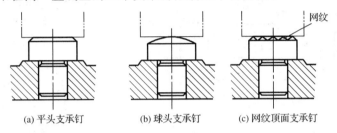

(a) 平头支承钉　　　(b) 球头支承钉　　　(c) 网纹顶面支承钉

图 4-4　常用支承钉的结构形式

(2)支承板 常用支承板的结构形式如图 4-5 所示。平面型支承板(图 4-5(a))结构简单,但沉头螺钉处清理切屑比较困难,适于做侧面和顶面定位;带斜槽型支承板(图 4-5(b)),在带有螺钉孔的斜槽中允许容纳少许切屑,清除切屑比较容易,适于做底面定位。当工件定位平面较大时,常用几块支承板组合成一个平面。一个支承板相当于两个支承点,限制两个自由度;两个(或多个)支承板组合,相当于一个平面,可以限制三个自由度。

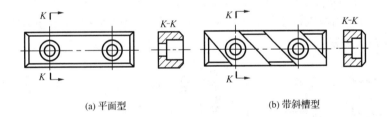

(a) 平面型　　　　　　　　　　　(b) 带斜槽型

图 4-5　常用支承板的结构形式

(3)可调支承 可调支承常用的结构形式如图 4-6 所示。可调支承多用于支承工件的粗基准表面,支承高度可以根据需要调整,调整到位后用螺母锁紧。一个可调支承限制一个自由度。

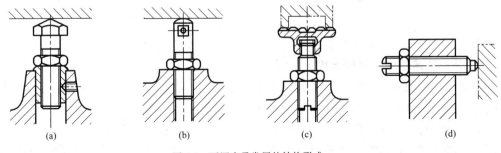

(a)　　　　　　(b)　　　　　　(c)　　　　　　(d)

图 4-6　可调支承常用的结构形式

（4）自位支承　自位支承的常用结构形式如图 4-7 所示。由于自位支承是活动的或是浮动的,无论结构上是两点或三点支承,其实质只起一个支承点的作用,所以自位支承只限制一个自由度。使用自位支承的目的在于增加与工件的接触点,减小工件变形或减小接触应力。

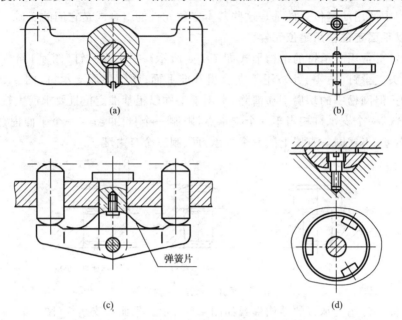

(a)　(b)

(c)　(d)

弹簧片

图 4-7　自位支承的常用结构形式

（5）辅助支承　辅助支承不能作为定位元件,不能限制工件的自由度,它只用以增加工件在加工过程中的刚性。图 4-8 列出了辅助支承的几种结构形式。图 4-8(a)所示结构简单,但在调整时支承钉要转动,会损坏工件表面,也容易破坏工件定位;图 4-8(b)所示结构在旋转螺母时,由于螺钉上有短销挡着,支承螺钉只做直线移动;图 4-8(c)为自动调节支承,支承销 1 受下端弹簧 2 的推力作用与工件接触,当工件定位夹紧后,回转手柄 4,通过锁紧螺钉 3 和斜面顶销 5,将支承销 1 锁紧。

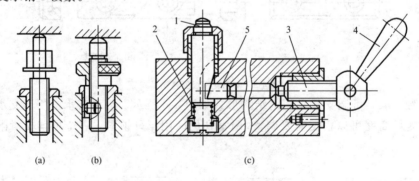

(a)　(b)　(c)

图 4-8　辅助支承的几种结构形式

1—支承销;2—弹簧;3—锁紧螺钉;4—手柄;5—斜面顶销

2. 工件以孔定位常用定位元件

（1）定位销　图 4-9 列出了几种常用的固定式定位销结构。当工件的孔径尺寸较小时,可选用图 4-9(a)所示的结构;当工件的孔径尺寸较大时,选用图 4-9(b)所示的结构;当工件同时以圆孔和端面组合定位时,则应选用图 4-9(c)所示的带有支承端面的结构。当工件以两个圆孔表面组合定位时,在两个定位销中应有一个是图 4-9(d)所示的削边定位销(菱形销),菱形销的长轴方向应与两定位销轴心连线相垂直。用定位销定位时,菱形销限制一个自由度;短圆柱销限制两个自由度;长圆柱销($L/D \geqslant 1$)可以限制四个自由度;短圆锥销(图 4-9(e))限制三个自由度。

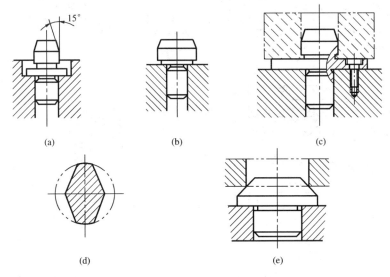

图 4-9　固定式定位销

（2）心轴　心轴的结构形式很多,图 4-10 是几种常见的心轴结构。图 4-10(a)为过盈配合心轴,限制工件四个自由度,其定心精度高,但装卸不方便;图 4-10(b)为间隙配合心轴,限制工件五个自由度(心轴外圆部分限制四个自由度,轴肩面限制一个自由度),其定心精度低一些,但装卸方便;图 4-10(c)为小锥度(1：5 000～1：1 000)心轴,装夹工件时,通过工件孔和心轴接触表面的弹性变形夹紧工件,使用小锥度心轴定位可获得较高的定位精度,它可以限制五个自由度,但轴向定位不精准。

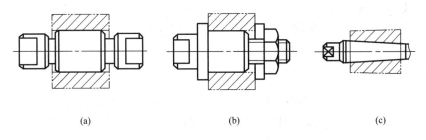

图 4-10　心轴

3. 工件以外圆定位常用定位元件

（1）V 形块　V 形块的结构形式如图 4-11 所示。图 4-11(a)为短 V 形块;图 4-11(b)为两个短 V 形块的组合,用于工件定位基准面较长的情况;图 4-11(c)为分体结构的 V 形块,淬硬钢镶块或硬质合金镶块用螺钉固定在 V 形铸铁底座上,用于工件定位基准面长度和直径均较大的情况;图 4-11(e)、图 4-11(f)是两种浮动式 V 形块结构。当工件以粗基准或阶梯圆柱面定位时,V 形块工作面的长度一般应减为 2～5 mm(图 4-11(d)),以提高定位的稳定性。

一个短 V 形块限制两个自由度;两个短 V 形块组合或一个长 V 形块均限制四个自由度;浮动式 V 形块只限制一个自由度。

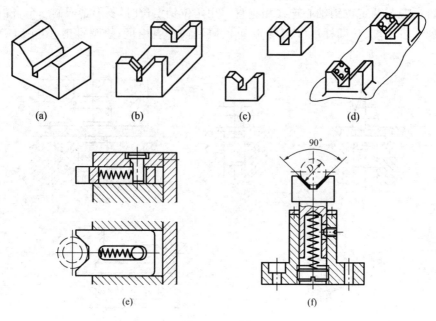

图 4-11 V形块

（2）定位套 图 4-12 是常见的三种定位套。图 4-12(a)用于工件以端面为主要定位基准，短定位套孔限制工件的两个自由度；图 4-12(b)用于工件以外圆柱表面为主要定位基准面，长定位套孔限制工件的四个自由度；图 4-12(c)用于工件以圆柱面端部轮廓为定位基准，锥孔限制工件的三个自由度。

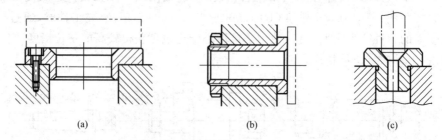

图 4-12 定位套

（3）半圆孔 图 4-13 是半圆孔定位装置，当工件尺寸较大，用圆柱孔定位不方便时，可将圆柱孔改成两个半圆孔，下半圆孔用于定位，上半圆孔用于压紧工件。短半圆孔定位限制两个自由度；长半圆孔定位限制四个自由度。

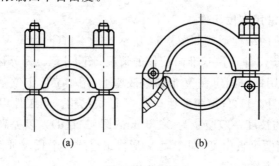

图 4-13 半圆孔

4. 工件以组合表面定位的定位元件

在实际生产中,为满足加工要求,有时采用几个定位面相组合的方式进行定位。常见的组合方式有两顶尖孔、一端面一孔、一端面一外圆、一面两孔等;与之相对应的定位元件也是组合式的。

几个表面同时参与定位时,各定位基准(基面)在定位中所起的作用有主次之分。例如,轴以两顶尖孔在车床前后顶尖上定位的情况,前顶尖孔为主要定位基面,前顶尖限制三个自由度,后顶尖采用活动顶尖,只限制两个自由度。

4.2.3 定位误差的分析与计算

定位误差是指用调整法加工一批工件时,设计基准在工序尺寸方向的最大位置变动量引起的误差。下面用一个加工实例来说明产生定位误差的原因。

图 4-14(a)是一个铣平面工序的工序简图。由图知,外圆下母线 A 是工序尺寸 $H_{-T_H}^{0}$ 的工序基准,孔中心线是定位基准,孔表面是定位基面。已知工件孔的尺寸为 $D_{+0}^{+T_D}$,外圆直径为 $d_{-T_d}^{0}$,内外圆同轴度公差为 δ。加工时,工件以孔中心线 O 为定位基准在水平放置的心轴上定位,工件定位孔与心轴与上母线 p 接触(图 4-14(c));铣刀位置根据心轴中心线 O_1 调整。在加工一批工件过程中,铣刀位置保持不变,但工件内外圆直径却是变化的,工序基准 A 的位置将随着工件内外圆直径和心轴直径实际尺寸变化而变化,这会给加工带来误差。我们把这种由于定位基准与工序基准不重合以及定位面和定位元件制造不准确引起的误差称为定位误差。

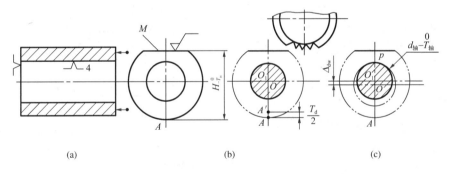

图 4-14 定位误差的组成

定位误差由基准不重合误差 Δ_{jb} 和定位副(含工件定位基面和定位元件)制造不准确误差 Δ_{db}(又称基准位移误差)两部分组成,定位误差的值 Δ_{dw} 为工序基准在工序尺寸方向上的最大变动量,即为上述两项误差在工序尺寸方向上的代数和,即

$$\Delta_{dw} = \Delta_{jb} \pm \Delta_{db} \tag{4-1}$$

对于图 4-14 所示工况,定位基面(定位孔径)制造不准确误差在工序尺寸 H 方向上的投影为 T_D,定位元件(心轴直径)制造不准确误差在工序尺寸 H 方向上的投影为 $T_{轴}$,由定位副制造误差引起的工序基准 A 在工序尺寸 H 方向上的最大变动量为

$$\Delta_{db} = T_D/2 + T_{轴}/2 + \Delta S/2 = (D_{max} - d_{轴min})/2$$

式中 ΔS——定位孔和心轴外圆间最小配合间隙,$\Delta S = D_{min} - d_{轴max}$。

在不考虑定位副制造不准确误差的条件下(此时定位孔径和心轴直径完全相同,如

图 4-14(b)所示),由于工序基准与定位基准不重合引起的定位误差,取决于工件外圆尺寸变动量 T_d 以及外圆相对于内孔的同轴度误差 δ。基准不重合误差在工序尺寸 H 方向上的投影值为

$$\Delta_{jb} = \frac{T_d}{2} + \delta$$

综上分析可知,图 4-14(a)所示铣平面工序的定位误差为

$$\Delta_{dw} = \Delta_{jb} + \Delta_{db} = \frac{T_D}{2} + \frac{T_{轴}}{2} + \frac{\Delta S}{2} + \frac{T_d}{2} + \delta$$

1. 工件以平面定位

工件以平面定位,夹具上相应的定位元件是支承钉或支承板,工件定位面的平面度误差和定位元件的平面度误差都会产生定位误差。当用已加工平面作定位基准时,此项误差甚小,一般可忽略不计。当几个支承钉或支承板组成一个平面定位,且它们安装在夹具体上后统一磨削,此时定位元件的平面度误差也可忽略不计。

2. 工件以孔定位

工件以孔定位时,夹具上的定位元件可以是心轴或是定位销。图 4-15(a)是一个以内孔定位铣平面工序简图,下面分两种情况讨论:

(1)心轴(定位销)水平放置(图 4-15(b)) 工件装到心轴中后,由于自重作用,工件定位孔与心轴上母线接触,孔中心线 O 处于心轴中心线 O_1 的下方,由于定位副制造不准确引起的定位误差为

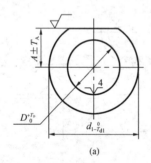 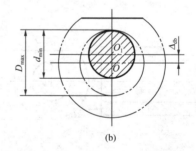

(a)　　　　　　　　　　　　　　(b)

图 4-15　心轴水平放置铣平面

$$\Delta_{db} = OO_1 = \frac{1}{2}(D_{max} - d_{min}) = \frac{1}{2}[D_{min} + T_D - (d_{max} - T_d)] = \frac{1}{2}(T_D + T_d + \Delta S) \quad (4-2)$$

式中　D_{max}——定位孔的最大直径,mm;

　　　D_{min}——定位孔的最小直径,mm;

　　　T_D——孔的公差,mm;

　　　d_{max}——心轴的最大直径,mm;

　　　d_{min}——心轴的最小直径,mm;

　　　T_d——心轴的公差,mm;

　　　ΔS——定位孔与心轴间最小配合间隙(mm),$\Delta S = D_{min} - d_{max}$。

由于定位基准与设计基准重合,因此 $\Delta_{jb} = 0$,即此时定位误差 $\Delta_{dw} = \Delta_{db}$。

（2）定位销（心轴）垂直放置（图 4-16）　工件装到定位销上时，工件定位孔与定位销可在任意母线接触。由于定位副制造不准确引起的定位误差为

$$\Delta_{db} = OO' = 2OO_1 = T_D + T_d + \Delta S \tag{4-3}$$

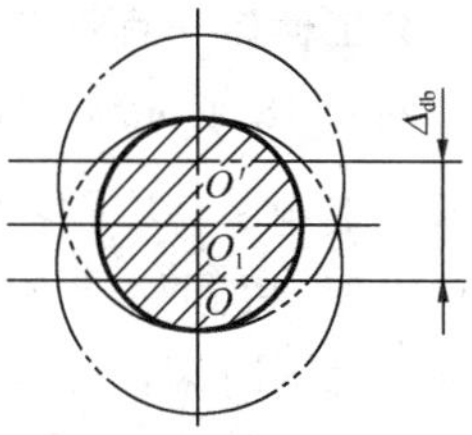

3. 工件以外圆定位

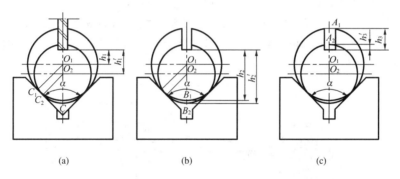

图 4-16　定位销垂直放置

如图 4-17 所示为工件以直径为 $d_{-T_d}^{0}$ 的外圆在 V 形块上定位铣键槽的情况。由于标注键槽深度的工序尺寸所选工序基准不同，它们所产生的定位误差也不相同。下面分三种情况讨论：

（1）以工件外圆中心线为工序基准标注键槽深度尺寸 h_1（图 4-17(a)）　工序尺寸 h_1 的工序基准与工件的定位基准（外圆轴心线）重合，因此不存在基准不重合误差。但是定位表面外圆有制造误差，故有定位副制造不准确误差 Δ_{db}，总的定位误差为

$$\Delta_{dw}(h_1) = \Delta_{db} = O_1 O_2 = O_1 C - O_2 C$$

$$= \frac{O_1 C_1}{\sin\frac{\alpha}{2}} - \frac{O_2 C_2}{\sin\frac{\alpha}{2}} = \frac{d}{2\sin\frac{\alpha}{2}} - \frac{d - T_d}{2\sin\frac{\alpha}{2}} = \frac{T_d}{2\sin\frac{\alpha}{2}} \tag{4-4}$$

图 4-17　工件在 V 形块上定位

（2）以工件外圆下母线为工序基准标注键槽深度尺寸 h_2（图 4-17(b)）　工序尺寸 h_2 的工序基准与定位基准（外圆轴心线）不重合，存在基准不重合误差 Δ_{jb}，其值为外圆直径公差的 $1/2$，即 $\Delta_{jb} = T_d/2$。总的定位误差 Δ_{dw} 为工序基准在工序尺寸方向上的最大偏移量，即

$$\Delta_{dw}(h_2) = B_1 B_2 = O_1 O_2 + O_2 B_2 - O_1 B_1$$

$$= \frac{T_d}{2\sin\frac{\alpha}{2}} + \frac{d - T_d}{2} - \frac{d}{2} = \frac{T_d}{2}\left[\frac{1}{\sin\frac{\alpha}{2}} - 1\right] \tag{4-5}$$

（3）以工件外圆上母线为工序基准标注键槽深度尺寸 h_3（图 4-17(c)）　工序尺寸 h_3 的工序基准与定位基准不重合，存在基准不重合误差 Δ_{jb}，其值为外圆直径公差的 $1/2$，即 $\Delta_{jb} = T_d/2$。总的定位误差 Δ_{dw} 为工序基准在工序尺寸方向上的最大偏移量，即

$$\Delta_{dw}(h_3) = A_1 A_2 = O_1 A_1 + O_1 O_2 - O_2 A_2$$

$$= \frac{d}{2} + \frac{T_d}{2\sin\frac{\alpha}{2}} - \frac{d - T_d}{2} = \frac{T_d}{2}\left[\frac{1}{\sin\frac{\alpha}{2}} + 1\right] \tag{4-6}$$

以上三种情况中，以下母线为工序基准时的定位误差值最小；以上母线为工序基准时的定位误差值最大。

4. 工件以一面两孔定位

图 4-18 所示为箱体零件采用"一面两孔"组合定位，支承板限制 $\vec{z}$、$\hat{x}$、$\hat{y}$ 三个自由度，短圆柱销 1 限制 $\vec{x}$ 和 $\vec{y}$ 2 个自由度，短圆柱销 2 限制 $\vec{x}$ 和 $\vec{y}$ 2 个自由度。由于两个短圆柱销同时限制 $\vec{x}$ 自由度，出现了过定位现象。因工件上两定位孔的中心距和夹具上两定位销的中心距都在一定公差范围内变化，当工件两孔装入两定位销中时，有时会出现工件根本无法装入的严重情况。为了消除过定位，防止工件定位孔无法装入定位销的情况，可以采取以削边销（菱形销）来代替一个圆柱销的办法解决，如图 4-19 所示。在定位孔与定位销中心距公称尺寸相等的情况下，定位孔中心距误差和定位销中心距误差可由削边销的削边部分补偿。

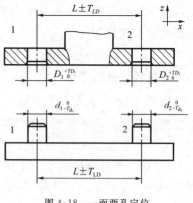

图 4-18　一面两孔定位

工件以一面两孔定位，有可能产生三种定位误差：在圆柱销 1 处由于销、孔配合间隙影响分别产生 x、y 方向（坐标系同图 4-18）的定位误差，其大小可按式（4-3）计算；第三种则是由于圆柱销 1、菱形销 2 分别与工件两孔配合而共同产生的转角误差。

如图 4-19 所示为工件以一面两孔定位时工件中心线偏斜的极限情况，即左面定位孔 1 与圆柱销在这一边接触，而右面的定位孔 2 与削边销在另一边接触，工件中心线相对于两销中心线的偏转角为

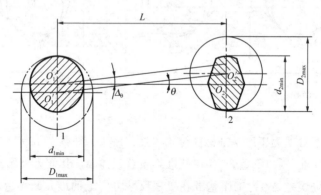

图 4-19　一面两孔组合定位转角误差

$$\theta = \tan^{-1} \frac{O_1O'_1 + O'_2O_2}{L}$$

其中　$O_1O'_1 = \dfrac{1}{2}(T_{D1} + T_{d1} + \Delta S_1)$；$O_2O'_2 = \dfrac{1}{2}(T_{D2} + T_{d2} + \Delta S_2)$

式中 ΔS_1、ΔS_2 分别为孔 1 与孔 2 的最小配合间隙，则

$$\theta = \tan^{-1} \frac{T_{D1} + T_{d1} + \Delta S_1 + T_{D2} + T_{d2} + \Delta S_2}{2L} \tag{4-7}$$

现以一实例说明工件以一面两销（其中一个为削边销）定位时定位误差的分析与计算。

【例 4-1】　工件以一面两孔为定位基准在垂直放置的一面两销上定位铣 A 面，如图 4-20 所示，要求保证工序尺寸 $H = 60 \pm 0.15$ mm；已知两基准孔直径 $D = \phi 12^{+0.025}_{0}$ mm，两孔中心距 $L_2 = 200 \pm 0.05$ mm，$L_1 = 50$ mm，$L_3 = 300$ mm，两个定位销的直径尺寸分别为 $d_1 = \phi 12^{-0.007}_{-0.020}$ mm，$d_2 = \phi 12^{-0.02}_{-0.04}$ mm，定位孔与定位销间的最小配合间隙 $\Delta S_1 = 0.007$ mm，$\Delta S_2 =$

0.02 mm；试计算此工序的定位误差。

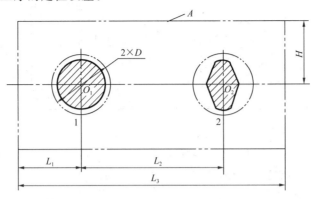

图 4-20　工件以一面两孔定位铣平面

解:一批工件在两定位销上定位时,相对于两定位销中心线 O_1O_2,两定位孔中心线可以出现如图 4-21 所示的两个极限位置 $O'_1O'_2$ 和 $O''_1O''_2$,使工序尺寸 H 的工序基准 O_1O_2 产生偏转,从而产生定位误差。

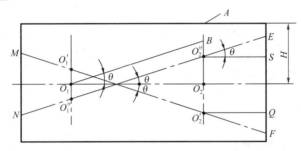

图 4-21　工序基准发生偏转引起定位误差

由图 4-21 可知,有

$O'_1O''_1 = T_{D1} + T_{d1} + \Delta S_1 = 0.045$ mm

$O'_2O''_2 = T_{D2} + T_{d2} + \Delta S_2 = 0.065$ mm

由于 $EF > MN$,故工序尺寸 H 的定位误差为

$$\Delta_{dw}(H) = EF = O'_2O''_2 + ES + QF = O'_2O''_2 + 2(L_3 - L_2 - L_1)\tan\theta$$

$$= O'_2O''_2 + 2(L_3 - L_2 - L_1)\frac{T_{D1} + T_{d1} + \Delta S_1 + T_{D2} + T_{d2} + \Delta S_2}{2L}$$

$$= 0.065 + 2 \times (300 - 200 - 50) \times \frac{0.045 + 0.065}{2 \times 200}$$

$$\approx 0.093 \text{ mm}$$

通过计算得知加工 A 面工序尺寸 H 的定位误差为 0.093 mm。因 $0.093 < \frac{1}{3} \times 2 \times 0.15$,故基本符合定位精度要求。

4.3　工件的夹紧

4.3.1　夹紧装置的组成和要求

1.夹紧装置的组成

工件在夹具中正确定位后,由夹具的夹紧装置将工件夹紧。夹紧装置的组成有(图 4-22):

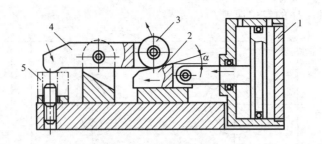

图 4-22 夹紧装置的组成
1—气缸;2—斜楔;3—滚子;4—压板;5—工件

(1)动力装置 产生夹紧动力的装置,如图 4-22 中的气缸 1。

(2)夹紧元件 直接用于夹紧工件的元件,如图 4-22 中的压板 4。

(3)中间传力机构 将原动力以一定的大小和方向传递给夹紧元件的机构,如图 4-22 中由斜楔 2、滚子 3 和杠杆等组成的斜楔铰链夹紧机构。

在有些夹具中,夹紧元件和中间传力机构混在一起(例如图 4-22 中的压板 4),难以区分,所以统称为夹紧机构。

2. 对夹紧装置的要求

(1)夹紧过程不得破坏工件在夹具中占有的正确位置。

(2)夹紧力要适当,既要保证工件在加工过程中定位的稳定性,又要防止因夹紧力过大损伤工件表面或产生过大的夹紧变形。

(3)操作安全、省力。

(4)结构应尽量简单,便于制造,便于维修。

4.3.2 夹紧力的确定

1. 夹紧力作用点的选择原则

(1)夹紧力的作用点应正对定位元件或位于定位元件所形成的支承面内。如图 4-23 所示夹具的夹紧力作用点就违背了这项原则,夹紧力作用点位于定位元件之外,使工件发生翻转,破坏了工件的定位位置。图中双点画线箭头给出了夹紧力作用点的正确位置。

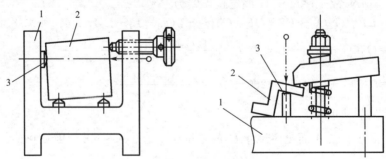

图 4-23 夹紧作用点的选择
1—夹具体;2—工件;3—支承元件

(2)夹紧力的作用点应位于工件刚性较好的部位。图 4-24 中实线箭头所示夹紧力作用点位置工件刚性较大,夹紧变形小;虚线箭头所示夹紧力作用点位置工件刚性小,夹紧变形大。

(3)夹紧作用点应尽量靠近加工表面,使夹紧稳固可靠。在图 4-25 所示两种装夹方案中,图 4-25(a)所示方案夹紧力的作用点离工件加工面远,不正确;图 4-25(b)所示方案正确。

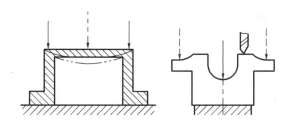

图 4-24　夹紧力的作用点对工件变形的影响

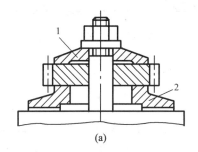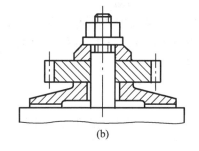

图 4-25　滚齿加工装夹方案

1—压板；2-支承元件

2. 夹紧力作用方向的选择原则

（1）所选夹紧力作用方向应有利于工件的正确定位，应优先垂直于主要定位基准面。图 4-26 所示镗孔工序要求保证孔中心线与 A 面垂直，夹紧力方向应与 A 面垂直。图 4-26(b)所示夹紧力作用方向不正确。

（2）夹紧力作用方向应与工件刚度最大的方向一致，以减小工件变形。图 4-27 所示为加工薄壁套筒的两种夹紧方式。由于工件的径向刚度差，用图 4-27(a)所示径向夹紧方式工件的夹紧变形大；用图 4-27(b)所示轴向夹紧方式，由于工件轴向刚度大，夹紧变形相对较小。

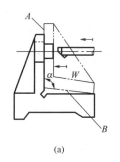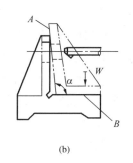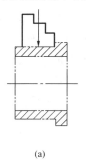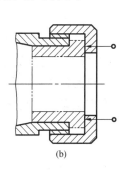

图 4-26　夹紧力垂直于主要定位基面　　　　图 4-27　薄壁套筒的夹紧方式

（3）夹紧力作用方向应尽量与工件的切削力、重力等的作用方向一致，以减小夹紧力。

3. 夹紧力的估算

设计夹具时，估算夹紧力是一件十分重要的工作。夹紧力过大会增大夹紧变形，还会无谓地增大夹紧装置结构，造成浪费；夹紧力过小则工件夹不紧，加工中工件的定位位置将被破坏，而且容易引发安全事故。

在确定夹紧力时，可将夹具和工件看成一个整体，将作用在工件上的切削力、夹紧力、重力和惯性力等，根据静力平衡原理列出静力平衡方程，即可求得理论夹紧力。为使夹紧可靠，应

再乘以安全系数 k,粗加工时取 $k=2.5\sim3$,精加工时取 $k=1.5\sim2$。

加工过程中切削力的作用点、方向和大小可能都在变化,估算夹紧力时应按最不利的情况考虑。

【例 4-2】 在图 4-28 所示刨平面工序中,G 为工件自重,F 为夹紧力,F_c、F_p 分别为主切削力和径向力,已知 $F_c=800\ \text{N}$,$F_p=200\ \text{N}$,$G=100\ \text{N}$,问需施加多大夹紧力才能保证此工序加工的正常进行?

解:根据静力平衡原理,作 O 点的力矩平衡,可列出作用在工件上所有作用力的静力矩平衡方程

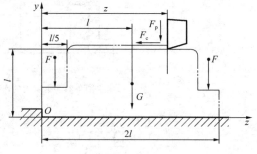

图 4-28 夹紧力计算

$$F_c \cdot z - \left[F \cdot \frac{l}{10} + G \cdot l + F\left(2l - \frac{l}{10}\right) + F_p \cdot z \right] = 0$$

从夹紧的可靠性考虑,在刀具切削到终点时,即 $z=l/5$ 时属于最不利情况。将有关条件代入上式,求得理论夹紧力 $F_{理}=330\ \text{N}$。取安全系数 $k=3$,求得实际夹紧力 $F_{实}=990\ \text{N}$。

夹具设计中,夹紧力大小并非在所有情况下都需要计算。在手动夹紧装置中,常根据经验或类比法确定所需的夹紧力。

4.3.3 典型夹紧机构

1. 斜楔夹紧机构

斜楔是夹紧机构中最基本的一种形式,它是利用斜面移动时所产生的力来夹紧工件的,常用于气动和液压夹具中。在手动夹紧中,楔块往往和其他机构联合使用。从作用原理分析,螺旋夹紧机构和偏心圆夹紧机构都是斜楔夹紧机构的变形,现以斜楔夹紧机构为例,来分析夹紧力及自锁条件。

图 4-29(a)所示为一钻床夹具,它用斜楔 1 移动产生的力夹紧工件 2。图 4-29(b)是 F_Q 作用在斜楔上的受力情况,在 F_Q 作用下,斜楔与工件接触的一面受到工件对它的反作用力 F_J(与斜楔对工件的作用力数值相同,方向相反)和摩擦力 F_1 的作用;斜楔与夹具体接触的一面受到夹具体对它的反作用力 F_{N2} 和摩擦力 F_2 的作用。将 F_J 与 F_1 合成为 F_{R1},F_{N2} 与 F_2 合成为 F_{R2},然后再将 F_{R2} 分解为水平分力 F_{Rx} 和垂直分力 F_{Ry}。根据静力平衡条件得

$$\begin{cases} F_1 + F_{Rx} = F_Q \\ F_{Ry} = F_J \end{cases}$$

式中 $F_1 = F_J \tan\varphi_1$,$F_{Rx} = F_{Ry}\tan(\alpha+\varphi_2)$

代入上式得

$$F_J = \frac{F_Q}{\tan\varphi_1 + \tan(\alpha+\varphi_2)} \tag{4-8}$$

式中　α——斜楔升角,(°);

φ_1——斜楔与工件间的摩擦角,(°),$\varphi_1 = \tan^{-1}f_1$,f_1 为斜楔与工件间摩擦系数;

φ_2——斜楔与夹具体间的摩擦角,(°),$\varphi_2 = \tan^{-1}f_2$,f_2 为斜楔与夹具体间摩擦系数。

夹紧机构一般都要求自锁,即在去除作用力 F_Q 后,夹紧机构仍能保持对工件的夹紧,不会松夹。图 4-29(c)是去除作用力 F_Q 后斜楔的受力情况。斜楔实现自锁的条件为 $F_1 > F_{Rx}$。

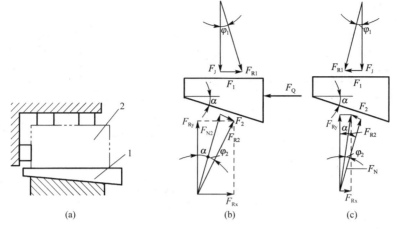

图 4-29　斜楔夹紧
1—斜楔；2—工件

由于

$$F_1 = F_J \tan \varphi_1, F_J = F_{Ry}$$

而

$$F_{Rx} = F_{Ry} \tan(\alpha - \varphi_2) = F_J \tan(\alpha - \varphi_2)$$

代入自锁条件得

$$F_J \tan \varphi_1 > F_J \tan(\alpha - \varphi_2)$$

即

$$\tan\varphi_1 > \tan(\alpha - \varphi_2)$$

因 α 和 φ_1、φ_2 都很小，故将上式化简即可求得斜楔夹紧机构实现自锁的条件为

$$\alpha < \varphi_1 + \varphi_2 \tag{4-9}$$

手动夹紧机构一般取 $\alpha = \varphi_1 = \varphi_2 \approx 6° \sim 8°$。

斜楔夹紧机构的缺点是夹紧行程小，手动操作不方便。斜楔夹紧机构常用在气动、液压夹紧装置中，此时斜楔夹紧机构不需要自锁，可取 $\alpha = 15° \sim 30°$。

2. 螺旋夹紧机构

采用螺旋装置直接夹紧或与其他元件组合实现夹紧的机构，统称为螺旋夹紧机构。螺旋夹紧机构结构简单，容易制造。由于螺旋升角小，螺旋夹紧机构的自锁性能好，夹紧力和夹紧行程都较大，在手动夹具上应用较多。螺旋夹紧机构可以看作绕在圆柱表面上的斜面，将它展开就相当于一个斜楔。

图 4-30（a）所示是一个最简单的螺旋夹紧机构，螺钉头部直接压紧工件表面。这种结构在使用时容易压坏工件表面，而且拧动螺钉时容易使工件产生转动，破坏原来的定位，一般应用较少；图 4-30（b）中螺杆 1 的头部通过活动压块 2 与工件表面接触，拧螺杆时，压块不随螺杆转动，故不会带动工件转动；用压块 2 压工件，由于承压面积大，不会压坏工件表面。采用衬套 3 可以提高夹紧机构的使用寿命，螺纹磨损后通过更换衬套 3，可迅速恢复螺旋夹紧功能。

图 4-31 所示为螺旋压板夹紧机构。图 4-31（a）中，拧动螺母 1 通过压板 4 压紧工件表面。采用螺旋压板组合夹紧时，由于被夹紧表面高度尺寸有误差，压板位置不可能一直保持水平；在螺母端面和压板之间设置球面垫圈 2 和锥面垫圈 3，可防止在压板倾斜时，螺栓不至于因受弯矩作用而损坏。图 4-31（b）所示螺旋压板夹紧机构通过锥面垫圈将夹紧力均匀地作用在薄

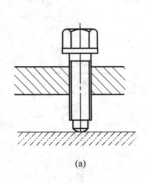
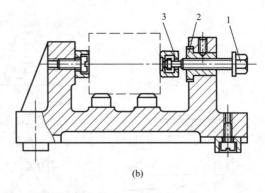

(a)   (b)

图 4-30　简单螺旋夹紧机构

1—螺杆；2—衬套；3—活动压块

壁工件上，可减少夹紧变形。

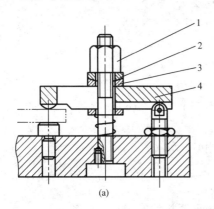
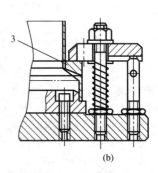

(a)   (b)

图 4-31　螺旋压板夹紧机构

1—螺母；2—球面垫圈；3—锥面垫圈；4—压板

3. 偏心夹紧机构

　　如图 4-32 所示为一偏心夹紧机构。偏心夹紧机构是斜楔夹紧机构的一种转化形式，它是通过偏心件直接夹紧工件或与其他元件组合夹紧工件的。常用的偏心件有圆偏心和曲线偏心，圆偏心夹紧机构具有结构简单，夹紧迅速等优点；但它的夹紧行程小，增力倍数小，自锁性能差，故一般只在被夹紧表面尺寸变动不大和切削过程振动较小的场合应用。铣削加工属于断续切削加工，振动较大，铣床夹具一般都不采用偏心夹紧机构。

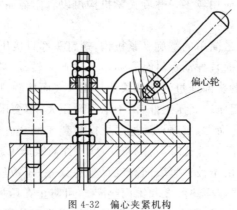

偏心轮

图 4-32　偏心夹紧机构

4. 定心夹紧机构

定心夹紧机构能够在实现定心作用的同时,又起着将工件夹紧的作用。定心夹紧机构中与工件定位基准相接触的元件,既是定位元件,又是夹紧元件。

(1)机械定心夹紧机构　图 4-33(a)所示机构利用偏心轮 2 推动卡爪 3、4 同时向里夹紧工件,实现定心夹紧;图 4-33(b)所示机构利用斜楔实现定心夹紧,中间传力机构推动锥体 5 向右移动,使三个卡爪 6 同时向外伸出,对工件内孔进行定心夹紧。

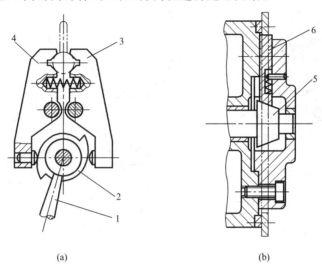

(a)　　　　　　　　　　　(b)

图 4-33　机械定心夹紧机构
1—手柄;2—偏心轮;3、4、6—卡爪;5—锥体

(2)弹性定心夹紧机构　图 4-34(a)所示机构为工件以外圆柱面定位的弹簧夹头,旋转螺母 4,其端面推动弹性筒夹 2 向左移动,锥套 3 内锥面迫使弹性筒夹 2 上的簧瓣向里收缩,将工件定心夹紧。图 4-34(b)所示机构为工件以内孔定位的弹簧心轴,旋转螺母 4 时,其端面推动锥套 3 迫使弹性筒夹 2 上的簧瓣向外张开,将工件定心夹紧。

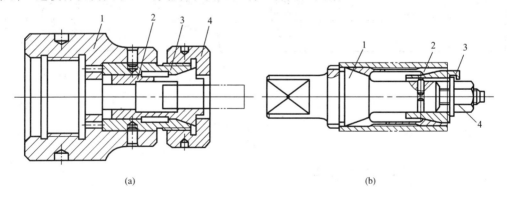

(a)　　　　　　　　　　　(b)

图 4-34　弹性定心夹紧机构
1—夹具本体;2—弹性筒夹;3—锥套;4—螺母

5. 铰链夹紧机构

铰链夹紧机构是一种增力装置,它具有增力倍数较大,摩擦损失较小的优点,广泛应用于气动夹具中。图 4-35 所示机构就是一个应用实例,压缩空气进入气缸后,气缸 1 经扩力机构铰链 2,推动压板 3、4 同时将工件夹紧。

6. 联动夹紧机构

联动夹紧机构是一种高效夹紧机构,它可通过一个操作手柄或一个动力装置,对一个工件的多个夹紧点实施夹紧,或同时夹紧若干个工件。图 4-35 所示的铰链夹紧机构是气动联动夹紧机构实例;图 4-36 是多件联动夹紧机构实例;图 4-37 是手动联动夹紧机构实例。

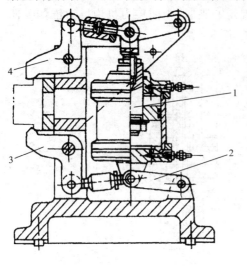

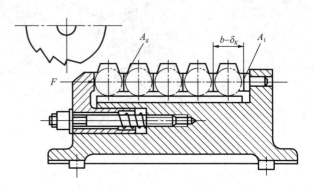

图 4-35 铰链夹紧机构

1—气缸;2—铰链;3、4—压板

图 4-36 多件联动夹紧机构

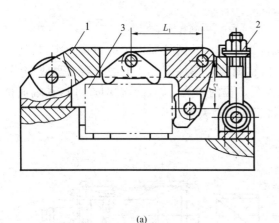

(a)

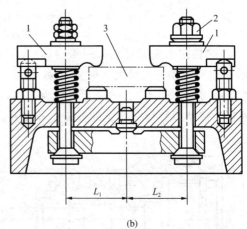

(b)

图 4-37 手动联动夹紧机构

1—压板;2—螺母;3—工件

4.3.4 夹紧的动力装置

在大批量生产中,为提高生产率,降低工人劳动强度,大多数夹具都采用机动夹紧装置。驱动方式有气动、液动、气液联合驱动,电(磁)驱动,真空吸附等多种形式。

1. 气动夹紧装置

气动夹紧装置是以压缩空气作为动力源推动夹紧机构夹紧工件。进入气缸的压缩空气压力为 $0.4 \sim 0.6$ MPa。

常用的气缸结构有活塞式和薄膜式两种。活塞式气缸按照气缸装夹方式分类有固定式、摆动式和回转式三种;按工作方式分类有单向作用和双向作用两种;应用最广泛的是双向作用固定式活塞式气缸,如图4-38所示。图中气缸的前盖1和后盖6用螺钉与气缸体2相连,活塞4在压缩空气推动下做往复运动;活塞杆3与中间传力装置相连或直接与夹紧元件相连;为防止气缸漏气,在活塞与缸壁间设有密封环5。图4-39所示为车床上使用的回转式气缸实例,夹具体8通过前过渡盘7装夹在车床主轴6的前端,气缸3通过后过渡盘4固定在车床主轴的末端;活塞2拽拉活塞杆5推动夹紧装置将工件夹紧;气缸3连同活塞2、活塞杆5与夹具体8将一同随车床主轴回转,而导气接头1则是固定不动的。图4-40是导气接头的结构图,配气轴1用螺母紧固在气缸的后盖上并与气缸一同随车床主轴回转;阀体2固定不动,接头3、4分别与气缸左、右两腔相连。

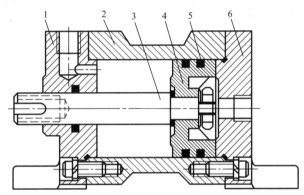

图4-38 双向作用固定式活塞式气缸
1—前盖;2—气缸体;3—活塞杆;4—活塞;5—密封环;6—后盖

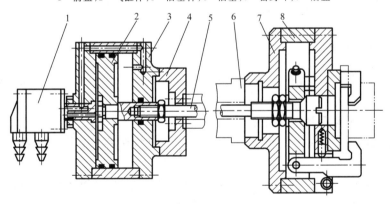

图4-39 回转式气缸及其应用
1—导气接头;2—活塞;3—气缸;4—后过渡盘;5—活塞杆;6—主轴;7—前过渡盘;8—夹具体

图4-41所示为单向作用的薄膜式气缸结构,橡皮膜2代替活塞将气室分为左、右两部分。当压缩空气由导气接头1输入左腔后,推动橡皮膜2和推杆5右移夹紧工件。当左腔由导气接头经分配阀放气时,弹簧6使推杆左移复位,松开工件。与活塞式气缸相比,薄膜式气缸具有密封性好,结构简单,寿命较长的优点,缺点是工作行程较短,夹紧力随行程变化而变化。

2. 液压夹紧装置

液压夹紧装置的结构和工作原理基本与气动夹紧装置相同,所不同的是它所用的工作介质是压力油,工作压力可达5~6.5 MPa。与气压夹紧装置相比,液压夹紧装置具有以下优点:

(1)传动力大,夹具结构总体尺寸相对比较小。

（2）油液不可压缩，夹紧可靠，工作平稳。

（3）噪声小。

它的不足之处是需要设置专门的液压系统，应用范围受限制。

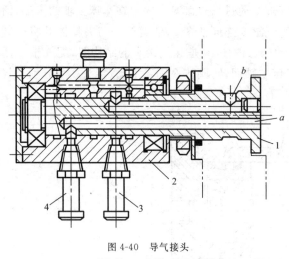

图 4-40　导气接头
1—配气轴；2—阀体；3、4—接头

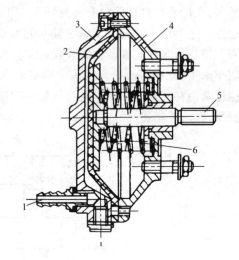

图 4-41　薄膜式气缸
1—导气接头；2—橡皮膜；3—左缸体
4—右缸体；5—推杆；6—弹簧

4.4　常用机床夹具

4.4.1　钻床夹具

钻床夹具的显著特点是设有引导钻头的钻套，钻套安装在钻模板上，习惯上将钻床夹具称为"钻模"。

1. 钻模的主要类型及其结构特点

根据工件上被加工孔的分布情况和工件的生产类型，钻模在结构上有固定式、回转式、翻转式和滑柱式等多种形式。

（1）固定式钻模　固定式钻模是指钻模的位置在使用过程中始终固定不动的钻模。图 4-42 所示为用于加工拨叉轴孔的固定式钻模。工件以底平面和外圆表面分别在夹具上的定位支承 1 和长 V 形块 2 上定位，限制 5 个自由度；采用快速螺旋夹紧机构推动可移 V 形压头 5 夹紧工件；钻头由安装在固定式钻模板 3 上的钻套 4 导向。

（2）回转式钻模　回转式钻模用于加工分布在同一圆周上的平行孔系或径向孔系。夹具设有分度装置。图 4-43 是用来加工扇形工件上三个等分径向孔的回转式钻模。工件以内孔、键槽和端面为定位基面，分别在夹具上的定位销轴 6、键 7 和圆支承板 3 上定位，限制 6 个自由度。由螺母 5 和开口垫片 4 夹紧工件。分度装置由分度盘 9、等分定位套 2、拔销 1 和锁紧手柄 11 组成，工件分度时，拧松锁紧手柄 11，拔出拔销 1，旋转分度盘 9 带动工件一起分度，当转至拔销对准下一个定位套时，将拔销插入，实现分度定位；然后再拧紧锁紧手柄 11，锁紧分度盘，即可加工工件上的另一个孔。

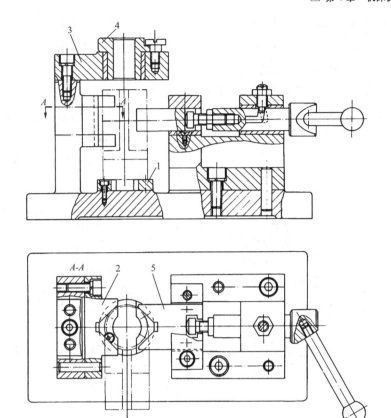

图 4-42　固定式钻模
1—定位支承；2—长 V 形块；3—钻模板；4—钻套；5—V 形压头

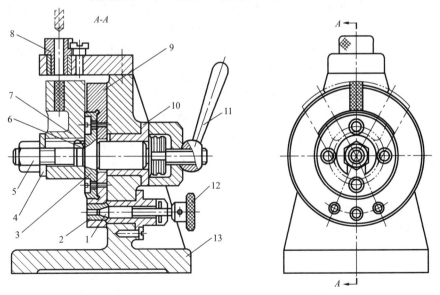

图 4-43　回转式钻模
1—拔销；2—等分定位套；3—圆支承板；4—开口垫片；5—螺母；6—定位销轴；7—键；8—钻套
9—分度盘；10—套筒；11—锁紧手柄；12—拉拔旋钮；13—夹具体

(3)翻转式钻模 翻转式钻模主要用于加工小型工件上几个不同方向的孔。如图 4-44 所示是钻锁紧螺母上径向孔的翻转式钻模。工件以内孔和端面在弹簧涨圈 3 和支承板 4 上定位,拧紧螺母 5,向左拉动倒锥螺栓 2,使弹簧涨圈 3 张开,将内孔涨紧,并使工件端面紧贴在支承板 4 上使工件夹紧。根据加工孔的位置在夹具的四个侧面分别装有钻套 1 用以导引钻头。在钻床工作台上翻转夹具,顺序钻削工件上四个径向孔。由于切削力小,钻模在钻床工作台上不用压紧,直接用手扶持即可方便地进行加工。翻转式钻模靠手工翻转,所以此类钻模连同工件的总质量不能太重,一般应在 80~100 N 以内。此种钻模操作方便,适于在中小批量生产中使用。

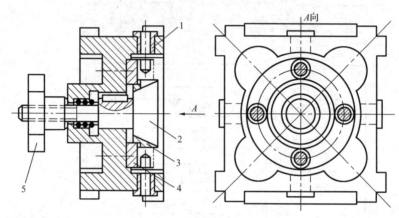

图 4-44 翻转式钻模

1—钻套;2—倒锥螺栓;3—弹簧涨圈;4—支承板;5—螺母

(4)滑柱式钻模 滑柱式钻模的钻模板可上下升降,其结构已规格化,如图 4-45(a)所示。使用时,通过转动手柄,使齿轮轴 1 上的斜齿轮带动齿条滑柱 2 和钻模板 3 上下升降,导向柱 7 起导向作用,保证钻模板位移的位置精度。为防止钻模板松动,该钻模设有自锁装置。齿轮轴 1 上的小齿轮为斜齿轮,滑柱上的齿条为斜齿条,其螺旋角均为 45°,齿轮轴 1 的前端制成正反向锥体,锥度为 1∶5,当钻模下降通过夹紧元件 4 压紧工件后,齿条滑柱再也不能往下降了;此时如果再继续转动手柄施力,便会使齿轮轴产生一轴向力,使轴端锥体 8 楔紧在夹具体的锥孔中;由于锥角小于两倍摩擦角,满足式(4-9)规定的自锁条件,故有自锁作用。加工完毕,转动手柄,由齿条滑柱 2 带动钻模板上升到一定高度,由于钻模板的自重作用,使齿轮轴 1 产生反向的轴向力,使齿轮轴 1 上锥体 9 楔紧在锥套环 6 的锥孔中,将钻模板锁在该高度位置上。

图 4-45(b)所示是一个加工拨叉轴孔的滑柱式钻模。工件分别以叉轴孔外圆、叉体平面和叉侧面在锥形定位块 9、两个可调支承 2 及挡销 3 上定位,限制工件的 6 个自由度。工件定位后,转动手柄,使钻模板 5 带动 4 个自位夹紧元件顶杆 4 下降夹紧工件。

除手动外,滑柱式钻模还可以采用其他动力装置,如气动、液压等。

滑柱式钻模具有结构简单、操作迅速方便、自锁可靠、结构通用化等优点,它被广泛应用于成批生产和大量生产中。

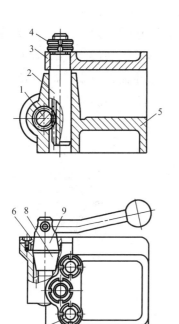
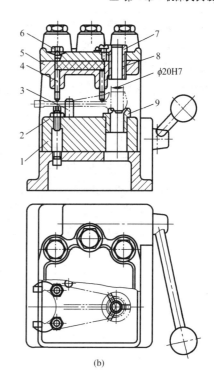

(a)　　　　　　　　　　　　　　(b)

图 4-45　滑柱式钻模

1—齿轮轴;2—齿条滑柱;3—钻模板;4—夹紧元件;5—模体;　　1—夹具体;2—可调支承;3—挡销;4—顶杆;5—钻模板;
6—锥套环;7—导向柱;8—轴端锥体;9—上锥体　　　　　　　　6—螺钉;7—钻套;8—衬套;9—锥形定位块

2. 钻模设计要点

(1)钻套　钻套用来确定钻头、铰刀等刀具的轴线位置。根据使用特点,钻套可分为固定式、可换式、快换式、特殊式等多种结构形式。

①固定钻套　固定钻套是直接被压装在钻模板上的,磨损后不易更换,图 4-46 所示所示为固定钻套的两种结构,图 4-46(a)所示是无肩的,图 4-46(b)所示是有肩的。当钻模板较薄时,为了保证钻套必需的引导长度,应采用有肩钻套,同时也可防止钻模板上的污物落入钻套孔。

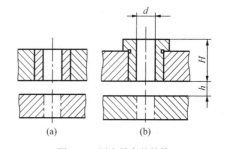

(a)　　　　　(b)

图 4-46　固定钻套的结构

导向部分高度尺寸 H 越大,刀具的导向性越好,但刀具与钻套的摩擦越大,一般取 $H=(1.0\sim2.5)d$,孔径小、精度要求较高时,H 取较大值。

钻套下端与工件间应留有适当距离 h,以便于排屑,但是,h 值太大又会降低对钻头的导向效果,影响加工精度。根据经验,加工钢件时,取 $h=(0.7\sim1.5)d$;加工铸铁件时,取 $h=(0.3\sim0.4)d$;大孔取较小的系数,小孔取较大的系数。

②可换钻套　在成批大量生产中,为便于更换钻套,采用可换钻套,其结构如图 4-47(a)所示。钻套 1 装在衬套 2 中,衬套 2 压入钻模 3 中,为防止钻套脱出或转动,用螺钉 4 紧固。

③快换钻套　在工件的一次装夹中,若顺序进行钻孔、扩孔、铰孔或攻螺纹等多个工步加工,需使用不同孔径的钻套来引导刀具,应使用快换钻套。其结构如图 4-47(b)所示,更换钻套时,只需沿逆时针方向转动钻套使削边平面转至螺钉位置,即可向上快速取出钻套。

上述三种钻套的结构和尺寸均已标准化,设计时可参阅有关国家标准。

④特殊钻套　在一些特殊场合,可根据具体要求自行设计钻套。图 4-48 所示为是几种特殊钻套的结构形式,图 4-48(a)所示结构用于在斜面上钻孔;图 4-48(b)所示结构用于钻孔表面离钻模板较远的场合;图 4-48(c)所示结构用于两孔孔距过小而无法分别采用钻套的场合。

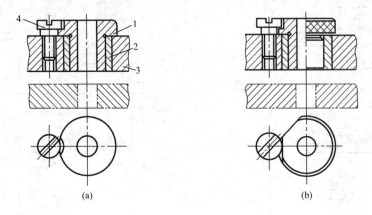

图 4-47　可换钻套与快换钻套的结构

1—钻套;2—衬套;3—钻模板;4—螺钉

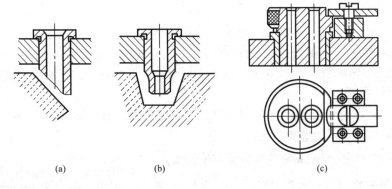

图 4-48　特殊钻套

(2)钻模板　常见的钻模板有固定式、铰链式、可卸式、悬挂式等四种结构形式。

①固定式钻模板　固定式钻模板与夹具体是固定联接的,可以与夹具体做成一体,也可以用螺钉将它与夹具体相连接,图 4-42 钻模所用钻模板就是固定式钻模板。采用这种钻模板钻孔,位置精度较高。

②铰链式钻模板　铰链式钻模板与夹具体通过铰链连接,图 4-49 所示钻模板 2 可绕铰链轴 1 翻转。装卸工件时,将钻模板往上翻;加工时将钻模板翻下,并用菱形夹紧螺钉 3 固紧。采用铰链式钻模板,工件可在夹具上方装入,装卸工件方便;但翻转钻模板费工费时,效率较低,钻套位置精度受铰链间隙的影响,钻孔位置精度不高;它主要用在生产规模不大、钻孔精度要求不高的场合。

③悬挂式钻模板　悬挂式钻模板是与机床主轴箱连接的,钻模板与夹具体的相对位置由两根滑柱定位确定。这种钻模板随机床主轴箱上下升降,不需另设机构操纵,同时可利用悬挂式钻模板下降动作夹紧工件。如图 4-50 所示为悬挂式钻模板。悬挂式钻模板通常在用多轴传动头加工平行孔系时采用,生产率高,适于在大批量生产中应用。

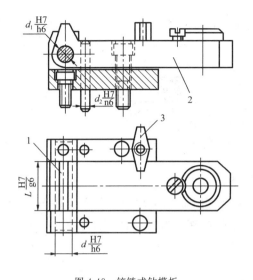

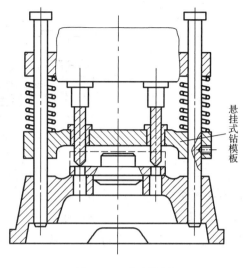

图 4-49 铰链式钻模板

1—铰链轴;2—钻模板;3—菱形夹紧螺钉

图 4-50 悬挂式钻模板

4.4.2 铣床夹具

铣削加工为断续切削,易产生振动,铣床夹具的受力元件要有足够的强度和刚度;夹紧机构所提供的夹紧力应足够大,且要求有较好的自锁性能。

对刀块和定位键是铣床夹具的特有元件。对刀块是用来确定铣刀相对夹具定位元件位置关系的;定位键则是用来确定夹具相对机床位置关系的。

图 4-51 所示是几种常见的对刀装置。图 4-51(a)是圆形对刀块,供圆柱铣刀、立铣刀对刀用;图 4-51(b)是直角对刀块或侧装对刀块,供盘状两面刃、三面刃铣刀对刀用。采用对刀装置对刀时,为防止损坏刀刃或对刀块过早磨损,刀具与对刀面一般都不直接接触,在对刀面移近刀具时,操作者在对刀面和铣刀之间塞入具有规定厚度的塞尺,凭抽动的松紧感觉来判断刀具的正确位置。

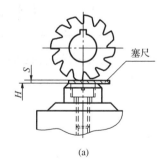

(a)

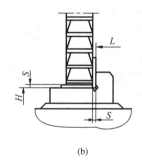

(b)

图 4-51 对刀装置

定位键安装在夹具体底面的纵向槽中,一个夹具一般要配置两个定位键。铣床夹具底座定位键与铣床工作台 T 形槽的配合连接如图 4-52 所示。

图 4-53 所示为加工分离叉内侧面所用铣床夹具,该图的右下角列出了铣分离叉内侧面工序的工序简图。工件以 $\phi25H9$ 孔定位支承在定位销 5 和顶锥 3 上,限制四个自由度;轴向则

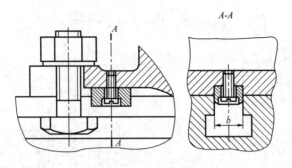

图 4-52　定位键连接图

由右端面靠在右支座上定位,限制一个自由度;叉脚背面靠在支承板 1 和 7 上限制一个自由度,实现完全定位。由螺母 8、螺钉 9 和压板 4 组成的螺旋压板机构将工件紧固在支承板 7 和 1 上。支承板 7 还兼做对刀块。夹具在铣床工作台上的定位,由装在夹具体底部的两个定位键 2 实现。

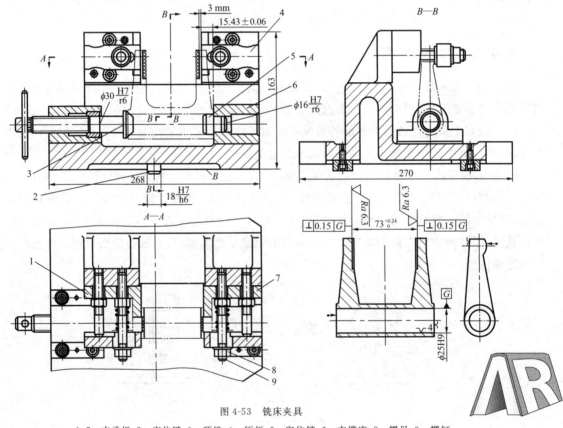

图 4-53　铣床夹具

1、7—支承板;2—定位键;3—顶锥;4—压板;5—定位销;6—支撑座;8—螺母;9—螺钉

4.4.3　车床夹具

车床夹具一般用于加工回转体零件,其主要特点是:夹具都装在机床主轴上,车削时夹具带动工件做旋转运动。由于主轴转速一般都较高,在设计这类夹具时,要注意解决由于夹具旋转带来的质量平衡问题和操作安全问题。

图 4-54 所示为加工汽车水泵壳所用的车床夹具。工件在支承板 1 和定位销 4 上定位,限制工件的五个自由度(绕工件轴线的回转自由度不需要限制),是不完全定位。装在车床尾部的气缸给气后,活塞杆拽中间拉杆(气缸、中间拉杆等均未在图中表示),中间拉杆往左拽拉杆 9,拉杆 9 带动浮动盘 2 向左运动,驱动三个卡爪 3 将工件压紧在支撑板 1 上。为保证三个卡爪 3 都能起到压紧工件的作用,浮动盘 2 被设计成浮动自位的结构。为保证质量平衡,在夹具体上安装了配重块(主视图左下角)。

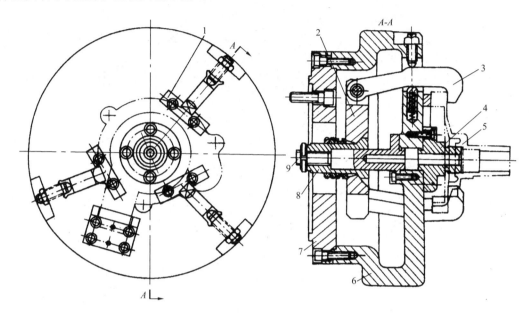

图 4-54　车床夹具

1—支承板;2—浮动盘;3—卡爪;4—定位销;5—工件;6—夹具体;7—过渡盘;8—拉杆套;9—拉杆

4.4.4　组合夹具

组合夹具是用一套预先制造好的标准元件和部件(图 4-55(a))组装而成的夹具。图 4-55(b) 所示为钻转向臂侧孔的组合夹具,工件以孔和端面在圆形定位销 6(限制四个自由度)、圆形定位盘 7 上定位共限制五个自由度,另一个自由度由菱形定位销 8 限制;工件用螺旋夹紧机构夹紧,夹紧机构由 U 形垫圈 18、槽用螺栓 12 和厚螺母 13 组成。快换钻套 9 用钻套螺钉 10 紧固在钻模板 5 上,钻模板用螺帽 14、槽用螺栓 12 紧固在长方形支承座 3 上。支承座 3 用螺钉紧固在长方形垫板 2 和长方形基础板 1 上。

组合夹具使用后,可以很方便地将它拆开,使用过的元件和部件经清洗后存库,待下次组装夹具时使用。组合夹具是机床夹具中标准化、系列化、通用化程度最高的一种夹具,其基本特点是:结构灵活多变,元件能长期重复使用,设计和组装周期短。

组合夹具的缺点是:体积较大,刚性较差,购置元件和部件一次性投资大。组合夹具适于在单件小批量生产中加工那些位置精度要求较高的工件,它常在新产品试制和完成临时突击任务中使用。

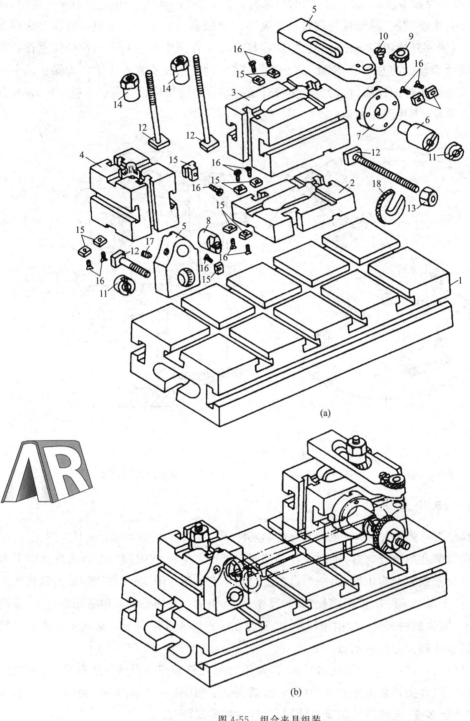

图 4-55　组合夹具组装
基础件:1—长方形基础板;
支承件:2—长方形垫板;3—长方形支承座;4—方形支承座;
定位件:6—圆形定位销;7—圆形定位盘;8—菱形定位销;
导向件:5—钻模板;9—快换钻套;
紧固件:10—钻套螺钉,11—圆螺母,12—槽用螺栓,13—厚螺母,14—螺帽;
　　　16—埋头螺钉,17—定位螺钉,18—U形垫圈;
连接元件:15—定位键;

4.5 机床夹具设计

4.5.1 机床夹具设计要求

夹具设计必须满足下列基本要求:

1.保证工件加工的各项技术要求

这是设计专用夹具的最基本要求,其关键是正确确定定位方案、夹紧方案、刀具的导向方式,合理制定夹具的技术要求。必要时要进行误差分析与计算。

2.生产率高,制造成本低

为提高生产率,应尽量采用多件夹紧、联动夹紧等高效夹具,但结构应尽量简单,造价要低廉。

3.尽量选用标准化零部件

尽量选用标准夹紧机构、标准夹具元件和标准件,这样可以缩短夹具设计制造周期,提高夹具设计质量和降低夹具制造成本。

4.夹具操作安全方便,工人劳动强度低

为便于操作,夹紧机构的操作手柄一般应放在右边或前面;为便于夹紧工件,操纵夹紧件的手柄或扳手在操作范围内应有足够的活动空间;为减轻工人的劳动强度,在条件允许的情况下,应尽量采用气动、液压等机械化夹紧装置。

5.夹具的结构工艺性好

所设计的夹具应便于制造、检验、装配、调整和维修。

4.5.2 机床夹具设计的步骤

1.明确设计要求,收集和研究有关资料

在接到夹具设计任务书后,首先要仔细阅读被加工工件的零件图和与之有关部件的装配图,了解零件的作用、结构特点和技术要求;其次,要认真研究零件的工艺规程,充分了解本工序的加工内容和加工要求,了解本工序使用的机床和刀具,研究分析夹具设计任务书上所选用的定位基准和工序尺寸。

2.确定夹具的结构方案

(1)确定定位方案,选择定位元件,计算定位误差。

(2)确定对刀或引导方式,选择对刀块或引导元件。

(3)确定夹紧方案。

(4)确定夹具其他组成部分的结构形式,例如分度装置,夹具和机床的连接元件等。

(5)确定夹具体的形式和夹具的总体结构。

在确定夹具结构方案的过程中,应提出几种不同的方案进行比较分析。最终根据夹具设计要求选取最为合理的方案。

3.绘制夹具的装配草图和装配图

夹具总图绘制比例除特殊情况外,一般均应按1∶1绘制,以保证良好的直观性。总图上的主视图,应尽量选取与操作者正对的位置。

绘制夹具装配图可按如下顺序进行:被加工工件视为透明体,用双点画线画出工件的外形轮廓、定位面和加工面；画出定位元件和导向元件；按夹紧状态画出夹紧装置；画出其他元件或机构；最后画出夹具体，把上述各组成部分联结成一体，形成完整的夹具；标注必要的尺寸、配合和技术要求；编零件号，填写标题栏和零件明细表。

4. 确定并标注有关尺寸、配合及技术要求

(1)夹具总装配图上应标注的尺寸

①夹具与刀具的联系尺寸 例如：对刀块与定位元件之间的位置尺寸及公差，钻套、镗套与定位元件之间的位置尺寸及公差等。

②夹具与机床连接部分的尺寸 对于铣床夹具是指定位键与铣床工作台 T 形槽的尺寸及公差；对于车、磨床夹具指的是夹具连接到机床主轴端的连接尺寸及公差。

③夹具内部的联系尺寸及关键件配合尺寸 例如：定位元件间的位置尺寸，定位元件与夹具体的配合尺寸等。

④夹具外形轮廓尺寸。

(2)确定夹具技术条件

与工序尺寸精度直接有关的下列各有关夹具元件之间的相互位置精度、应用位置公差符号在装配图上标出：

①定位元件之间的相互位置要求。

②定位元件与连接元件（夹具以连接元件与机床相连）或找正基面间的相互位置精度要求。

③对刀元件与连接元件（或找正基面）间的相互位置精度要求。

④定位元件与导向元件的相互位置精度要求。

5. 绘制夹具零件图

绘制装配图中的非标准零件的零件图，视图尽可能与装配图上的位置一致。

6. 编写夹具设计说明书

所有设计内容完成后，编写设计说明书。

4.5.3 机床夹具设计实例

1. 明确夹具设计任务

图 4-56(a)为一钻摇臂小头孔的工序简图，已知生产规模为成批生产，工件材料为 45 钢，毛坯为模锻件，所用机床为 Z525 型立式钻床，为该工序设计一专用钻床夹具。

2. 确定夹具的结构方案

(1)确定定位元件 根据工序简图规定的定位基准，这里选用定位销 2 和活动 V 形块 6 实现定位，如图 4-56(b)所示。定位孔与定位销的配合尺寸取 $\phi36\frac{H7}{g6}$（定位孔 $\phi36^{+0.026}_{0}$ mm，定位销 $\phi36^{-0.009\,5}_{-0.026\,5}$ mm）。对于工序尺寸 120±0.08 而言，定位基准与工序基准重合 $\Delta_{jb}=0$；由于定位副制造误差引起的定位误差 $\Delta_{dw}=0.026+0.017+0.009\,5=0.052\,5$ mm，它小于该工序尺寸制造公差的 1/3，从而证明上述定位方案可行。

(2)确定导向装置 本工序需依次对被加工孔进行钻、扩、粗铰、精铰等 4 个工步的加工，才能最终达到工序简图上规定的加工要求（$\phi18H7$），故选用快换钻套作钻头、扩孔钻和铰刀的导向元件，如图 4-56(c)所示。

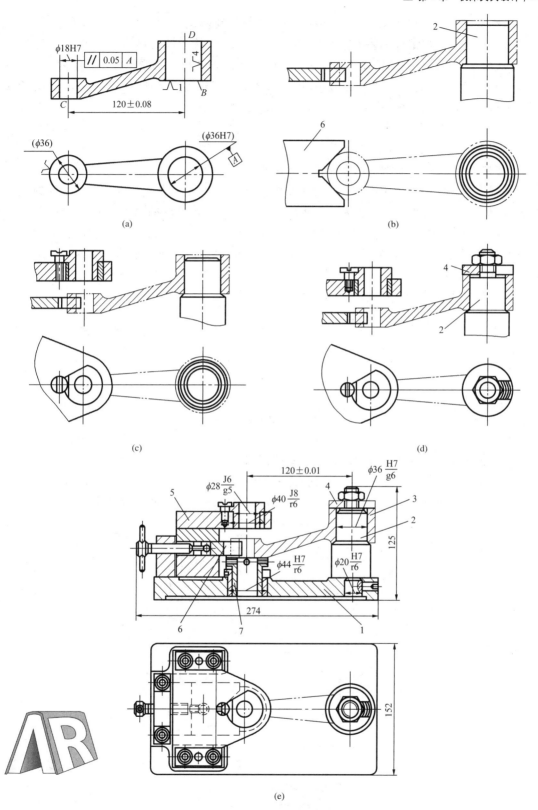

图 4-56 机床夹具设计实例
1—夹具体;2—定位销;3—工件;4—开口垫圈;5—钻模板;6—活动 V 形块;7—辅助支承

（3）确定夹紧机构　针对成批生产的需要，选用快速螺旋夹紧机构，如图 4-56(d)所示。装夹工件时，先将工件定位孔装入带有螺母的定位销 2 上，接着向右移动 V 形块使之与工件小头外圆相靠，实现定位；然后在工件与螺母之间插上开口垫圈 4，拧紧螺母压紧工件。

（4）确定其他装置　为提高工艺系统的刚度，在工件小头孔端面设置一辅助支承 7（图 4-56(e)）。设计夹具体，将上述各种装置组成一个整体。

3. 绘制夹具装配图

确定夹具各部分后，绘制夹具装配图，如图 4-56(e)所示。

4. 在夹具装配图上标注尺寸、配合及技术要求

（1）根据工序简图上规定的两孔中心距要求，确定钻套中心线与定位销中心线之间的尺寸取为 120±0.08 mm（其公差值取为零件相应尺寸 120±0.08 mm 的公差值的 1/5～1/2）；钻套中心线对定位销中心线的平行度公差取为 0.01 mm；

（2）活动 V 形块对称平面相对于钻套中心线与定位销中心线所决定的平面的对称度公差取为 0.05 mm；

（3）定位销中心线与夹具底面的垂直度公差取为 0.01 mm；

（4）参考《机床夹具设计手册》标注关键件的配合尺寸 $\phi28\dfrac{H6}{g5}$、$\phi40\dfrac{H7}{r6}$、$\phi44\dfrac{H7}{r6}$ 和 $\phi20\dfrac{H7}{r6}$。

思考与习题

4-1　机床夹具由哪几部分组成？各有哪些作用？

4-2　用试切法加工为什么不会有定位误差产生？

4-3　图 4-57 所示连杆在夹具中定位，定位元件分别为支承平面 1、短圆柱销 2 和固定短 V 形块 3。试分析图示定位方案合理性，如不合理，提出改进办法。

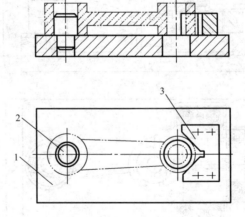

图 4-57　题 4-3 图

1—支承平面；2—短圆柱销；3—固定短 V 形块

4-4　试分析图 4-58 中各定位元件所限制的自由度情况。

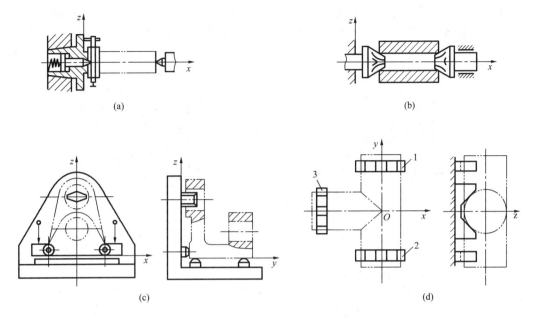

图 4-58　题 4-4 图

4-5　图 4-59(a)所示为工件铣键槽工序的加工要求,已知轴径尺寸 $\phi80_{-0.1}^{0}$ mm,试分别计算图 4-59(b)和 4-59(c)两种定位方案的定位误差。

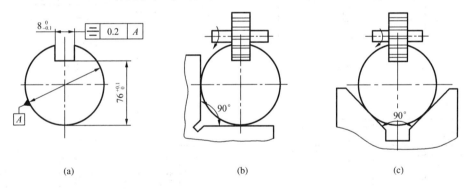

图 4-59　题 4-5 图

4-6　图 4-60 所示活塞以底面和止口定位(活塞的周向位置靠活动销拨正),镗活塞销孔,活塞销孔轴线相对于活塞轴线的对称度要求为 0.01 mm,已知止口与短销配合尺寸为 $\phi95\dfrac{\text{H7}}{\text{g6}}$,试计算此工序针对对称度要求的定位误差。

4-7　按图 4-61 所示定位方式铣轴平面,要求保证尺寸 A;已知轴径 $d=\phi16_{-0.11}^{0}$ mm,$B=10_{0}^{+0.3}$ mm,$\alpha=45°$,试求此工序的定位误差。

4-8　图 4-62 所示齿坯在 V 形块上定位插键槽,要求保证工序尺寸 $H=38.5_{0}^{+0.2}$ mm,已知 $d=\phi80_{-0.1}^{0}$ mm,$D=\phi35_{0}^{+0.025}$ mm,若不计内孔与外圆同轴度误差的影响,试求此工序的定位误差。

4-9　按图 4-63 所示方式定位加工孔 $\phi20_{0}^{+0.045}$ mm,要求孔对外圆同轴,同轴度公差为 $\phi0.03$ mm。已知 $d=\phi60_{-0.14}^{0}$ mm,$b=30\pm0.07$ mm,试分析计算此定位方案的定位误差。

4-10　已知切削力 F,若不计小轴 1、2 的摩擦损耗,试计算图 4-64 所示夹紧装置作用在斜楔左端的作用力 F_{Q}。

4-11 图 4-65 所示夹紧装置,已知 $D=50$ mm,$e=2.5$ mm,$d=8$ mm,$L=100$ mm,$L_1=L_2=75$ mm,设备有关表面的摩擦系数 μ 均为 0.15,$F_Q=80$ N,试求夹紧力 F_J。

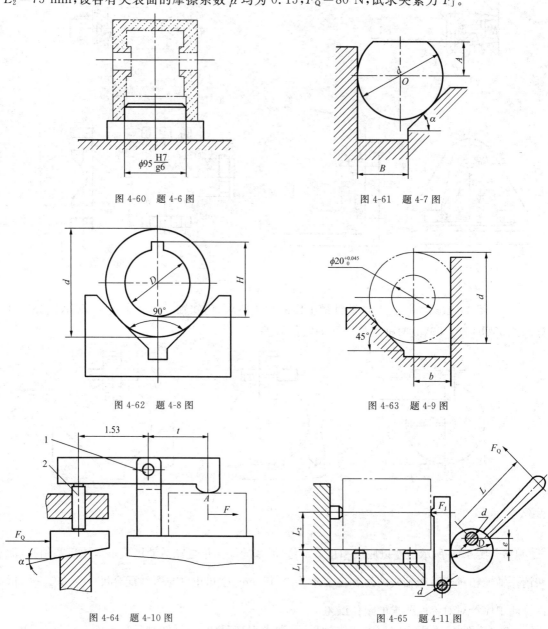

图 4-60 题 4-6 图

图 4-61 题 4-7 图

图 4-62 题 4-8 图

图 4-63 题 4-9 图

图 4-64 题 4-10 图

图 4-65 题 4-11 图

4-12 钻床夹具在机床上的位置是根据什么确定的?

第 5 章

工艺规程设计

浅谈机械制造工艺过程　工艺路线的拟定　尺寸链的计算

思政目标

机械加工工艺规程是机械加工过程所应遵守的技术性法律文件。常言道,"没有规矩不成方圆"。在机械制造过程中,先要确定生产过程所要遵循的"规矩",即技术法规。工艺规程设计其实就是设计机械加工工艺过程的技术性法律文件的具体内容,包含了工艺路线及工序顺序安排、工序尺寸确定与计算等。

案例导入

机械制造的任务是设计制造合格的机械产品。当已知一设计零件图后,就应安排加工方案用来指导生产。安排加工方案最重要的环节就是进行机械加工工艺规程设计,其主要内容为机械加工工艺路线拟定、工序顺序选定、工序尺寸及其公差的确定等。当然,这个过程中要充分考虑相关因素,如毛坯形式、余量大小、各种加工方法的经济精度、定位基准、工序尺寸之间的相互关系。设计机械加工工艺规程还要符合现有生产条件,具有较好的技术经济性。设计的工艺规程经审批后即成为所在企业的技术性法律文件,用来组织并指导生产。

5.1　概　述

5.1.1 机械加工工艺规程

1.机械加工工艺规程的概念

在具体生产条件下,把较合理的机械加工工艺过程的各项内容按规定的形式书写成的工艺文件,称为机械加工工艺规程。

2.机械加工工艺规程的作用

机械加工工艺规程是机械制造厂最主要的技术文件之一,决定了整个工厂和车间各组成部分之间在生产上的内在联系,其具体作用如下:

(1)机械加工工艺规程是指导生产的主要依据　按照机械加工工艺规程进行生产,可以保证产品质量和提高生产率。

（2）机械加工工艺规程是生产组织和管理工作的基本依据 在产品投产前可以根据机械加工工艺规程进行原材料和毛坯的供应；专用工艺装备的设计和制造；生产作业计划的编排；劳动力的组织以及生产成本的核算等。

（3）机械加工工艺规程是新建、扩建工厂或车间的基本资料 在新建或扩建工厂、车间时，根据产品零件的工艺规程及其他有关资料来正确地确定生产所需要的设备种类、规格和数量；算出车间所需面积和生产工人的工种、等级及数量；确定车间的平面布置和厂房基建的具体要求，从而提出筹建计划。

（4）先进的机械加工工艺规程还能起着交流和推广先进经验的作用。

3. 机械加工工艺规程的类型和格式

机械加工工艺规程主要包括机械加工工艺过程卡片、机械加工工艺卡片、机械加工工序卡片。

（1）机械加工工艺过程卡片 作为生产管理方面的文件，以工序为单位简要说明产品（或零部件）的加工过程。一般不用作直接指导工人操作。但在单件小批量生产中，常用这种卡片指导生产。机械加工工艺过程卡片格式见表 5-1。

（2）机械加工工艺卡片 以工序为单位详细说明产品（或零部件）整个工艺过程的文件。内容包括：零件的材料、质量、毛坯的制造方法、工序内容、工艺参数、操作要求及采用的设备和工艺装备等。它是用来指导工人生产和帮助车间管理人员、技术人员掌握整个零件加工过程的一种主要技术文件。广泛用于成批生产的零件和小批量生产的主要零件。机械加工工艺卡片格式见表 5-2。

（3）机械加工工序卡片 在工艺过程卡片或工艺卡片的基础上，按每道工序所编制的一种工艺文件。一般具有工序简图，并详细说明该工序的每个工步的加工内容、工艺参数、操作要求以及所用设备和工艺装备等。它是直接指导工人生产的一种工艺文件。多用于大批量生产的零件和成批生产中的重要零件。机械加工工序卡片格式见表 5-3。

表 5-1

机械加工工艺过程卡片

工 厂	机械加工工艺过程卡片		产品型号		零(部)件图号		共 页
			产品名称		零(部)件名称		第 页

材料牌号		毛坯种类		毛坯外形尺寸		每毛坯可制件数		每台件数		备注	

工序号	工序名称	工序内容		车间	工段	设备	工艺装备			工 时	
---	---	---	---	---	---	---	---	---	---	准终	单件

							编制(日期)		审核(日期)		会签(日期)

标记	处记	更改文件号	签字	日期		标记	处记	更改文件号	签字	日期	

表 5-2

机械加工工艺卡片

工　厂		机械加工工艺卡片		产品型号		零(部)件图号		共　页
				产品名称		零(部)件名称		第　页

材料牌号		毛坯种类		毛坯外形尺寸		每毛坯可制件数		每台件数		备注	

工序	装夹	工步	工序内容	同时加工零数件	切削用量				设备名称及编号	工艺装备名称及编号			技术等级	工时定额	
					切削深度(mm)	切削速度(m·min⁻¹)	每分钟转数或往复次数	进给量(mm 或 mm/双行程)		夹具	刀具	量具		单件	准终

					编制(日期)		审核(日期)		会签(日期)	
标记	处记	更改文件号	签字	日期	标记	处记	更改文件号	签字	日期	

表 5-3

机械加工工序卡片

工厂		机械加工工序卡片	产品型号		零(部)件图号		共 页
			产品名称		零(部)件名称		第 页

材料牌号	毛坯种类	毛坯外形尺寸	每毛坯可制件数		每台件数		备注

车间	工序号	工序名称	材料牌号

毛坯种类	毛坯外形尺寸	每坯件数	每坯件数

设备名称	设备型号	设备编号	同时加工件数

夹具编号	夹具名称		冷却液

工步号	工步内容	工艺装备	主轴转速 (r·min⁻¹)	切削速度 (m·min⁻¹)	走刀量 (mm·r⁻¹)	吃刀深度 (mm)	走刀次数	工步工时 (准终 / 单件)
			主轴转速 $(\text{r}\cdot\text{min}^{-1})$	切削速度 $(\text{m}\cdot\text{min}^{-1})$	走刀量 $(\text{mm}\cdot\text{r}^{-1})$	吃刀深度 (mm)		工时定额 (机动 / 辅助)

	编制(日期)	审核(日期)	会签(日期)

标记	处记	更改文件号	签字	日期	标记	处记	更改文件号	签字	日期

5.1.2 机械加工工艺规程的制定

1. 制定机械加工工艺规程的基本要求

制定机械加工工艺规程的基本要求包括以下几个方面：

①机械加工工艺规程应全面、可靠和稳定地保证达到设计上所要求的尺寸精度、形状精度、位置精度、表面质量和其他技术要求。

②机械加工工艺规程要在保证技术要求的前提下，以较少的工时来完成加工制造，提高生产率。

③机械加工工艺规程要在保证产品质量和完成生产任务的条件下，使生产成本最低。

④机械加工工艺规程应在充分利用本企业现有生产条件的基础上，尽可能采用国内外先进工艺技术和经验，并保证良好的劳动条件。

2. 制定机械加工工艺规程的原始资料

在制定机械加工工艺规程时，通常应具备下列原始资料：

①产品整套装配图和零件图；

②产品质量验收标准；

③产品的生产纲领和生产类型；

④现有生产条件，包括毛坯的生产条件；加工设备和工艺装备的规格及性能；工人的技术水平以及专用设备及工艺装备的制造能力；

⑤国内、外同类产品的有关工艺资料及必要的标准手册。

3. 制定机械加工工艺规程的步骤

制定零件机械加工工艺规程的主要步骤：

①分析零件图和产品装配图；

②确定毛坯类型和制造方法；

③拟定工艺路线；

④确定各工序的加工余量、计算工序尺寸及公差；

⑤确定各工序的设备、刀具、夹具、量具以及辅助工具；

⑥确定切削用量和工时定额；

⑦确定各主要工序的技术要求及检验方法；

⑧填写工艺文件。

5.2 零件的结构工艺性及毛坯选择

制定零件的机械加工工艺规程，首先要对零件进行工艺分析。以便从加工制造的角度出发分析零件图是否完整正确；技术要求是否恰当；零件结构的工艺性是否良好。必要时可以对产品图纸提出修改建议。

5.2.1 零件的结构工艺性分析

任何零件从形体上分析都是由一些基本表面和特殊表面组成的。基本表面有内、外圆柱表面、圆锥表面和平面等，特殊表面主要有螺旋面、渐开线齿形表面及其他一些成形表面。研究零件结构，首先要分析该零件是由哪些表面所组成，因为表面形状是选择加工方法的基本因素之一。例如,对外圆柱面一般采用车削和外圆磨削进行加工;而内圆柱面(孔)则多通过钻、扩、铰、镗、内圆磨削和拉削等方法获得。除了表面形状外,表面尺寸大小对工艺也有重要影响。例如,对直径很小的孔宜采用铰削加工,不宜采用磨削加工;深孔应采用深孔钻加工。它们在工艺上都有各自的特点。

分析零件结构时,不仅要注意零件各构成表面的形状、尺寸,还要注意这些表面的不同组合,正是这些不同的组合形成了零件结构上的特点。例如,以内、外圆柱面为主,既可以组成盘、环类零件,也可以构成套筒类零件,套筒类零件既可以是一般的轴套,也可以是形状复杂的薄壁套筒。显然上述不同结构特点的零件,在工艺上存在着较大的差异。机械制造中通常按照零件结构和工艺过程的相似性,将各种零件大致分为轴类零件、套类零件、盘环类零件、叉架类零件以及箱体等。

零件结构工艺性,是指所设计的零件在满足使用要求的前提下制造的可行性和经济性。许多功能、作用完全相同而结构工艺性不同的两个零件,它们的加工方法与制造成本往往差别很大。此外,在不同的生产条件下对零件结构的工艺性要求也不一样。

表 5-4 列出了零件机械加工工艺性比较的实例。

表 5-4 零件机械加工工艺性比较实例

序号	结构的工艺性不好	结构的工艺性好	说　明
1	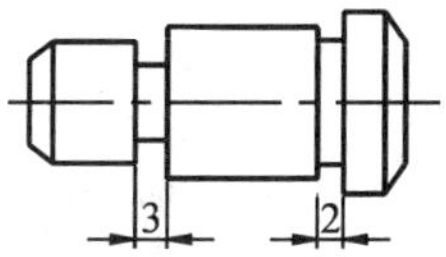	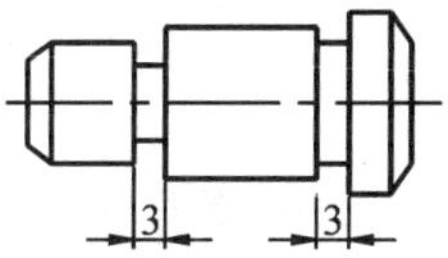	退刀槽尺寸相同,可减少刀具种类,减少换刀时间
2			三个凸台表面在同一平面上,可在一次进给中加工完成
3	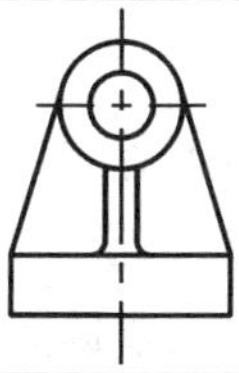	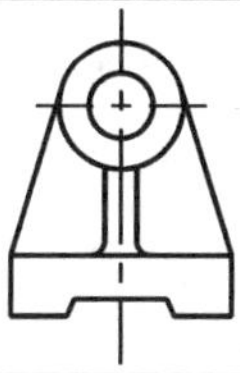	能保证良好接触
4	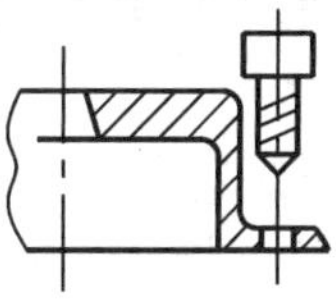	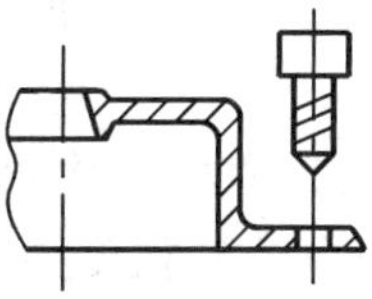	壁厚均匀,铸造时不容易产生缩孔和应力,小孔与壁距离适当,便于引进刀具
5	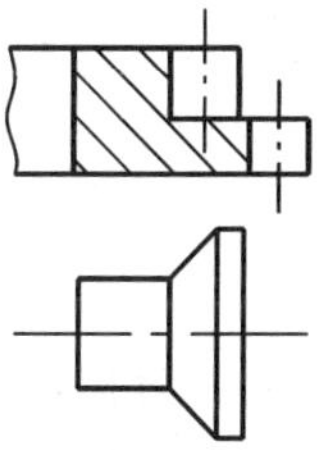	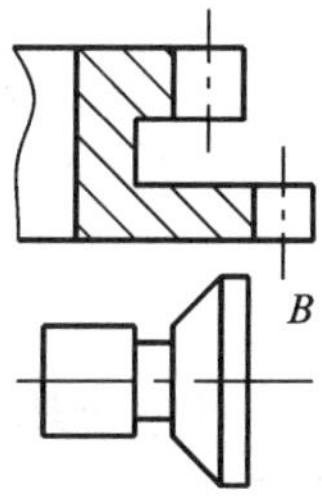	右图结构有退刀槽保证了加工的可能性,减少刀具的磨损

(续表)

序号	结构的工艺性不好	结构的工艺性好	说　明
6	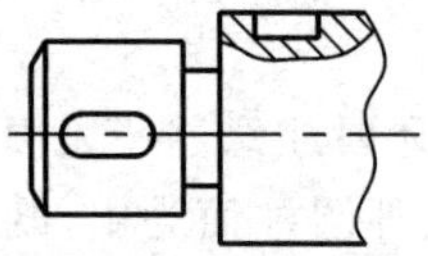	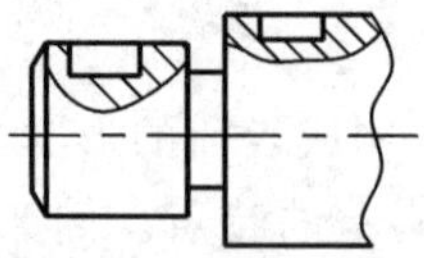	键槽的尺寸、方位相同,可在一次装夹中加工出全部键槽,提高生产率
7	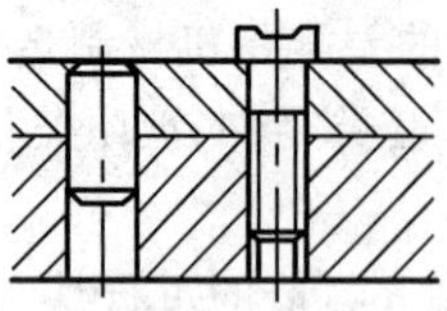	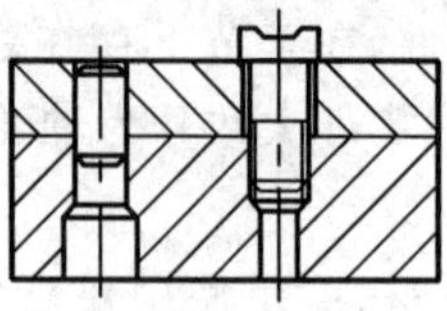	销孔太深,增加铰孔工作量。螺钉太长,没有必要
8	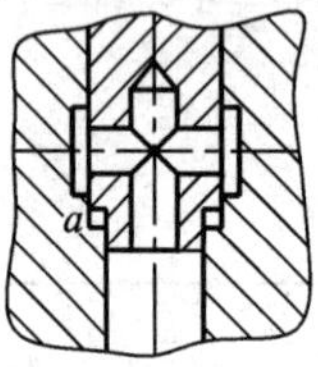	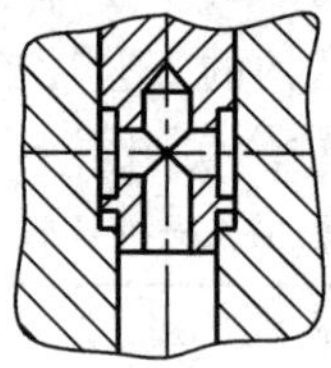	在左图结构中,内槽不便于加工和测量,宜将凹槽改成右图的形式

5.2.2　毛坯的选择

在制定工艺规程时,正确地选择毛坯种类有重要的技术经济意义。毛坯种类的选择,不仅影响着毛坯的制造工艺、设备及制造费用,而且对零件机械加工工艺、设备和工具的消耗以及工时定额也都有很大的影响。

1. 毛坯的种类及其选择

（1）毛坯的种类

机械加工常用的毛坯有:

①铸件　铸件毛坯的制造方法可分为砂型铸造、金属型铸造、精密铸造、压力铸造等,适用于各种形状复杂的零件。

②锻件　锻件可分为自由锻造锻件和模锻件。自由锻造锻件的加工余量大,锻件精度低,生产率不高,适用于单件和小批量生产以及大型锻件;模锻件的加工余量较少,锻件精度高,生产率高,适用于产量较大的中小型锻件。

③型材　型材有热轧和冷拉两种。热轧型材尺寸较大,精度较低,多用于一般零件的毛坯;冷拉型材尺寸小,精度较高,多用于制造毛坯精度要求较高的中小型零件,适用于自动机加工。

④焊接件　对于大型零件,焊接件简单方便,但焊接的零件变形较大,需要经过时效处理后才能进行机械加工。

（2）毛坯的选择

选择毛坯要综合考虑下列因素:

①零件材料的工艺性及对材料组织和力学性能的要求　例如,当材料具有良好的铸造性（如铸铁、铸青铜、铸铝等）时,应采用铸件作为毛坯。对于尺寸较大的钢件,当要求组织均匀、晶粒细小时,应采用锻件作为毛坯。对尺寸较小的零件,一般可直接采用各种型材和棒料作为毛坯。

②零件的结构形状和尺寸　例如,对阶梯轴,如果各台阶直径相差不大,可直接采用棒料作为毛坯,使毛坯准备工作简化。当阶梯轴各台阶直径相差较大,宜采用锻件作为毛坯,以节省材料和减少机械加工的工作量。对于大型零件,目前大多选择自由锻造和砂型铸造的毛坯,而中小型零件,根据不同情况则可选择模锻、精锻、熔模铸造、压力铸造等先进毛坯制造方法。

③生产类型　大批量生产时,宜采用精度高的毛坯,并采用生产率比较高的毛坯制造工艺,如模锻、压铸等。虽然用于毛坯制造的设备和工艺装备费用较高,但可以由降低材料消耗和减少机械加工费用予以补偿。单件小批量生产,可采用精度低的毛坯,如自由锻件和手工造型铸造的毛坯。

④现有生产条件　选择毛坯应考虑毛坯制造车间的工艺水平和设备状况,同时应考虑采用先进工艺制造毛坯的可行性和经济性。

2.毛坯形状与尺寸的确定

由于毛坯制造技术的限制,零件被加工表面的技术要求还不能从毛坯制造中直接得到,所以毛坯上某些表面需要留有一定的加工余量,通过机械加工达到零件的质量需求。毛坯尺寸与零件的设计尺寸之差称为毛坯余量或总加工余量。毛坯尺寸的制造公差称为毛坯公差。毛坯余量和公差的大小与毛坯的制造方法有关,可根据有关手册或资料确定。

毛坯的形状和尺寸不仅与毛坯余量大小有关,在某些情况下还要受工艺需要的影响。因此在确定毛坯形状时要注意以下问题:

①工艺凸台　为满足工艺的需要而在工件上增设的凸台称为工艺凸台,如图5-1所示,工艺凸台在零件加工后若影响零件的外观和使用性能时应予切除。

②一坯多件　为了毛坯制造方便和易于机械加工,可以将若干个小零件制成一个毛坯,如图5-2(b)所示,经加工后再切割成单个零件,如图5-2(a)所示。在确定毛坯的长度 L 时,应考虑切割零件所用锯片铣刀的厚度 B 和切割的零件数 n。

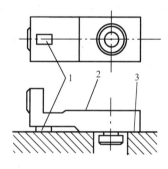

图 5-1　工艺凸台
1—工艺凸台;2—加工面;3—定位面

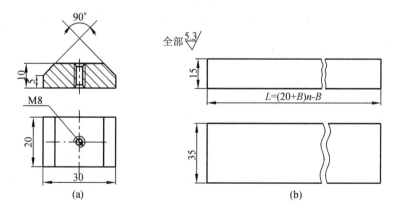

$$L=(20+B)n-B$$

图 5-2　滑键零件图及毛坯图

③组合毛坯　某些形状比较特殊的零件,单独加工比较困难,如图5-3所示车床进给系统中的开合螺母外壳。为了保证这些零件的加工质量并且加工方便,常将分离的零件组合成为

一个整体毛坯,加工到一定阶段后再切割分离。

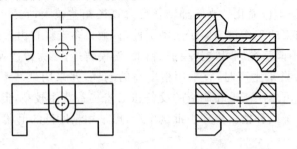

图 5-3 车床进给系统中开合螺母外壳

5.3 基准及其选择

在制定零件机械加工工艺规程时,定位基准选择的正确与否,对能否保证零件的尺寸精度和相互位置精度要求,以及对零件各个表面间的加工顺序安排都有很大影响。采用夹具装夹工件时,定位基准的选择还会影响到夹具的结构。因此,定位基准的选择是一个很重要的工艺问题。

5.3.1 基准的概念及其分类

基准是零件上用来确定其他点、线、面位置所依据的那些点、线、面。根据作用不同,可将基准做如下的分类:

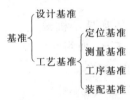

1. 设计基准

在零件图上用来确定其他点、线、面位置的基准,称为设计基准。如图 5-4(a)所示钻套零件,孔中心线是外圆径向圆跳动的设计基准,也是端面 B 圆跳动的设计基准,端面 A 是端面 B、C 的设计基准。

2. 工艺基准

零件在加工和装配过程中所使用的基准。按用途的不同可分为以下四种:

(1)定位基准 加工工件时用来定位的基准。用夹具装夹时,定位基准就是工件上直接与夹具的定位元件相接触的点、线、面。如图 5-4(a)所示车削零件时,A 面、左端大外圆轴线即是定位基准。

定位基准又可分为粗基准和精基准。粗基准是指没有经过机械加工的定位基准,而已经过机械加工的定位基准则为精基准。

(2)测量基准 用来检验已加工表面形状、尺寸及位置的基准,称为测量基准。如图 5-4(a)所示测量钻套零件外圆和内孔时,其中心线即为测量基准。

(3)工序基准 在工序简图上用来确定本工序加工表面加工后的尺寸、形状、位置的基准。

简言之,它是工序图上的基准。如图 5-4(b)为车削加工端面 B、C 和外圆 $\phi40h6$ 的工序图,A 面即是 B、C 面长度方向的工序基准;大外圆轴线即为径向基准。

工序基准有时不止一个,其数目取决于被加工表面的尺寸及位置要求。工序基准可以是表面要素,也可以是中心要素。

(4)装配基准 装配时用来确定零件在部件或成品中位置的基准,称为装配基准。如图 5-4 所示钻套零件上的 $\phi40h6$ 外圆柱面及端面 B,就是该钻套零件装在钻床夹具钻模板上孔中时的装配基准。

零件上的基准通常是零件表面具体存在的一些点、线、面,但也可以是一些假定的点、线、面,如孔或轴的中心线、槽的对称面等。这些假定的基准,必须由零件上某些相交的具体表面来体现,这样的表面称为基准面。如图 5-4 所示钻套零件的内孔中心线并不具体存在,而是由内孔圆柱面来体现的,故内孔中心线是基准,内孔圆柱面是基准面。

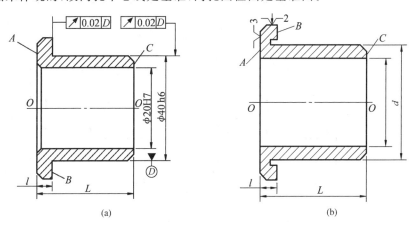

图 5-4 钻套零件及其车削工序简图

5.3.2 定位基准的选择

选择定位基准时,是从保证工件加工精度要求出发的,因此,定位基准的选择应先选择精基准,再选择粗基准。

1. 精基准的选择

选择精基准时,主要应考虑保证加工精度和工件安装方便、可靠。选择精基准的原则如下:

(1)基准重合原则 选择被加工表面的设计基准作为定位基准,以避免基准不重合引起的基准转移误差。如图 5-5(a)所示的零件,为了遵守基准重合原则,应选择加工表面 C 的设计基准 A 表面作为定位基准。按调整法加工该零件时,加工表面 C 对设计基准 A 的位置精度的保证,仅取决于本工序的加工误差。即在基准重合的条件下,只要 C 面相对 A 面的平行度误差不超过 0.02 mm,位置尺寸 b 的加工误差不超过设计误差 T_b 的范围就能保证加工精度,表面 B 的加工误差对表面 C 的加工精度不产生影响,如图 5-5(b)所示。但是,当表面 C 的设计基准为表面 B 时(图 5-5(c)),如果仍以表面 A 为定位基准按调整法加工就违背了基准重合原则,会产生基准不重合误差。因此尺寸 C 的加工误差不仅包括本工序所出现的加工误差 Δ,而且还包括由于基准不重合带来的设计基准(B 表面)和定位基准(A 表面)之间的尺寸误差,其大小为尺寸 a 的误差 T_a(图 5-5(d))。为了保证尺寸 C 的精度要求,应使 $\Delta + T_a \leqslant T_c$。可以看出,在 T_c 一定的条件下,由于基准不重合误差的存在,势必导致加工误差 Δ 容许值的减小,即提高了本工序的加工精度,增加了加工难度和成本。当然,就本例来讲,以设计基准(表面 B)作为定位基准,势必要增加夹具设计与制造的难度。故遵守基准重合原则,有利于保证加工表面获得较高的加工精度,但应用基准重合原则时,应注意具体条件。无法实现基准重合时,基准转移次数越少越好。

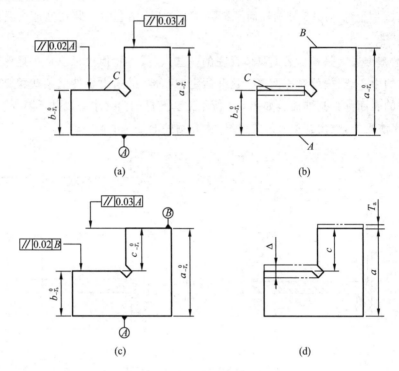

图 5-5 基准重合原则

定位过程中产生的基准不重合误差,是在用调整法加工一批工件时产生的。若用试切法加工,直接保证设计要求,则不存在基准不重合误差。

(2)基准统一原则 采用同一组基准来加工工件的多个表面。不仅可以避免因基准变化而引起的定位误差,而且在一次装夹中能加工较多的表面,既便于保证各个被加工表面的位置精度,又有利于提高生产率。例如加工轴类零件采用中心孔定位加工各外圆表面、齿轮加工中以其内孔及一端面为定位基准,均属基准统一原则。

(3)自为基准原则 以加工表面本身作为定位基准称为自为基准原则。有些精加工或是光整加工工序要求加工余量小而均匀,经常采用这一原则。遵循自为基准原则时,不能提高加工表面的位置精度,只是提高加工表面自身的尺寸、形状精度和表面质量。

(4)互为基准原则 当对工件上两个相互位置精度要求很高的表面进行加工时,需要用两个表面互相作为基准,反复进行加工,以保证位置精度要求。

2.粗基准的选择

选择粗基准时,主要要求保证各加工面有足够的余量,并尽快获得精基准面。在具体选择时应考虑下面原则:

(1)以不加工表面作粗基准 用不加工表面做粗基准,可以保证不加工表面与加工表面之间的相互位置关系。如图 5-6 所示的毛坯,铸造时孔和外圆表面 A 有偏心,选不加工的外圆表

面 A 为粗基准,从而保证孔 B 的壁厚均匀。若以需要加工的右端为粗基准,当毛坯右端中心线(O-O)与内孔中心线不重合时,将会导致内孔壁厚不均匀,如图中虚线所示。当工件上有多个不加工表面时,选择与加工表面之间相互位置精度要求较高的不加工表面为粗基准。

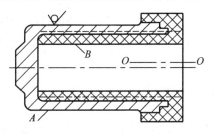

图 5-6 选择不加工表面为粗基准

(2)以重要表面、余量较小的表面作粗基准 此原则主要是考虑加工余量的合理分配。如图 5-7 所示的床身零件,要求导轨面应有较好的耐磨性,以保持其导向精度。由于铸造时的浇铸位置决定了导轨面处的金属组织均匀而致密,在机械加工中,为保留这一组织应使导轨面上的加工余量尽量小而均匀,因此应选择导轨面作为粗基准加工床脚,再以床脚作为精基准加工导轨面。如图 5-8 所示的阶梯轴,大小端余量不同且有偏心,加工时应选择余量较小的 $\phi 55$ mm 外圆为粗基准,否则,如果选 $\phi 108$ mm 外圆为粗基准加工 $\phi 55$ mm 外圆表面,当两个外圆有 3 mm 的偏心时,则加工后的 $\phi 50$ mm 外圆表面的一侧可能会因余量不足而残留部分毛坯表面,从而使工件报废。

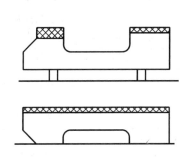

图 5-7 床身零件加工的粗基准选择

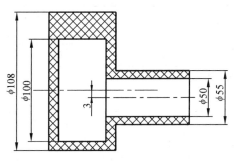

图 5-8 阶梯轴加工的粗基准选择

(3)粗基准应尽量避免重复使用 在同一尺寸上(同一自由度方向上)通常只允许使用一次,作为粗基准的毛坯表面一般都比较粗糙,如二次使用,定位误差较大。因此,粗基准应避免重复使用。如图 5-9 所示的心轴,如重复使用毛坯面 B 定位去加工 A 和 C,则会使 A 和 C 表面的轴线产生较大的同轴度误差。

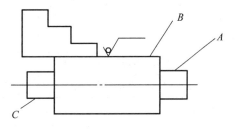

图 5-9 粗基准重复使用示例

(4)以质量较好、有一定面积的毛坯表面作粗基准 应尽量选择没有飞边、浇口或其他缺陷的平整表面作为粗基准,使工件定位稳定、夹紧可靠。

实际上,无论精基准还是粗基准的选择,上述原则都不一定能同时满足,有时还是互相矛盾的,因此,在选择时应根据具体情况做具体分析,权衡利弊,保证其主要要求。

5.4 机械加工工艺路线拟定

机械加工工艺路线的拟定是机械加工工艺规程制定过程中的关键阶段,其主要工作是选择零件表面的加工方法和安排各表面的加工顺序。设计时一般应提出几种方案,通过对比分析,从中选择、综合成最佳方案。

5.4.1 表面加工方法的选择

不同的加工表面所采用的加工方法不同,而同一加工表面,可能有许多加工方法可供选择。表面加工方法的选择应满足加工质量、生产率和经济性各方面的要求。一般要考虑以下问题:

1. 加工经济精度和经济表面粗糙度

所谓经济精度是指在正常条件下,采用符合质量标准的设备、工艺装备和标准技术等级的工人,不延长加工时间所能保证的加工精度。若延长加工时间,就会增加成本,虽然精度能提高,但不经济。经济表面粗糙度的概念类似于经济精度。经济精度和经济表面粗糙度均已制成表格,在有关机械加工的手册中可以查到。表 5-5,表 5-6 和表 5-7 分别摘录了外圆柱面、孔和平面等典型表面的加工方法及其经济精度和经济表面粗糙度(经济精度用公差等级表示)。选择加工方法常常根据经验或查表确定,再根据实际情况或通过工艺验证进行修改。

表 5-5　　　　　　　　　外圆柱面加工方法

序号	加工方法	经济精度(以公差等级表示)	经济表面粗糙度 Ra 值/μm	适用范围
1	粗车	IT11～IT13	12.5～50	适用于淬火钢外的各种金属
2	粗车-半精车	IT8～IT10	3.2～6.3	
3	粗车-半精车-精车	IT7～IT8	0.8～1.6	
4	粗车-半精车-精车-滚压	IT7～IT8	0.025～0.2	
5	粗车-半精车-磨削	IT7～IT8	0.4～0.8	主要用于淬火钢也可用于未淬火钢,但不宜加工有色金属
6	粗车-半精车-粗磨-精磨	IT6～IT7	0.1～0.4	
7	粗车-半精车-粗磨-精磨-超精加工	IT5	0.012～0.1	
8	粗车-半精车-精车-精细车	IT6～IT7	0.025～0.4	主要用于要求较高的有色金属加工
9	粗车-半精车-粗磨-精磨-超精磨	IT5 以上	0.006～0.025	用于极高精度的外圆加工
10	粗车-半精车-粗磨-精磨-研磨	IT5 以上	0.006～0.1	

表 5-6　　　　　　　　　孔加工方法

序号	加工方法	经济精度(以公差等级表示)	经济表面粗糙度 Ra 值/μm	适用范围
1	钻	IT11～IT13	12.5～50	加工未淬火钢及铸铁的实心毛坯,也可用于加工有色金属。孔径小于 15～20 mm
2	钻-铰	IT8～IT10	3.2～6.3	
3	钻-粗铰-精铰	IT7～IT8	0.8～1.6	

（续表）

序号	加工方法	经济精度（以公差等级表示）	经济表面粗糙度 Ra 值/μm	适用范围
4	钻-扩	IT10~IT11	6.3~12.5	加工未淬火钢及铸铁的实心毛坯，也可用于加工有色金属。孔径小于 15~20 mm
5	钻-扩-铰	IT8~IT9	1.6~3.2	
6	钻-扩-粗铰-精铰	IT7	0.2~0.8	
7	钻-扩-机铰-手铰	IT6~IT7	0.2~0.4	
8	钻-扩-拉	IT7~IT9	0.1~1.6	大批量生产（精度由拉刀的精度决定）
9	粗镗（或扩孔）	IT11~IT13	6.3~12.5	除淬火钢外的各种材料，毛坯有铸出孔或锻出孔
10	粗镗（粗扩）-半精镗（精扩）	IT9~IT10	1.6~3.2	
11	粗镗（粗扩）-半精镗（精扩）-精镗（铰）	IT7~IT8	0.8~1.6	
12	粗镗（粗扩）-半精镗（精扩）-精镗-浮动镗刀精镗	IT6~IT7	0.4~0.8	
13	粗镗（扩）-半精镗-磨孔	IT7~IT8	0.2~0.8	主要用于淬火钢，但不宜用于有色金属
14	粗镗（扩）-半精镗-粗磨-精磨	IT6~IT7	0.1~0.2	
15	粗镗-半精镗-精镗-精细镗	IT6~IT7	0.05~0.4	主要用于精度要求高的有色金属
16	钻（扩）-粗镗-精镗-珩磨；钻（扩）-拉-珩磨；粗镗（扩）-半精镗-粗磨-珩磨	IT6~IT7	0.025~0.2	精度要求很高的孔
17	以研磨代替上述方法中的珩磨	IT5~IT6	0.006~0.1	

表 5-7　　　　　　　　　　　　　　　　　　平面加工方法

序号	加工方法	经济精度（以公差等级表示）	经济表面粗糙度 Ra 值/μm	适用范围
1	粗车	IT11~IT13	12.5~50	端面
2	粗车-半精车	IT8~IT10	3.2~6.3	
3	粗车-半精车-精车	IT7~IT8	0.8~1.6	
4	粗车-半精车-磨削	IT6~IT8	0.2~0.8	
5	粗刨（或粗铣）	IT11~IT13	6.3~25	一般不淬硬平面（端铣表面粗糙度 Ra 较小）
6	粗刨（或粗铣）-精刨（或精铣）	IT8~IT10	1.6~6.3	
7	粗刨（或粗铣）-精刨（或精铣）-刮研	IT6~IT7	0.1~0.6	主要用于要求较高的有色金属加工
8	以宽刃精刨代替上述刮研	IT7	0.2~0.8	
9	粗刨（或粗铣）-精刨（或精铣）-磨削	IT7	0.2~0.8	精度要求高的淬硬平面或不淬硬平面
10	粗刨（或粗铣）-精刨（或精铣）-粗磨-精磨	IT6~IT7	0.025~0.4	
11	粗铣-拉	IT7~IT9	0.2~0.8	大量生产，较小的平面（精度视拉刀精度而定）
12	粗铣-精铣-磨削-研磨	IT5 以上	0.006~0.1（或 Ra0.05）	高精度平面

2. 工件材料的性质

各种加工方法对工件材料及其热处理状态有不同的适用性。淬火钢的精加工要采用磨削,有色金属的精加工为避免磨削时堵塞砂轮,则要用高速精细车或精细镗(金刚镗)。

3. 工件的形状和尺寸

工件的形状和加工表面的尺寸大小不同,采用的加工方法和加工方案往往不同。例如一般情况下,大孔常常采用粗镗-半精镗-精镗的方法,小孔常采用钻-扩-铰的方法。

4. 生产类型、生产率和经济性

各种加工方法的生产率有很大的差异,经济性也各不相同。如内孔键槽的加工方法可以选择拉削加工和插削加工,单件小批量生产主要适宜用插削加工,可以获得较好的经济性,而大批量生产中为了提高生产率大多采用拉削加工。

5. 加工表面的特殊要求

有些加工表面可能会有一些特殊要求,如表面切削纹路方向的要求。不同的加工方法纹路方向有所不同,铰削和镗削的纹路方向与拉削的纹路方向就不相同。选择加工方法时应考虑加工表面的特殊要求。

5.4.2 加工阶段的划分

当加工零件的质量要求比较高时,往往不可能在一两个工序中完成全部的加工工作,而必须分几个阶段来进行加工。一般说来,整个加工过程可分为粗加工、半精加工、精加工等几个阶段。加工精度和表面质量要求特别高时,还可以增设光整加工和超精加工阶段。加工过程中将粗、精加工分开进行,由粗到精使工件逐步加工到所要求的精度水平。

1. 各加工阶段的主要任务

各加工阶段的主要任务如下:

(1)粗加工阶段 这一阶段的主要任务是尽快从毛坯上去除大部分余量,关键问题是提高生产率。

(2)半精加工阶段 在粗加工阶段的基础上提高零件加工精度和表面质量,并留有合适的余量,为精加工做好准备工作。

(3)精加工阶段 从工件表面切除少量余量,达到工件设计要求的加工精度和表面粗糙度。

(4)光整加工阶段 对于零件尺寸精度和表面粗糙度要求很高的表面,还要安排光整加工阶段,这一阶段的主要任务是提高尺寸精度和减小表面粗糙度。

当毛坯余量较大,表面非常粗糙时,在粗加工阶段前还可以安排荒加工阶段。为能及时发现毛坯缺陷,减少运输量,荒加工阶段常在毛坯准备车间进行。

2. 划分加工阶段的作用

将工艺过程划分加工阶段有以下作用:

(1)保证加工质量 工件划分加工阶段后,因粗加工的加工余量很大,切削变形大,会出现较大的加工误差,通过半精加工和精加工逐步得到纠正,以保证加工质量。

(2)合理使用设备 划分加工阶段后,可以充分发挥粗、精加工设备的特点,避免以精干粗,做到合理使用设备。

(3)便于安排热处理工序 粗加工阶段前后,一般要安排去应力等预先热处理工序,精加工前则要安排淬火等最终热处理,最终热处理后工件的变形可以通过精加工工序予以消除。

划分加工阶段后,便于热处理工序的安排,使冷热工序配合更好。

(4)便于及时发现毛坯缺陷 毛坯的有些缺陷往往在加工后才暴露出来。粗精加工分开后,粗加工阶段就可以及时发现和处理毛坯缺陷。

同时精加工工序安排在最后,可以避免已加工好的表面在搬运和夹紧中受到损伤。

在大批量生产中,对复杂、精度要求高的零件的加工,一般需要划分加工阶段;而在单件、小批量生产中,一般不划分加工阶段;对于中批生产中,复杂、精度要求高的零件的加工,有明显的划分加工阶段趋向,但不严格。

划分加工阶段是对整个工艺过程而言的,以工件主要加工表面为主线进行划分,不应以个别表面和个别工序来判断。对于具体的工件,加工阶段的划分还应灵活掌握。对于加工质量要求不高,工件刚性好,毛坯精度高,余量较小的工件,就可少划分几个阶段或不划分加工阶段。

5.4.3 工序集中与工序分散

在确定了工件上各表面的加工方法以后,安排加工工序的时候可以采取两种不同的原则:工序集中和工序分散原则。工序集中就是将工件的加工集中在少数几道工序内完成,每道工序的加工内容较多。工序分散就是将工件的加工分散在较多的工序内进行,每道工序的加工内容很少,最少时每道工序仅有一个简单的工步。

1. 工序集中的特点

(1)可以采用高效机床和工艺装备,生产率高。

(2)工件装夹次数减少,易于保证表面间相互位置精度,还能减少工序间的运输量。

(3)工序数目少,可以减少机床数量、操作工人数和生产面积,还可以简化生产。

(4)如果采用结构复杂的专用设备及工艺装备,则投资巨大,调整和维修复杂,生产准备工作量大,转换新产品比较费时。

2. 工序分散的特点

(1)设备及工艺装备比较简单,调整和维修方便,易适应产品更换。

(2)可采用最合理的切削用量,减少基本时间。

(3)设备数量多,操作工人多,占用生产面积大。

在一般情况下,单件小批量生产多采用工序集中,不划分加工阶段;大批量生产则划分加工阶段,工序比较分散;中批生产工序集中和分散二者兼有;加工中心、数控机床加工多采用工序集中。实际生产中采用工序集中或工序分散,需根据具体情况,通过技术经济分析来确定。

5.4.4 加工顺序的安排

复杂零件的机械加工顺序包括切削加工、热处理和辅助工序,因此在拟定工艺路线时要将三者加以考虑。

1. 切削加工工序的安排

切削加工工序的安排,一般应遵循以下原则:

(1)基准先行 被选为精基准的表面,应安排在起始工序进行加工,以便尽快为后面工序的加工提供精基准。

(2)先粗后精 零件分阶段进行加工时一般应遵守"先粗后精"的加工顺序,即先进行粗加工,中间安排半精加工,最后安排精加工和光整加工。

（3）先主后次　零件的加工先考虑主要表面的加工，然后考虑次要表面的加工。次要表面可适当穿插在主要表面加工工序之间。所谓主要表面是指整个零件上加工精度要求高，表面粗糙度值要求小的装配表面、工作表面等。

（4）先面后孔　对于箱体、支架类零件，其主要加工面是孔和平面，一般先以孔作粗基准加工平面，然后以平面为精基准加工孔，以保证平面和孔的位置精度要求。

2. 热处理工序的安排

为了使零件具有较好的切削性能而进行的预先热处理工序，如时效、正火、退火等热处理工序，应安排在粗加工之前。对于精度要求较高的零件有时在粗加工之后，甚至半精加工后还安排一次时效处理。为了提高零件的综合性能而进行的热处理，如调质，应安排在粗加工之后半精加工之前进行，对于一些没有特别要求的零件，调质也常作为最终热处理。为了得到高硬度、高耐磨性的表面而进行的渗碳、淬火等工序，一般应安排在半精加工之后，精加工之前。对于整体淬火的零件，则应在淬火之前，尽量将所有需用金属刀具加工的表面都加工完，经淬火后，一般只能进行磨削加工。为了提高零件硬度、耐磨性、疲劳强度和抗腐蚀性而进行的渗氮处理，由于渗氮层较薄，引起工件的变形极小，故应尽量靠后安排，一般安排在精加工或光整加工之前。

5.4.5　辅助工序的安排

辅助工序包括工件的检验、校直、动平衡、探伤、去毛刺、清洗和防锈等，其中检验工序是主要的辅助工序，它对保证产品质量有极重要的作用，检验工序应安排在：

①粗加工结束后。

②重要工序前后。

③转移车间前后。

④全部加工工序完成后。

5.5　加工余量及工序尺寸

5.5.1　加工余量的概念

加工余量是指加工过程中从加工表面切去的金属表面层厚度。加工余量可分为工序加工余量和加工总余量。

1. 工序加工余量

工序加工余量是相邻两工序的工序尺寸之差，即在一道工序中从某一加工表面切除的材料层的厚度。

对于图 5-10 所示的单边加工表面，其单边加工余量为

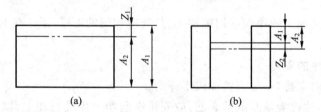

图 5-10　单边加工余量

$$Z_1 = A_1 - A_2 \quad Z_2 = A_2 - A_1 \qquad (5-1)$$

式中　A_1——上道工序的工序尺寸；

A_2——本道工序的工序尺寸。

对于对称表面,如轴和孔的圆柱表面,其加工余量是对称分布的,是双边余量,如图 5-11 所示。

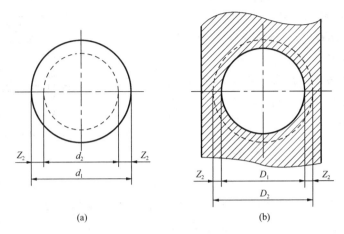

(a)   (b)

图 5-11　双边加工余量

对于轴有

$$2Z_2 = d_1 - d_2 \tag{5-2}$$

对于孔有

$$2Z_2 = D_2 - D_1 \tag{5-3}$$

式中　$2Z_2$——直径上的加工余量;

　　　D_1;d_1——上道工序的工序尺寸(直径);

　　　D_2;d_2——本道工序的工序尺寸(直径)。

2. 加工总余量

加工总余量是毛坯尺寸与零件图的设计尺寸之差,也称毛坯余量。它等于同一个加工表面各道工序的余量之和。

如图 5-12 是轴和孔的毛坯余量及各工序余量的分布情况。图中还给出了各工序尺寸及其公差、毛坯尺寸及其公差。工序尺寸的公差分布按"入体原则",即对于被包容面(轴),基本尺寸为最大工序尺寸;对于包容面(孔),基本尺寸为最小工序尺寸。毛坯尺寸的公差一般采用双向标注,即毛坯尺寸的上偏差为正,下偏差为负。

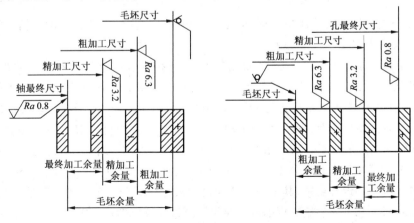

图 5-12　工序余量和毛坯余量

3.基本余量、最大余量、最小余量

由于毛坯尺寸和工序尺寸都有制造公差,总余量和工序余量都是变动的。因此,加工余量有基本余量(公称余量)、最大余量、最小余量3种情况。

如图5-13所示的被包容面表面加工,基本余量是上道工序和本道工序基本尺寸之差;最小余量是上道工序最小工序尺寸和本道工序最大工序尺寸之差;最大余量是上道工序最大工序尺寸和本道工序最小工序尺寸之差。对于包容面则相反。

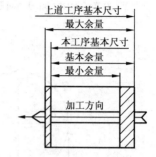

图 5-13 基本余量、最大余量、最小余量

5.5.2 确定加工余量的方法

1.经验估计法

根据工艺人员和工人的长期实际生产经验,采用类比法来估计确定加工余量的大小。此法简单易行,但有时被经验所限,为防止余量不够产生废品,估计的余量一般偏大,多用于单件小批量生产。

2.分析计算法

以一定的实验资料和计算公式为依据,对影响加工余量的诸多因素进行逐项的分析和计算来确定加工余量的大小。该法所确定的加工余量经济合理,但要有可靠的实验数据和资料,计算比较复杂,仅在贵重材料及大批量生产中采用。

3.查表修正法

以有关工艺手册和资料推荐的加工余量为基础,结合实际加工情况进行修正以确定加工余量的大小,此法应用较广。查表时应注意表中数值是单边余量还是双边余量。

5.5.3 工序尺寸及其确定

某工序加工应达到的尺寸称为工序尺寸。正确确定工序尺寸及其公差是制定零件工艺规程的重要工作之一。工序尺寸及公差的大小不仅受加工余量大小的影响,而且与工序基准的选择有密切关系。一般情况下,如外圆柱面和内孔加工,同一表面往往经过多次加工才能达到精度要求,这时工序基准与设计基准重合,可以采用"倒推法"确定工序尺寸及其公差。先采用查表法确定零件各工序的基本余量,由最后一道工序开始向前推算,按基本余量计算各工序尺寸。工序尺寸公差可从有关手册中查得,即按所采用加工方法的经济精度确定精度等级,以工序尺寸为基本尺寸查得工序尺寸公差。

计算时应注意,对于某些型材毛坯(如轧制棒料)应按计算结果从材料的尺寸规格中选择一个相等或相近尺寸为毛坯尺寸。在毛坯尺寸确定后应重新修正粗加工(第一道工序)的工序加工余量,精加工工序加工余量应进行验算,以确保精加工加工余量不至于过大或过小。

【例 5-1】 加工外圆柱面,设计尺寸为 $\phi 40^{+0.050}_{+0.034}$ mm,表面粗糙度 $Ra < 0.4$ μm。加工的工艺路线为:粗车→半精车→磨外圆。用查表法确定毛坯尺寸、各工序尺寸及其公差。

先从有关资料或手册中查取各工序的基本余量及工序尺寸(表 5-8)。最后一道工序的加工精度应达到外圆柱面的设计要求,其工序尺寸为设计尺寸。其余各工序的工序基本尺寸为相邻后续工序的基本尺寸加上该后续工序的基本余量。经过计算得到各工序的工序尺寸见表 5-8。

表 5-8 加工 $\phi40^{+0.050}_{+0.034}$ mm 外圆柱面的工序尺寸计算 mm

工序	工序基本余量	工序尺寸公差	工序尺寸	工序尺寸及其公差
磨外圆	0.6	0.016(IT6)	$\phi40$	$\phi40^{+0.050}_{+0.034}$
半精车	1.4	0.062(IT9)	$\phi40.6$	$\phi40.6^{\ 0}_{-0.062}$
粗车	3	0.25(IT12)	$\phi42$	$\phi42^{\ 0}_{-0.25}$
毛坯	5(总余量)	4(±2)	$\phi45$	$\phi45\pm2$

验算磨削余量：

直径上最小余量：$40.6-0.062-(40+0.050)=0.488$ mm

直径上最大余量：$40.6-(40+0.034)=0.566$ mm

验算结果表明，磨削余量是合适的。

当工艺基准与设计基准不重合时，工序尺寸及其公差的确定要运用工艺尺寸链理论。

5.6 工艺尺寸链

1. 工艺尺寸链的概念

根据加工的需要，在工艺附图或工艺规程中所给出的尺寸称为工艺尺寸。它可以是零件的实际尺寸，也可以是设计图上没有而检验时需要的测量尺寸，或工艺规程中的工艺尺寸等。当工艺基准和设计基准不重合时，要将设计尺寸换算成工艺尺寸就需要用工艺尺寸链进行计算。

(1)工艺尺寸链：在零件的加工过程中，被加工表面以及各表面之间的尺寸都在不断地变化，这种变化无论是在一道工序内，还是在各工序之间都有一定的内在联系。

如图 5-14(a)所示零件，平面 1、2 已加工，要加工平面 3，平面 3 的位置尺寸为 A_2，其设计基准为平面 2。当选择平面 1 为定位基准，这就出现了设计基准与定位基准不重合的情况。在采用调整法加工时，工艺人员需要在工序图 5-14(b)上标注工序尺寸 A_3，供对刀和检验时使用，以便直接控制工序尺寸 A_3，间接保证零件的设计尺寸 A_2。尺寸 A_1，A_2，A_3 首尾相连构成一封闭的尺寸组合。在机械制造中称这种相互联系且按一定工艺顺序排列的封闭尺寸组合为尺寸链，如图 5-14(c)所示。由工艺尺寸所组成的尺寸链称为工艺尺寸链。工艺尺寸链的主要特征是封闭性，即组成尺寸链的有关尺寸按一定工艺顺序首尾相连构成封闭图形，没有开口。

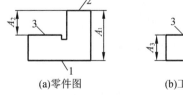

(a)零件图 (b)工序图 (c)工艺尺寸链图

图 5-14 工艺尺寸链

(2)工艺尺寸链的组成：组成工艺尺寸链的每一个尺寸称为工艺尺寸链的环。如图 5-14(c)所示尺寸链有 3 个环。

在加工过程当中直接保证的尺寸称为组成环。用 A_i 表示，如图 5-14 中的 A_1，A_3。

在加工过程中间接得到、最后得到的尺寸称为封闭环，用 A_Σ 表示。图 5-14(c)中的 A_2。

由于工艺尺寸链是由一个封闭环和若干个组成环构成的封闭图形，故尺寸链中组成环的尺寸变化必然引起封闭环的尺寸变化。当某组成环增大时(其他组成环保持不变),封闭环也随之增大,该组成环称为增环,以 $\vec{A_i}$ 表示,如图 5-14(c)中的 A_1。当某组成环增大时(其他组成环保持不变)封闭环反而减小,该组成环称为减环以 $\overleftarrow{A_i}$ 表示,如图 5-14(c)中的 A_3。

为了迅速确定工艺尺寸链中各组成环的性质,可先在尺寸链图上平行于封闭环,沿任意方向画一箭头,然后沿此箭头方向环绕工艺尺寸链,平行于每一个组成环依次画出箭头,箭头指向与环绕方向相同,如图 5-14(c)所示。箭头指向与封闭环箭头指向相反的组成环为增环(如图中 A_1),相同为减环(如图中 A_3)。

应着重指出:正确判断尺寸链的封闭环是解工艺尺寸链最关键的一步。如果封闭环判断错了,整个工艺链的计算也就错了。因此,在确定封闭环时,要根据零件的加工工艺顺序紧紧抓住间接得到、最后得到的尺寸这一要点。

2. 工艺尺寸链的计算公式

计算工艺尺寸链的目的是要求出工艺尺寸链中某些环的基本尺寸及其上、下偏差。计算方法有极值法和概率法两种。用极值法解工艺尺寸链,是以考虑尺寸链中各环的最大、最小极限尺寸的分布情况为基础进行计算的,因此满足工艺尺寸的任何情况,故极值法解工艺尺寸链得到了广泛应用。但在大批量生产中,正常工艺条件下,工艺尺寸的分布多满足正态分布规律,即分布在中间尺寸的较多,而分布在极大、极小尺寸的很少,用极值法计算将会导致组成环的公差值较小,提高加工成本,此时应采用概率法解工艺尺寸链。本处主要介绍极值法计算工艺尺寸链。

(1)用极值法计算工艺尺寸链的基本公式

表 5-9 列出了用极值法计算工艺尺寸链用到的尺寸及偏差(或公差)符号。

①基本尺寸 封闭环的基本尺寸 A_Σ 等于所有增环的基本尺寸 $\vec{A_i}$ 之和减去所有减环的基本尺寸 $\overleftarrow{A_i}$ 之和,即

$$A_\Sigma = \sum_{i=1}^{m} \vec{A_i} - \sum_{i=m+1}^{n-1} \overleftarrow{A_i} \tag{5-4}$$

式中 m——增环的环数;

n——尺寸链的总环数。

表 5-9 极值法计算工艺尺寸链的尺寸及偏差符号

	符号名称						
	基本尺寸	最大尺寸	最小尺寸	上偏差	下偏差	公差	平均尺寸
封闭环	A_Σ	$A_{\Sigma max}$	$A_{\Sigma min}$	ESA_Σ	EIA_Σ	T_Σ	$A_{\Sigma m}$
增 环	$\vec{A_i}$	$\vec{A}_{imax}$	$\vec{A}_{imin}$	$ES\vec{A_i}$	$EI\vec{A_i}$	$\vec{T_i}$	$\vec{A}_{im}$
减 环	$\overleftarrow{A_i}$	$\overleftarrow{A}_{imax}$	$\overleftarrow{A}_{imin}$	$ES\overleftarrow{A_i}$	$EI\overleftarrow{A_i}$	$\overleftarrow{T_i}$	$\overleftarrow{A}_{im}$

②极限尺寸 封闭环最大极限尺寸 $A_{\Sigma max}$ 等于所有增环的最大极限尺寸 $\vec{A}_{imax}$ 之和减去所有减环的最小极限尺寸 $\overleftarrow{A}_{imin}$ 之和,即

$$A_{\Sigma max} = \sum_{i=1}^{m} \vec{A}_{imax} - \sum_{i=m+1}^{n-1} \overleftarrow{A}_{imin} \tag{5-5}$$

封闭环最小极限尺寸 $A_{\Sigma min}$ 等于所有增环的最小极限尺寸 $\vec{A}_{imin}$ 之和减去所有减环的最大极限尺寸 $\overleftarrow{A}_{imax}$ 之和,即

$$A_{\Sigma min} = \sum_{i=1}^{m} \vec{A}_{imin} - \sum_{i=m+1}^{n-1} \overleftarrow{A}_{imax} \tag{5-6}$$

③上、下偏差 封闭环的上偏差 ESA_Σ 等于所有增环的上偏差 $ES\vec{A_i}$ 之和减去所有减环

的下偏差 $\mathrm{EI}\overleftarrow{A_i}$ 之和,即

$$\mathrm{ESA}_\Sigma = \sum_{i=1}^{m} \mathrm{ES}\overrightarrow{A_i} - \sum_{i=m+1}^{n-1} \mathrm{EI}\overleftarrow{A_i} \tag{5-7}$$

封闭环的下偏差 EIA_Σ 等于所有增环的下偏差 $\mathrm{EI}\overrightarrow{A_i}$ 之和减去所有减环的上偏差 $\mathrm{ES}\overleftarrow{A_i}$ 之和,即

$$\mathrm{EIA}_\Sigma = \sum_{i=1}^{m} \mathrm{EI}\overrightarrow{A_i} - \sum_{i=m+1}^{n-1} \mathrm{ES}\overleftarrow{A_i} \tag{5-8}$$

④公差　封闭环的公差 T_Σ 等于各组成环的公差 T_i 之和,即

$$T_\Sigma = \sum_{i=1}^{n-1} T_i \tag{5-9}$$

⑤各环平均尺寸的计算为

$$A_{\Sigma m} = \sum_{i=1}^{m} \overrightarrow{A}_{im} - \sum_{i=m+1}^{n-1} \overleftarrow{A}_{im} \tag{5-10}$$

式中　A_{im}——各组成环平均尺寸,$A_{im} = \dfrac{1}{2}(A_{i\max} + A_{i\min})$;

　　　　n——包括封闭环在内的尺寸链总环数;

　　　　m——增环数目;

　　　　$n-1$——组成环(包括增环和减环)的数目。

(2)用概率法计算工艺尺寸链的基本公式

用概率法计算考虑的是各工艺尺寸的大概率情况(平均尺寸),故理论上假定各环尺寸按正态分布,且其分布中心与公差带中心重合。

①各环中间偏差(或平均偏差)

$$\Delta_i = (\mathrm{ES}_i + \mathrm{EI}_i)/2 \tag{5-11}$$

$$\Delta_\Sigma = \sum_{i=1}^{m} \overrightarrow{\Delta}_i - \sum_{i=m+1}^{n-1} \overleftarrow{\Delta}_i \tag{5-12}$$

式中　Δ_Σ——封闭环的中间偏差(或平均偏差);

　　　　$\overrightarrow{\Delta}_i$——增环的中间偏差(或平均偏差);

　　　　$\overleftarrow{\Delta}_i$——减环的中间偏差(或平均偏差)。

②公差　封闭环的公差 T_Σ 的平方等于各组成环的公差 T_i 的平方和,即

$$T_\Sigma^2 = \sum_{i=1}^{n-1} T_i^2 \tag{5-13}$$

$$T_\Sigma = \sqrt{\sum_{i=1}^{n-1} T_i^2}$$

式(5-12)、式(5-13)是用概率法计算工艺尺寸链的基本公式,其他各环的平均尺寸、极限尺寸等可由尺寸公差的概念直接推导出来。

3. 用尺寸链计算工艺尺寸

(1)定位基准与设计基准不重合的尺寸换算

【例 5-2】 如图 5-15(a)所示零件,各平面及槽均已加工,求以侧面 K 定位,钻 $\phi10\ \mathrm{mm}$ 孔的工序尺寸及其偏差。

由于孔的设计基准为槽中心线,钻孔的定位基准 K 与设计基准不重合,工序尺寸及其偏差应按工艺尺寸链进行计算。计算步骤如下:

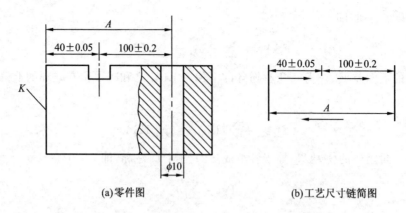

(a)零件图   (b)工艺尺寸链简图

图 5-15   定位基准与设计基准不重合的尺寸换算

确定封闭环:在零件加工过程中直接控制的工序尺寸是 40 ± 0.05 mm 和 A,孔的位置尺寸 100 ± 0.2 mm 是间接得到的,故尺寸 100 ± 0.2 mm 为封闭环。

绘出工艺尺寸链图:如图 5-15(b)所示。

判断组成环的性质,尺寸 A 的箭头方向与封闭环相反为增环,尺寸 40 mm 的箭头方向与封闭环相同为减环。

计算工序尺寸 A 及其上、下偏差。

A 的基本尺寸:据式(5-4)得

$$100 = A - 40$$
$$A = 140 \text{ mm}$$

计算 A 的上、下偏差:据式(5-7),式(5-8)得

$$0.2 = \text{ES}A - (-0.05)$$
$$\text{ES}A = 0.15 \text{ mm}$$
$$-0.2 = \text{EI}A - 0.05$$
$$\text{EI}A = -0.15 \text{ mm}$$

验证计算结果:根据式(5-9)得

$$[0.2 - (-0.2)] = [0.05 - (-0.05)] + [0.15 - (-0.15)]$$
$$0.4 \text{ mm} = 0.4 \text{ mm}$$

各组成环公差之和等于封闭环的公差,计算无误。故以侧面 K 定位钻孔 10 mm 的工序尺寸为 140 ± 0.15 mm。可以看出本工序尺寸公差减小的数值等于定位基准与设计基准之间距离尺寸的公差 ±0.05 mm,它就是本工序的基准不重合误差。

(2)测量基准与设计基准不重合的尺寸换算

【例 5-3】 加工零件的轴向尺寸(设计尺寸)如图 5-16(a)所示,其他各面已加工完成,现加工 B 面,保证 BC 厚度尺寸 $3_{-0.1}^{0}$ mm。

在加工内孔端面 B 时,设计尺寸 $3_{-0.1}^{0}$ mm 不便测量。

为便于测量,现改为测量尺寸 A_2,以此判断零件的合格与否。据此建立工艺尺寸链如图 5-16(b)所示。由于设计尺寸 $3_{-0.1}^{0}$ mm 是间接得到的,故为封闭环,尺寸 $16_{-0.11}^{0}$ mm 为增环,测量尺寸 A_2 为减环。

由于该尺寸链中封闭环的公差(0.1 mm),小于组成环 $16_{-0.11}^{0}$ mm 的公差(0.11 mm),不满足 $T_{\text{m}} = \sum_{i=1}^{n-1} T_i$,用极值法解尺寸链,不能正确求得 A_2 的尺寸偏差。

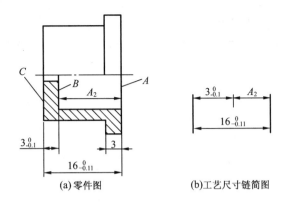

图 5-16　测量基准与设计基准不重合的尺寸换算

现采用压缩组成环公差的办法来处理。由于尺寸 $16_{-0.11}^{0}$ 是外形尺寸,比内孔端面 B 测量尺寸 A_2 易于控制,故将它的公差值缩小,取 $T_1=0.043$(IT9)。经压缩公差后,尺寸 $16_{-0.11}^{0}$ 的尺寸偏差为 $16_{-0.043}^{0}$ mm。

按工艺尺寸链计算加工内孔端面 B 的测量尺寸 A_2 及偏差:

由式(5-4)得

$$3=16-A_2$$
$$A_2=13 \text{ mm}$$

由式(5-7)得

$$0=0-\text{EI}\overleftarrow{A_2}$$
$$\text{EI}\overleftarrow{A_2}=0$$

由式(5-8)得

$$-0.1=-0.043-\text{ES}\overleftarrow{A_2}$$
$$\text{ES}\overleftarrow{A_2}=0.057 \text{ mm}$$

校核计算结果:计算无误。

故内孔端面 B 的测量尺寸及偏差为 $13_{0}^{+0.057}$ mm。

(3)工序基准是尚待继续加工的表面

在有些加工中,会出现用尚待继续加工的表面为基准来标注工序尺寸的情况。该工序尺寸及其偏差也要通过工艺尺寸换算来确定。

【例 5-4】　加工如图 5-17(a)所示外圆及键槽,其加工顺序为:车外圆至 $\phi26.4_{-0.083}^{0}$ mm;铣键槽至尺寸 A;淬火;磨外圆至 $\phi26_{-0.021}^{0}$ mm。磨外圆后应保证键槽的设计尺寸 $21_{-0.16}^{0}$ mm。

从上述工艺过程可知,工序尺寸 A 的基准是一个尚待继续加工的表面,该尺寸应按尺寸链进行计算来获得。

尺寸 $21_{-0.16}^{0}$ mm 是间接得到的尺寸,是尺寸链的封闭环。尺寸 A、$\phi26.4_{-0.083}^{0}$、$\phi26_{-0.021}^{0}$ 是尺寸链的组成环。该组尺寸构成的尺寸链如图 5-17(b)所示。尺寸 A、$13_{-0.0105}^{0}$ 为增环;$13.2_{-0.0415}^{0}$ 为减环(半径尺寸及偏差取直径尺寸及偏差的一半)。

键槽的工序尺寸及偏差计算如下:

由式(5-4)得

$$21=A+13-13.2$$
$$A=21.2 \text{ mm}$$

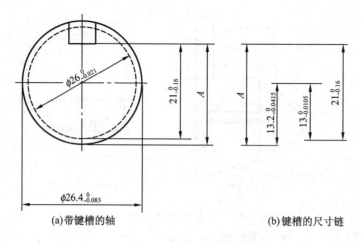

(a)带键槽的轴   (b)键槽的尺寸链

图 5-17　加工外圆及键槽的尺寸换算

由式(5-7)得

$$0 = \mathrm{ES}\vec{A} + 0 - (-0.041\,5)$$
$$\mathrm{ES}\vec{A} \approx -0.042 \text{ mm}$$

由式(5-8)得

$$-0.16 = \mathrm{EI}\vec{A} + (-0.010\,5) - 0$$
$$\mathrm{EI}\vec{A} \approx -0.150 \text{ mm}$$

加工键槽的工序尺寸 A 为 $21.2_{-0.150}^{-0.042}$ mm。

某些零件根据使用性能的要求,需进行表面渗碳(氮)淬火处理。为了考虑热处理变形的影响,往往在渗碳(氮)淬火后,还要安排最终精加工。此时,渗碳(氮)层深度尺寸也是从尚待继续加工的外(或内)表面标注的,这种工序尺寸的计算与此类似。

上例中,若为大批量生产,用概率法计算工艺尺寸链则更为科学合理,也更经济。下面加以简单比较。

【例 5-5】 加工任务及过程如例 5-4,大批量生产采用概率法解工艺尺寸链,计算铣键槽的工序尺寸 A。

工艺尺寸链建立同例 5-4,封闭环、增环、减环的关系不变。

设 Δ_A、Δ_1、Δ_2、Δ_Σ 分别为尺寸 A、$13.2_{-0.041\,5}^{0}$、$13_{-0.010\,5}^{0}$、$21_{-0.16}^{0}$ 的中间偏差,则由式(5-11)得,$\Delta_1 = -0.020\,75$,$\Delta_2 = -0.005\,25$,$\Delta_\Sigma = -0.08$;

据式(5-12)得

$$-0.08 = \Delta_2 + \Delta_A - \Delta_1 = -0.005\,25 + \Delta_A - (-0.020\,75)$$

故 $\Delta_A = -0.095\,5$

据式(5-13)得

$$0.16^2 = T_A^2 + 0.041\,5^2 + 0.010\,5^2$$

故 $T_A = \sqrt{0.16^2 - 0.041\,5^2 - 0.010\,5^2} = 0.151\,3$,则

上偏差 $\mathrm{ES}_A = \Delta_A + T_A/2 = -0.095\,5 + 0.075\,7 \approx -0.02$;

下偏差 $\mathrm{EI}_A = \Delta_A - T_A/2 = -0.095\,5 - 0.075\,7 \approx -0.17$。

所以,加工键槽的工序尺寸 A 为 $21.2_{-0.17}^{-0.02}$ mm。

与例 5-4 的结果比较,可知用概率法计算所得的工序尺寸 A 的公差值扩大了,相当于降低了加工难度和加工成本。

5.7　时间定额与机械加工生产率

时间定额是指在一定生产条件下,规定生产一件产品或完成一道工序所需消耗的时间。它是安排生产计划、进行成本核算、考核工人完成任务情况、确定所需设备和工人数量的主要依据。合理的时间定额能调动工人的积极性,促进工人技术水平的提高,从而不断提高生产率。随着企业生产技术条件的不断改善和水平的不断提高,时间定额应定期进行修订,以保持定额的平均先进水平。

5.7.1　单件时间

为了便于合理地确定时间定额,把完成一道工序的时间称为单件时间,它包括如下组成部分:

1. 基本时间 T_m

基本时间是直接改变生产对象的尺寸、形状、相对位置、表面状态或材料性质等工艺过程所消耗的时间。对于机械加工来说,是指从工件上切除材料层所耗费的时间,其中包括刀具的切入和切出时间。各种加工方法的切入、切出长度可查阅有关手册确定。

2. 辅助时间 T_a

辅助时间是为实现工艺过程必须进行的各种辅助动作所消耗的时间。这些辅助动作包括:装夹和卸下工件;开动和停止机床;改变切削用量;进、退刀具;测量工件尺寸等。

基本时间和辅助时间的总和,称为工序作业时间,即直接用于制造产品或零、部件所消耗的时间。

3. 布置工作时间 T_s

布置工作时间是为了加工正常进行,工人照管工作地(如更换刀具、润滑机床、清理切屑、收拾工具等)所消耗的时间。布置工作时间可按工序作业时间的 2%～7% 来估算。

4. 休息和生理需要时间 T_r

休息和生理需要时间是工人在工作班内为恢复体力和满足生理上的需要所消耗的时间。它可按工序作业时间的 2%～4% 来估算。

以上四部分时间的总和就是单件时间,即单件时间 $T_t = T_m + T_a + T_s + T_r$。

5. 准备终结时间 T_e

准备终结时间是指成批生产中,工人为了生产一批零件,进行准备和结束工作所消耗的时间 T_e(简称准终时间),如熟悉工艺文件、领取毛坯、安置工装和归还工装、送交成品等。准备终结时间对一批工件来说只消耗一次,设一批工件数量为 n,则分摊到每个工件上的时间为 T_e/n。显然批量越大(n 为所加工的工件数),分摊在每一个工件上的时间越少。因此,成批生产的单件时间为

$$T_t = T_m + T_a + T_s + T_r + T_e/n$$

在大量生产时,n 非常大,且每个工作地点完成固定的一道工序,一般不需考虑准备终结时间。

计算得到的单件时间以"min"为单位填入工艺文件的相应栏中。

5.7.2　提高生产率的工艺途径

1. 缩短时间定额

缩短时间定额,首先应缩减占定额中比重较大的部分。在单件小批量生产中,辅助时间和

准备终结时间所占比重较大;在大批量生产中,基本时间所占比重较大。因此,缩短单位时间定额主要从以下几方面采取措施:

(1)缩短基本时间

基本时间 T_m 可按有关公式计算。以车削为例,有

$$T_m = \frac{\pi d L}{1\,000 v f} \cdot \frac{Z}{a_p}$$

式中　L——切削长度,包括切入切出长度,mm;

d——切削直径,mm;

Z——切削余量,mm;

v——切削速度,m/min;

f——进给量,mm/r;

a_p——背吃刀量,mm。

①提高切削用量:由基本时间计算公式可知,增大 v、f、a_p 均可缩短基本时间。

②减少切削长度 L:利用 n 把刀具或复合刀具对工件的同一表面或几个表面同时进行加工、利用宽刃刀具或成形刀具做横向走刀同时加工多个表面,实现复合工步,均能减少每把刀具的切削长度,从而减少基本时间。

③采用多件加工:多件加工通常有顺序多件加工(图 5-18(a))、平行多件加工(图 5-18(b))、平行顺序加工(图 5-18(c))三种形式。多件加工常见于龙门刨削、平面磨削以及铣削加工中。

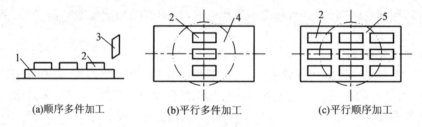

(a)顺序多件加工　　(b)平行多件加工　　(c)平行顺序加工

图 5-18　多件加工
1—工作台;2—工件;3—刨刀;4—铣刀;5—砂轮

(2)缩短辅助时间

①直接减少辅助时间:采用高效的气、液动夹具、自动检测装置等使辅助动作实现机械化和自动化,以缩短辅助时间。

②辅助时间与基本时间重合:采用转位夹具或回转工作台加工,使装卸工件的辅助时间与基本时间重合。

(3)缩短布置工作时间

提高刀具或砂轮耐用度,减少换刀次数;采用各种快换刀夹、自动换刀、对刀装置来减少换刀和调刀时间,均可缩短布置工作时间。

(4)缩短准备终结时间

中、小批量生产中,由于批量小、品种多,准备终结时间在单件时间中占有较大比重,使生产率受到限制。扩大批量是缩短准备终结时间的有效途径。目前,采用成组技术以及零、部件通用化、标准化、产品系列化是扩大批量的有效方法。

2. 采用先进工艺方法

采用先进工艺可大大提高生产率。具体措施如下:

（1）在毛坯制造中采用新工艺　如粉末冶金、石蜡铸造、精锻等新工艺,能提高毛坯精度,减少机械加工劳动量并节约原材料。

（2）采用少、无切削工艺　如冷挤、冷轧、滚压等方法,不仅能提高生产率,而且可提高工件表面质量和精度。

（3）改进加工方法　如采用拉削代替镗、铣削可大大提高生产率。

（4）应用特种加工新工艺　对于某些特硬、特脆、特韧性材料及复杂型面的加工,常用规切削方法往往难以完成加工,而采用电加工等特种加工能显示其优越性和经济性。

5.8　工艺过程方案的技术经济分析

在实际生产中,对同一零件的加工往往有多种不同的工艺方案,且这些工艺方案都能满足被加工零件各项技术要求和产品生产周期要求,但不同的工艺方案有不同的经济效果。这样,在制定该零件的机械加工工艺规程时,就应对各种不同的工艺方案进行经济分析,以选取在给定生产条件下最为经济合理的工艺方案。

所谓技术经济分析,就是通过比较各种不同工艺方案的生产成本,选出其中最为经济的加工方案。

5.8.1　工艺成本

零件的生产成本包含材料费,操作工人工资,机床、刀具、夹具等的维护与折旧费等与工艺过程直接相关的费用及行政办公费、厂房折旧费、运输费等与工艺过程无直接关系的费用。其中与工艺过程直接相关的费用称为工艺成本,工艺成本占零件生产成本的70%～75%。对工艺方案进行技术经济分析时,只需分析与工艺过程直接有关的工艺成本。

工艺成本由可变费用与不变费用两部分组成。

1. 可变费用 V

可变费用与零件的年产量有关,包括材料费(或毛坯费)、机床工人工资、通用机床和通用工艺装备维护折旧费等。

显然,可变费用随着零件在计划期内的产量数的增加而相应增长。一般地,可用全年可变费用 VN 来描述,其中 N 为零件年产量。

2. 不变费用 C

不变费用与零件年产量无关,包括专用机床、专用工艺装备的维护折旧费以及与之有关的调整费等。

由于专用设备是专门为某零件的某道工序所用,不能用于其他零件或工序,而设备的折旧年限或年折旧费用是确定的,因此专用机床的全年费用不随年产量变化。

零件(或工序)全年工艺成本 S 可表示为

$$S = VN + C \tag{5-14}$$

全年工艺成本与年产量的关系如图 5-19(a)所示。其图形为一直线,直线的起点为 $S=C$,代表专用设备的固定投资;直线的斜率为 V,表示全年工艺成本随产量变化的程度,即 $\triangle S=\triangle NV$。

单件(或单个工序)工艺成本 S_d 可用下式表示,即

$$S_d = V + \frac{C}{N} \tag{5-15}$$

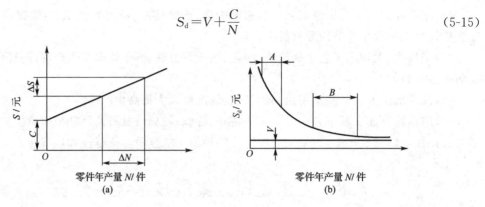

图 5-19　全年工艺成本与年产量的关系

单件工艺成本与年产量的关系如图 5-19(b)所示。其图形为一双曲线。从图中可以看出,当零件年产量很小时,曲线的曲率半径很小(A 段,曲线很陡),说明零件年产量的变化对单件工艺成本影响很大,零件年产量的增加会大大降低单件工艺成本;当零件年产量很大时,曲线的曲率半径很大(B 段,曲线很平滑),说明零件年产量的变化对单件工艺成本影响很小,即使零件年产量增加较大也不会十分明显地降低单件工艺成本。

5.8.2　工艺方案的技术经济分析

进行工艺方案的技术经济分析,一般分为两种情况:一种情况是需评比的工艺方案均采用现有设备或与其基本投资相近时,可用工艺成本评比各方案经济性的优劣;另一种则是两种工艺方案的基本投资差额较大时,在考虑工艺成本的同时,还要考虑基本投资差额的回收期限。

1. 工艺成本评价

(1)两加工方案中少数工序不同,多数工序相同时,可通过计算少数不同工序的单件工艺成本 S_{d1} 与 S_{d2} 进行评价。

可根据式(5-15)作出曲线进行比较,如图 5-20(a)所示。产量 N 小于临界产量 N_k(两种方案工艺成本相同时的产量)时,方案 2 为可选方案;产量 N 大于 N_k 时,方案 1 为可选方案。

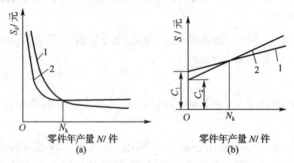

图 5-20　工艺成本评价

(2)两种加工方案中,多数工序不同,少数工序相同时,以该零件加工全年工艺成本(S_1 , S_2)进行比较。

可根据式(5-14)作出曲线进行比较,如图 5-20(b)所示。产量 N 小于临界产量 N_k 时,方案 2 为可选方案;产量 N 大于 N_k 时,方案 1 为可选方案。

2. 投资回收期 T 评价

投资回收期 T 可用下式求得,即

$$T=\frac{K_2-K_1}{S_1-S_2+\Delta Q}=\frac{\Delta K}{\Delta S+\Delta Q} \tag{5-16}$$

式中 ΔK——基本投资差额;

ΔS——全年工艺成本节约额;

ΔQ——由于采用先进设备产生的全年增收总额。

投资回收期必须满足以下要求:

(1)回收期限应小于专用设备或工艺装备的使用年限。

(2)回收期限应小于该产品由于结构性能或市场需求因素决定的生产年限。

(3)回收期限应小于国家规定的标准回收期,采用专用工艺装备的标准回收期为 2-3 年,采用专用机床的标准回收期为 4~6 年。

5.9 装配方法与装配工艺规程

5.9.1 概述

任何机器都是由许多零件、组件和部件组成的。根据装配图上规定的技术要求,将若干零件结合成组件和部件,并进一步将零件、组件和部件结合成机器的过程称为装配。前者称为部件装配,后者称为总装配。

装配是机器制造过程中的最后一个阶段。为了使产品达到规定的技术要求,装配不仅是指零、部件的结合过程,还应包括调整、检验、试验、油漆和包装等工作。

1. 机器的装配精度

装配精度是装配工艺的质量指标,可根据机器的工作性能来确定。正确地规定机器和部件的装配精度是产品设计的重要环节之一,它不仅关系到产品质量,也影响产品制造的经济性。装配精度是制定装配工艺规程的主要依据,也是选择合理的装配方法和确定零件加工精度的依据。所以,应正确规定机器的装配精度。

装配精度一般包括以下几个方面:

(1)尺寸精度 尺寸精度是指装配后相关零部件间应该保证的距离和间隙。如轴孔的间隙或过盈配合,车床床头和尾座两顶尖的等高度等。

(2)位置精度 位置精度是指装配后零部件间应该保证的平行度、垂直度、同轴度和各种跳动等。如普通车床溜板移动对尾座顶尖套锥孔轴心的平行度要求等。

(3)相对运动精度 相对运动精度是指装配后有相对运动的零部件间在运动方向和运动准确性上应保证的要求。如普通车床尾座移动对溜板移动的平行度,滚齿机滚刀主轴与工作台相对运动的准确性等。

(4)接触精度 接触精度是指两配合表面、接触表面和连接表面间达到规定的接触面积和接触点分布的情况。它影响到部件的接触刚度和配合质量的稳定性。如齿轮啮合、锥体配合、移动导轨间均有接触精度的要求。

不难看出,上述各装配精度之间存在一定的关系,如接触精度是尺寸精度和位置精度的基础,而位置精度又是相对运动精度的基础。

2. 装配精度与零件精度间的关系

机器及其部件都是由零件组成的。显然,零件的精度特别是关键零件的加工精度,对装配精度有很大影响。如图 5-21 所示,普通车床尾座移动对溜板移动的平行度要求,主要取决于床身上溜板移动的导轨 A 与尾座移动的导轨 B 的平行度以及导轨面间的接触精度。

一般而言,多数装配精度是和它相关的若干个零部件的加工精度有关,所以应合理地规定和控制这些相关零件的加工精度,在加工条件允许时,它们的加工误差累积起来,仍能满足装配精度的要求。但是,当遇到有些要求较高的装配精度时,如果完全靠相关零件的制造精度来直接保证,则零件的加工精度将会很高,给加工带来较大的困难。如图 5-22 所示,普通车床床头和尾座两顶尖的等高度要求,主要取决于主轴箱 1、尾座 2、底板 3 和床身 4 等零、部件的加工精度。该装配精度很难由相关零、部件的加工精度直接保证。在生产中,常按经济精度来加工相关零、部件,而在装配时则采取一定的工艺措施(如选择、修配、调整等措施),从而形成不同的装配方法,来保证装配精度。本例中,采用修配底板 3 的工艺措施保证装配精度,这样虽然增加了装配的劳动量,但从整个产品制造的全局分析,仍是经济可行的。

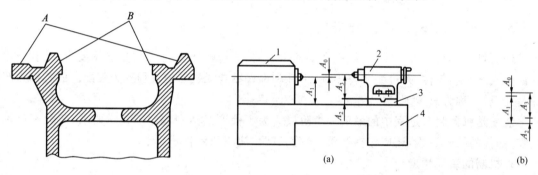

图 5-21　床身导轨简图
A—溜板移动导轨;B—尾座移动导轨

图 5-22　床头箱主轴与尾座套筒中心线等高
1—主轴箱;2—尾座;3—底板;4—床身

由此可见,产品的装配精度和零件的加工精度有密切的关系,零件加工精度是保证装配精度的基础,但装配精度并不完全取决于零件的加工精度。保证装配精度,应从产品的结构、机械加工和装配方法等方面进行综合考虑,而将尺寸链的基本原理应用到装配中,即建立装配尺寸链和解装配尺寸链是进行综合分析的有效手段。

3. 装配尺寸链

装配尺寸链是产品或部件在装配过程中,由相关零件的有关尺寸(表面或轴线间距离)或相互位置关系(平行度、垂直度或同轴度等)所组成的尺寸链。其基本特征依然是尺寸组合的封闭性,即由一个封闭环和若干个组成环所构成的尺寸链呈封闭图形。实际装配工艺过程中,较易形成长度尺寸链和角度尺寸链,下面分别介绍其建立方法。

(1)长度装配尺寸链的建立

①封闭环与组成环的查找　装配尺寸链的封闭环多为产品或部件的装配精度,凡对某项装配精度有影响的零、部件的有关尺寸或相互位置精度即为装配尺寸链的封闭环。查找组成环的方法:从封闭环两边的零件或部件开始,沿着装配精度要求的方向,以相邻零件装配基准间的联系为线索,分别由近及远地去查找装配关系中影响装配精度的有关零件,直至找到同一基准零件的同一基准表面为止,这些相关尺寸或位置的关系,即为装配尺寸链中的组成环。然后画出尺寸链图,判别组成环的性质。如图 5-22 所示装配关系中,主轴锥孔轴线与尾座轴线

的等高度要求 A_0 为封闭环,按上述方法很快查找出组成环为 A_1、A_2 和 A_3,画出装配尺寸链(图 5-22(b))。

②建立装配尺寸链的注意事项:

Ⅰ.装配尺寸链中装配精度就是封闭环。

Ⅱ.按一定层次分别建立产品与部件的装配尺寸链。产品总装尺寸链以产品精度为封闭环,以总装中有关零部件的尺寸为组成环。部件装配尺寸链以部件装配精度要求为封闭环(总装时则为组成环),以有关零件的尺寸为组成环。这样分层次建立的装配尺寸链比较清晰,表达的装配关系也更加清楚。

Ⅲ.在保证装配精度的前提下,装配尺寸链组成环可适当简化。图 5-23 为车床床头、尾座中心线等高的装配尺寸链。图中各组成环的意义如下:

A_1——主轴轴承孔轴线至主轴箱体底面的距离;

A_2——尾座底板厚度;

A_3——尾座孔轴线至尾座底面的距离;

e_1——主轴滚动轴承外圈内滚道对其外圆的同轴度误差;

e_2——顶尖套锥孔相对于外圆的同轴度误差;

e_3——顶尖套与尾座孔配合间隙引起的偏移量(向下);

e_4——床身上安装主轴箱和尾座的平导轨之间的等高度。

通常由于 $e_1 \sim e_4$ 的公差数值相对于 $A_1 \sim A_3$ 的公差数值很小,因此装配尺寸链可简化成如图 5-22(b)所示。

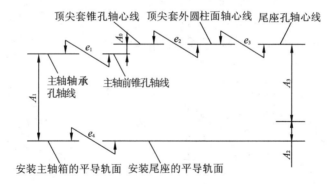

图 5-23　车床床头、尾座中心线等高的装配尺寸链

Ⅳ.确定相关零件的相关尺寸应采用"尺寸链环数最少"原则(亦称最短路线原则)。由尺寸链的基本理论可知,封闭环公差等于各组成环公差之和。当封闭环公差一定时,组成环越少,各环就越容易加工,因此每个相关零件上仅有一个尺寸作为相关尺寸最为理想,即用相关零件上装配基准间的尺寸作为相关尺寸。同理,对于总装配尺寸链来说,一个部件也应当只有一个尺寸参加尺寸链。

如图 5-24 所示是一车床尾座顶尖套装配图,装配时,要求后盖 3 装入螺母 2 后在尾座套筒内的轴向窜动不大于某一数值。如果后盖尺寸标注不同,就可建立两个不同的装配尺寸链。图 5-24(c)较图 5-24(b)多了一个组成环,其原因是和封闭环 A_0 直接有关的凸台高度 A_3 由尺寸 B_1 和 B_2 间接获得,即相关零件上同时出现两个相关尺寸,这是不合理的。

Ⅴ.当同一装配结构在不同位置方向有装配精度要求时,应按不同方向分别建立装配尺寸链。例如,常见的蜗杆副结构,为保证正常啮合,蜗杆副中心距、轴线垂直度以及蜗杆轴线与蜗

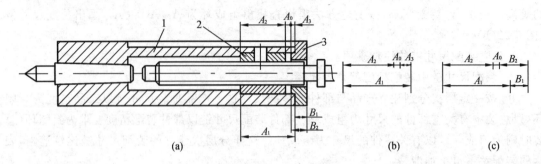

图 5-24　车床尾座顶尖套装配图
1—顶尖套；2—螺母；3—后盖

轮中心平面的重合度均有一定的精度要求,这是三个不同位置方向的装配精度,因而需要在三个不同方向建立尺寸链。

（2）角度装配尺寸链的建立

角度装配尺寸链的封闭环就是机器装配后的平行度、垂直度等技术要求。角度装配尺寸链的查找方法与长度装配尺寸链的查找方法相同。

如图 5-25 所示的装配关系中,铣床主轴轴线对工作台面的平行度要求为封闭环。分析铣床结构后知道,影响上述装配精度的有关零件有工作台、转台、床鞍、升降台和床身等。其相应的组成环为:

α_1——工作台面对其导轨面的平行度;

α_2——转台导轨面对其下支承平面的平行度;

α_3——床鞍上平面对其下导轨面的平行度;

α_4——升降台水平导轨对床身导轨的垂直度;

α_5——主轴轴线对床身导轨的垂直度。

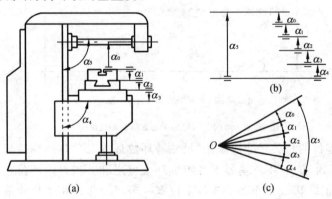

图 5-25　角度装配尺寸链

为了将呈垂直度形式的组成环转化成平行度形式,可作一条和床身导轨垂直的理想直线。这样,原来的垂直度就转化为主轴轴线和升降台水平导轨相对于理想直线的平行度,其装配尺寸链如图 5-25 所示,它类似于线性尺寸链,但是基本尺寸为零,可应用线性尺寸链的有关公式求解。

结合上例可将角度尺寸链的计算步骤原则简述如下:

①转化和统一角度尺寸链的表达形式　即把用垂直度表示的组成环转化为以平行度表示的组成环。如将图 5-25(a)表达形式转化为图 5-25(b)表达的尺寸链形式(二者都称为无公共顶角

的尺寸链),假设各基线在左侧或右侧有公共顶点,可进一步将图 5-25(b)转化为图 5-25(c)的形式(称具有公共顶角的角度尺寸链)。

②增减环的判定　增减环的判定通常是根据增减环的定义来判断,在角度尺寸链的平面图中,根据角度环的增加或减少来判别对封闭环的影响从而确定其性质。图 5-25 的尺寸链中可以判断 α_5 是增环,α_1、α_2、α_3、α_4 是减环。

5.9.2　装配方法及其选择

一、装配方法的种类

机械产品的精度要求,最终要靠装配实现。生产中保证产品精度的具体方法有许多种,经过归纳可分为互换法、选配法、修配法和调整法四大类。而且同一项装配精度,因采用的装配方法不同,其装配尺寸链的解算方法亦不相同。

1. 互换法

互换法就是装配过程中,零件互换后仍能达到装配精度要求的一种方法。产品采用互换法装配时,装配精度主要取决于零件的加工精度。其实质就是用控制零件的加工误差来保证产品的装配精度。按互换程度的不同,互换法又分为完全互换法和大数互换法两种。

(1)完全互换法

在全部产品中,装配时各零件不需要挑选、修配或调整就能保证装配精度的装配方法称为完全互换法。选择完全互换法装配时,其装配尺寸链采用极值法计算,各有关零件的公差之和小于或等于装配公差,即

$$\sum_{i=1}^{n-1} T_i \leqslant T_0 \tag{5-17}$$

故装配中零件可以完全互换。当遇到反计算形式时,可按"等公差"原则先求出各组成环的平均公差,即

$$T_m \leqslant \frac{T_0}{n-1} \tag{5-18}$$

再根据生产经验,考虑到各组成环尺寸的大小和加工难易程度进行适当调整。如尺寸大、加工困难的组成环应给予较大公差;反之,尺寸小、加工容易的组成环就给予较小公差。当组成环是标准件的尺寸(如轴承内、外径尺寸)则仍按标准规定;对于组成环是几个尺寸链中的公共环时,其公差值由要求最严的尺寸链确定。

确定好各组成环的公差后,按"入体原则"确定极限偏差,即组成环为包容面时,取下偏差为零;组成环为被包容面时,取上偏差为零。若组成环是中心距,则偏差按对称原则分布。按上述原则确定偏差后,有利于组成环的加工。

但是,当各组成环都按上述原则确定偏差时,按公式计算的封闭环极限偏差常不符合封闭环的要求值。因此就需选取一个组成环,它的极限偏差不是事先定好的,而是经过计算确定的,以便与其他组成环协调,最后满足封闭环极限偏差的要求,这个组成环称为协调环。一般协调环不能选取标准件或几个尺寸链的公共组成环。其余计算公式的解算同工艺尺寸链,不再赘述。

采用完全互换法进行装配,使装配质量稳定可靠,装配过程简单,生产率高,易于组织流水作业及自动化装配,也便于采用协作方式组织专业化生产。但是当装配精度要求较高,尤其组

成环较多时,零件就难以按经济精度制造。因此,这种装配方法多用于高精度的少环尺寸链或低精度多环尺寸链中。

(2)大数互换法

大数互换法是指在绝大多数产品中,装配时各零件不要挑选、修配或调整就能保证装配精度要求的装配方法。该方法采用概率法计算尺寸链,即当各组成环呈正态分布时,各有关零件公差值的平方之和的平方根小于或等于装配公差,即

$$\sqrt{\sum_{i=1}^{n-1} T_i^2} \leqslant T_0 \tag{5-19}$$

若各组成环的公差相等,则可得各组成环的平均公差 T_m 为

$$T_m = \frac{T_0}{\sqrt{n-1}} = \frac{\sqrt{n-1}}{n-1} T_0 \tag{5-20}$$

将式(5-20)与式(5-18)相比,可知用概率法计算将组成环的平均公差扩大了 $\sqrt{n-1}$ 倍。可见,大数互换法实质上是使各组成环的公差比完全互换法所规定的公差大,从而使组成环的加工比较容易,降低了加工成本。但是,封闭环公差在正态分布下的取值范围为 6σ,对应此范围的概率为 0.997 3,即合格率并非 100%,结果会使一些产品装配后超出规定的装配精度,实际生产中常忽略不计。

大数互换法的特点和完全互换法的特点相似,只是互换程度不同。大数互换法采用概率法计算,因而扩大了组成环的公差,尤其是在环数较多,组成环又呈正态分布时,扩大的组成环公差最显著,因而对组成环的加工更为方便。但是,会有少数产品超差。为了避免超差,采用大数互换法时,应有适当的工艺措施。大数互换法常应用于生产节拍不是很严格的成批生产。例如,机床和仪器仪表等产品中,封闭环要求较宽的多环尺寸链应用较多。

2. 选配法

在成批或大量生产条件下,对于组成环少而装配精度要求很高的尺寸链,若采用完全互换法,则零件的公差会很小,使得加工变得非常困难,在这种情况下可采用选择装配法(简称选配法)。该方法是将组成环的公差放大到经济可行的程度,然后选择合适的零件进行装配,以保证规定的装配精度。选择装配法有三种:直接选配法、分组选配法和复合选配法。下面举例说明采用分组选配法时尺寸链的计算方法。

图 5-26 所示为活塞与活塞销的连接情况,活塞销外径 $d = \phi 28_{-0.0025}^{0}$ mm,相应的销孔直径 $D = \phi 28_{-0.0075}^{-0.0050}$ mm。根据装配技术要求,活塞销孔与活塞销在冷态装配时应有 0.002 5～0.007 5 mm 的过盈,与此相应的配合公差仅为 0.005 mm。若活塞与活塞销采用完全互换法装配,销孔与活塞销直径的公差按"等公差"分配时,则它们的公差只有 0.002 5 mm。显然,制造这样精确的销和销孔都是很困难的,也很不经济的。

实际生产中则是先将上述公差值放大四倍,这时销的直径 $d = \phi 28_{-0.010}^{0}$ mm,销孔的直径 $D = \phi 28_{-0.015}^{-0.005}$ mm,这样就可以采用高效率的无心磨和金刚镗分别加工活塞外圆和活塞销孔,然后用精密仪器进行测量,并按尺寸大小分成四组,涂上不同的颜色加以区别(或装入不同的容器内)。并按对应组进行装配,即大的活塞销配大的活塞销孔,小的活塞销配小的活塞销孔,装配后仍能保证过盈量的要求。具体分组情况见如图 5-26(b)和表 5-10。同样颜色的活塞销与活塞可按互换法装配。

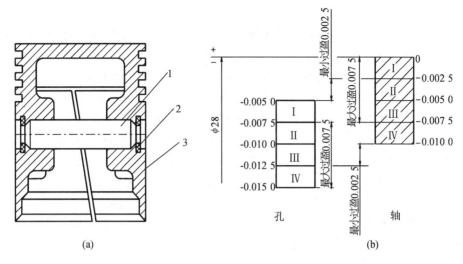

图 5-26 活塞与活塞销连接
1—活塞销;2—挡圈;3—活塞

表 5-10 活塞销和活塞销孔的分组尺寸

组 别	标志颜色	活塞销直径 $d=\phi 28_{-0.010}^{0}$	活塞销孔直径 $D=\phi 28_{-0.015}^{-0.005}$	配合情况	
				最小过盈量	最大过盈量
I	红	$\phi 28_{-0.002\,5}^{0}$	$\phi 28_{-0.007\,5}^{-0.005}$	0.002 5	0.007 5
II	白	$\phi 28_{-0.005\,0}^{-0.002\,5}$	$\phi 28_{-0.010\,0}^{-0.007\,5}$		
III	黄	$\phi 28_{-0.007\,5}^{-0.005\,0}$	$\phi 28_{-0.012\,5}^{-0.010\,0}$		
IV	绿	$\phi 28_{-0.010\,0}^{-0.007\,5}$	$\phi 28_{-0.015\,0}^{-0.012\,5}$		

采用分组装配时,关键要保证分组后各对应组的配合性质和配合公差满足设计要求,所以应注意以下几点:

(1)配合件的公差应当相等。

(2)公差要向同方向增大,增大的倍数应等于分组数。

(3)分组数不宜过多,多了会增加零件的测量和分组工作量,从而使装配成本提高。

(4)分组装配法适合于大批量生产,且加工误差符合正态分布规律。

(5)采用分组装配法,虽然公差放大了,但其他加工质量方面的要求(如表面粗糙度等)不能降低。

分组装配法的特点是可降低对组成环的加工要求,而不降低装配精度。但是分组装配法增加了测量、分组和配套工作,当组成环较多时,这种工作就会变得非常复杂。所以分组装配法适用于成批、大量生产中封闭环公差要求很严、尺寸链组成环很少的装配尺寸链中。例如,精密零件的装配、滚动轴承的装配等。

3. 修配法

在装配精度要求较高而组成环较多的部件中,若按互换法装配,会使零件精度太高而无法加工,这时常常采用修配装配法达到封闭环公差要求。修配法就是将装配尺寸链中各组成环按经济精度加工,装配后产生的累积误差用修配某一组成环来解决,从而保证其装配精度。

（1）修配方法

①单件修配法　这种方法是在多环尺寸链中，选定某一固定的零件作为修配环，装配时进行修配以达到装配精度。

②合并加工修配法　这种方法是将两个或多个零件合并在一起当作一个修配环进行修配加工。合并加工的尺寸可看作一个组成环，这样减少尺寸链的环数，有利于减少修配量。例如，普通车床的尾座装配，为了减少总装时尾座对底板的刮研量，一般先把尾座和底板的配合平面加工好，并配刮横向小导轨，然后再将两者装配为一体，以底板的底面为定位基准，镗尾座的套筒孔，直接控制尾座套筒孔至底板底面的尺寸，这样一来组成环 A_2、A_3（图 5-22）合并成一环 $A_{2,3}$，使加工精度容易保证，而且可以给底板底面留有较小的刮研量（0.2 mm 左右）。

③自身加工修配法　在机床制造中，有一些装配精度要求，总装时用自己加工自己的方法来保证加工方便，这种方法即自身加工修配法。如牛头刨床总装时，用自刨工作台面来达到滑枕运动方向对工作台面的平行度要求。

（2）修配环的选择及其尺寸与极限偏差的确定

采用修配装配法，关键是正确选择修配环和确定其尺寸及极限偏差。

①修配环选择

选择修配环应满足以下要求：

Ⅰ.要便于拆装、易于修配　一般应选择形状比较简单、修配面较小的零件。

Ⅱ.尽量不选公共组成环　因为公共组成环很难同时满足几个装配要求，所以应选只与一项装配精度有关的组成环。

②确定修配环尺寸及极限偏差

确定修配环尺寸及极限偏差的出发点是，要保证装配时的修配量足够和最小。为此，首先要了解修配环被修配时，对封闭环的影响是逐渐增大还是逐渐减小，不同的影响有不同的计算方法。

为了保证修配量足够和最小，放大组成环公差后，实际封闭环的公差带和设计所要求封闭环的公差带之间的对应关系如图 5-27 所示，图中 T_0、A_{0max} 和 A_{0min} 表示设计要求的封闭环公差、上极限尺寸和下极限尺寸；T'_0、A'_{0max} 和 A'_{0min} 分别表示放大组成环公差后实际封闭环的公差、上极限尺寸和下极限尺寸；C_{max} 表示最大修配量。

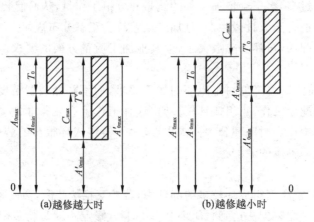

图 5-27　封闭环公差带要求值和实际公差带的对应关系

Ⅰ. 修配环被修配使封闭环尺寸变大,简称"越修越大"。由图 5-27(a)可知无论怎样修配总应满足 $A'_{0max} = A_{0max}$,若 $A'_{0max} > A_{0max}$,修配环被修配后 A'_{0max} 会更大,不能满足设计要求。

Ⅱ. 修配环被修配使封闭环尺寸变小,简称"越修越小"。由图 5-27(b)可知,为保证修配量足够和最小,应满足:$A'_{0min} = A_{0min}$。

当已知各组成环放大后的公差,并按"入体原则"确定组成环的极限偏差后,就可按上述方法求出修配环的某一极限尺寸,再由已知的修配环公差求出修配环的另一极限尺寸。

由此确定的修配环尺寸装配时出现的最大修配量为

$$C_{max} = T'_0 - T_0 = \sum_{i=1}^{n-1} T_i - T_0 \tag{5-21}$$

(3)尺寸链的计算步骤和方法

下面举例说明采用修配装配法时尺寸链的计算步骤和方法。

如图 5-22(a)所示普通车床床头和尾座两顶尖等高度要求为 0～0.06(只许尾座高)。设各组成环的公称尺寸 $A_1 = 202$ mm,$A_2 = 46$ mm,$A_3 = 156$ mm,封闭环 $A_0 = 0^{+0.06}_{0}$ mm。此装配尺寸链若采用完全互换法解算,则各组成环公差平均值为

$$T_m = \frac{T_0}{n-1} = \frac{0.06}{3} mm = 0.02 \ mm$$

如此小的公差给加工带来困难,不宜采用完全互换法,现采用修配装配法。

计算步骤和方法如下:

①选择修配环 因组成环 A_2 尾座底板的形状简单,表面面积小,便于刮研修配,故选择 A_2 为修配环。

②确定各组成环公差 根据各组成环所采用的加工方法的经济精度确定其公差。A_1 和 A_3 采用镗磨加工,取 $T_1 = T_3 = 0.1$ mm;底板采用半精刨加工,取 $T_2 = 0.15$ mm。

③计算修配环 A_2 的最大修配量 由式(5-21)得

$$C_{max} = T'_0 - T_0 = \sum_{i=1}^{n-1} T_i - T_0 = (0.1 + 0.15 + 0.1 - 0.06) \ mm = 0.29 \ mm$$

④确定各组成环的极限偏差

A_1 与 A_3 是孔轴线和底面的位置尺寸,故偏差按对称分布,即 $A_1 = 202 \pm 0.05$ mm,$A_3 = 156 \pm 0.05$ mm。

⑤计算修配环 A_2 的尺寸及极限偏差

● 判别修配环 A_2 修配时对封闭环 A_0 的影响。从图中可知,是"越修越小"情况。

● 计算修配环尺寸及极限偏差。

$$A'_{0min} = A_{0min} = \sum_{i=1}^{m} \vec{A}_{imin} - \sum_{i=1}^{n} \overleftarrow{A}_{imax}$$

代入数值后可得:

$$A_{2min} = A_{0min} - A_{3min} + A_{1max} = 0 - (156 - 0.05) + (202 + 0.05) = 46.1 \ mm$$

又 $T_2 = 0.15$ mm

则 $A_{2max} = A_{2min} + T_2 = 46.25$ mm

所以 $A_2 = 46^{+0.25}_{+0.10}$ mm

在实际生产中,为了提高 A_2 精度还应考虑底板底面在总装时必须留有一定的刮研量。而按式(5-21)求出的 A_2,其最大刮研量为 0.29 mm,符合要求,但最小刮研量为 0 时就不符合要求,故必须将 A_2 加大。对底板而言,最小刮研量可留 0.1 mm,故 A_2 应加大 0.1 mm,即 $A_2 = 46^{+0.35}_{+0.20}$ mm。

(4)修配法的特点及应用场合

修配法可降低对组成环的加工要求,利用修配组成环的方法获得较高的装配精度,尤其是尺寸链中环数较多时,其优点更为明显。但是,修配工作需要技术熟练的工人,有大多是手工操作,逐个修配,所以生产率低,没有一定节拍,不易组织流水装配,产品没有互换性。因而,在大批量生产中很少采用,在单件小批量生产中广泛采用修配法;在中批生产中,一些封闭环要求较严的多环装配尺寸链大多采用修配法。

4. 调整法

调整法是将尺寸链中各组成环按经济精度加工,装配时将尺寸链中某一预先选定的环,采用调整的方法改变其实际尺寸或位置,以达到装配精度要求。预先选定的环称为调整环(或补偿环),它是用来补偿其他各组成环由于公差放大后所产生的累计误差。调整法通常采用极值法计算。根据调整方法的不同,调整法分为:固定调整法、可动调整法和误差抵消调整法三种。

调整法和修配法在补偿原则上是相似的,而方法上有所不同。

在尺寸链中选定一组成环为调整环,该环按一定尺寸分级制造,装配时根据实测累积误差选定合适尺寸的调整零件(常为垫圈或轴套)来保证装配精度,这种方法称为固定调整法。该法主要问题是确定调整环的分组数及尺寸,现举例说明。

如图 5-28(a)所示齿轮在轴上的装配关系。要求保证轴向间隙为 0.05~0.2 mm,即 $A_o = 0^{+0.2}_{+0.05}$ mm,已知 $A_1 = 115$ mm,$A_2 = 8.5$ mm,$A_3 = 95$ mm,$A_4 = 2.5$ mm。画出尺寸链图如图 5-28(b)所示。若采用完全互换法,则各组成环的平均公差应为

$$T_m = \frac{T_o}{n-1} = \frac{0.2 - 0.05}{5} = 0.03 \text{ mm}$$

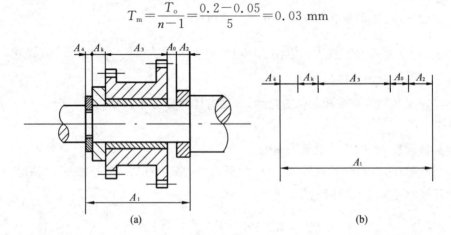

图 5-28 固定调整法装配图

显然,因组成环的平均公差太小,加工困难,不宜采用完全互换法,现采用固定调整法。

组成环 A_k 为垫圈,形状简单,制造容易,装拆也方便,故选择 A_k 为调整环。其他各组成环按经济精度确定公差,即 $T_1 = 0.15$ mm,$T_2 = 0.10$ mm,$T_3 = 0.10$ mm,$T_4 = 0.12$ mm。并按"入体原则"确定极限偏差分别为:$A_1 = 115^{+0.20}_{+0.05}$ mm,$A_2 = 8.5^{\ 0}_{-0.10}$ mm,$A_3 = 95^{\ 0}_{-0.10}$ mm,

$A_4 = 2.5_{-0.12}^{0}$ mm。四个环装配后的累积误差 T_s（不包括调整环）为 $T_s = T_1 + T_2 + T_3 + T_4 = (0.15 + 0.1 + 0.1 + 0.12)$ mm = 0.47 mm

为满足装配精度 $T_0 = 0.15$ mm，应将调整环 A_k 的尺寸分成若干级，根据装配后的实际间隙大小选择装入垫圈，即间隙大的装上厚一些的垫圈，间隙小的装上薄一些的垫圈。如调整环 A_k 做得绝对准确，则应将调整环分成 $\dfrac{T_s}{T_0}$ 级，实际上调整环 A_k 本身也有制造误差，故也应给出一定的公差，这里设 $T_k = 0.03$ mm。这样调整环的补偿能力有所降低，此时分级数 m 为

$$m = \frac{T_s}{T_0 - T_k} = \frac{0.47}{0.15 - 0.03} \approx 3.9$$

m 应为整数，取 $m = 4$。此外分级数不宜过多，否则会给调整件的制造和装配均造成麻烦。求得每级的级差为：$T_0 - T_k = 0.15 - 0.03 = 0.12$ mm

设 A_{k1} 为调整后最大调整件尺寸，则各调整件尺寸计算如下：

因为 $\qquad A_{0max} = A_{1max} - (A_{2min} + A_{3min} + A_{4min} + A_{kmin})$

所以 $\qquad A_{k1min} = A_{1max} - A_{2min} - A_{3min} - A_{4min} - A_{0max}$

$$= 115.15 - 8.4 - 94.9 - 2.38 - 0.15 = 9.32 \text{ mm}$$

已知 $T_k = 0.03$ mm，级差为 0.12 mm，偏差按"入体原则"分布，则四组调整垫圈尺寸分别为

$$A_{k1} = 9.35_{-0.03}^{0} \text{ mm} \qquad A_{k2} = 9.23_{-0.03}^{0} \text{ mm} \qquad A_{k3} = 9.11_{-0.03}^{0} \text{ mm} \qquad A_{k4} = 8.99_{-0.03}^{0} \text{ mm}$$

采用改变调整件的相对位置来保证装配精度的方法称为可动调整法。

通过调整有关零件的相互位置，使其加工误差相互抵消一部分以提高装配精度的方法称为误差抵消调整法。

调整法的特点是可降低对组成环的加工要求，装配比较方便，可以获得较高的装配精度，所以应用比较广泛。但是调整法要预先制作许多不同尺寸的调整件并将它们分组，这给装配工作带来一些麻烦，所以一般多用于大批量生产和中批生产，而且封闭环要求较严的多环尺寸链中。

二、装配方法的选择

上述各种装配方法各有特点。其中有些方法对组成环的加工要求不严，但装配时就要较严格；相反，有些方法对组成环的加工要求较严，而在装配时就比较方便简单。选择装配方法的出发点是使产品制造过程达到最佳效果。具体考虑的因素有：装配精度、结构特点（组成环环数等）、生产类型及具体生产条件。

一般来说，当装配精度要求不高而组成环的加工比较经济可行时，就要优先采用完全互换装配法。成批生产、组成环又较多时，可考虑采用大数互换法。

当封闭环公差要求较严时，采用互换装配法会使组成环加工比较困难或不经济时，就采用其他方法。大量生产时，环数少的尺寸链采用选择装配法；环数多的尺寸链采用调整法。单件小批量生产时，则常用修配法。成批生产时可灵活应用调整、修配法和选配法。

5.9.3 装配工艺规程的制定

装配工艺规程是指用文件、图表等形式将装配内容、顺序、操作方法和检验项目规定下来，

作为指导装配工作和组织装配生产的依据。装配工艺规程对保证产品的装配质量、提高装配生产率、缩短装配周期、减轻工人的劳动强度、缩小装配车间面积、降低生产成本等方面都有重要作用。制定装配工艺规程的主要依据有产品的装配图纸、零件的工作图、产品的验收标准和技术要求、生产纲领和现有的生产条件等。

1. 制定装配工艺规程的基本要求

制定装配工艺规程的基本要求是在保证产品装配质量的前提下,提高生产率和降低成本。具体如下:

①保证产品的装配质量,争取最大的精度储备,以延长产品的使用寿命。

②尽量减少手工装配工作量,降低劳动强度,缩短装配周期,提高装配效率。

③尽量减少装配成本,减少装配占地面积。

2. 制定装配工艺规程的步骤与工作内容

(1)产品分析

①研究产品及部件的具体结构、装配技术要求和检查验收的内容和方法。

②审查产品的结构工艺性。

③研究设计人员所确定的装配方法,进行必要的装配尺寸链分析与计算。

(2)确定装配方法和装配组织形式

选择合理的装配方法,是保证装配精度的关键。要结合具体生产条件,从机械加工和装配的全过程出发应用尺寸链理论,同设计人员一起最终确定装配方法。

装配组织形式的选择,主要取决于产品的结构特点(包括尺寸、质量和复杂程度)、生产纲领和现有的生产条件。装配组织形式按产品在装配过程中是否移动分为固定式和移动式两种。固定式装配全部装配工作在一个固定的地点进行,产品在装配过程中不移动,多用于单件小批量生产或重型产品的成批生产,如机床、汽轮机的装配。移动式装配是将零部件用输送带或小车按装配顺序从一个装配地点移动到下一个装配地点,各装配点完成一部分装配工作,全部装配点完成产品的全部装配工作。移动式装配常用于大批量生产,组成流水作业线或自动线,如汽车、拖拉机、仪器仪表等产品的装配。

(3)划分装配单元,确定装配顺序

①划分装配单元　将产品划分为可进行独立装配的单元是制定装配工艺规程中最重要的一个步骤,这对于大批量生产结构复杂的产品尤为重要。任何产品或机器都是由零件、合件、组件、部件等装配单元组成。零件是组成机器的最基本单元。若干零件永久连接或连接后再加工便成为一个合件,如镶了衬套的连杆、焊接成的支架等。若干零件或与合件组合在一起成为一个组件,它没有独立完整的功能,如主轴和装在其上的齿轮、轴套等构成主轴组件。若干组件、合件和零件装配在一起,成为一个具有独立、完整功能的装配单元,称为部件。如车床的主轴箱、溜板箱、进给箱等。

②选择装配基准件　上述各装配单元都要首先选择某一零件或低一级的单元作为装配基准件。基准件应当体积(或质量)较大,有足够的支承面以保证装配时的稳定性。如主轴是主轴组件的装配基准件,主轴箱体是主轴箱部件的装配基准件,床身部件又是整台机床的装配基准件等。

③确定装配顺序 划分好装配单元并选定装配基准件后,就可安排装配顺序。安排装配顺序的原则是:

Ⅰ.工件要先安排预处理,如倒角、去毛刺、清洗、涂漆等。

Ⅱ.先下后上,先内后外,先难后易,以保证装配顺利进行。

Ⅲ.位于基准件同一方位的装配工作和使用同一工艺装备的工作尽量集中进行。

Ⅳ.易燃、易爆等有危险性的工作,尽量放在最后进行。

为了清晰表示装配顺序,常用装配单元系统图来表示。如图 5-29(a)所示是产品的装配系统图;图 5-29(b)所示是部件的装配系统。

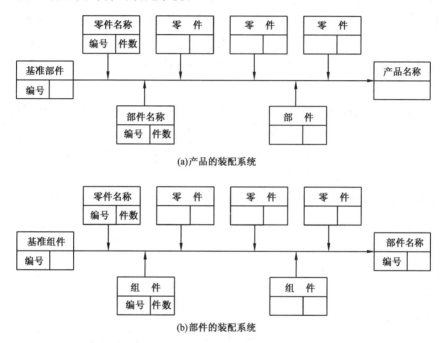

图 5-29　装配系统

画装配单元系统图时,先画一条较粗的横线,横线的右端箭头指向装配单元的长方格,横线左端为基准件的长方格。再按装配先后顺序,从左向右依次将装入基准件的零件、合件、组件和部件引入。表示零件的长方格画在横线上方;表示合件、组件和部件的长方格画在横线下方。每一长方格内上方注明装配单元名称,左下方填写装配单元的编号,右下方填写装配单元的件数。

装配单元系统图比较清楚而全面地反映了装配单元的划分、装配顺序和装配工艺方法。它是装配工艺规程制定中的主要文件之一,也是划分装配工序的依据。

(4)划分装配工序,设计工序内容

装配顺序确定以后,根据工序集中与分散的程度将装配工艺过程划分为若干工序,并进行工序内容的设计。工序内容设计包括制定工序的操作规范、选择设备和工艺装备、确定时间定额等。

(5)填写工艺文件

单件小批量生产时,通常只绘制装配单元系统图。成批生产时,除绘制装配单元系统图外还要编制装配工艺卡,注明工序次序、工序内容、设备和工装名称、工人技术等级和时间定额等。大批量生产中,不仅要编制装配工艺卡,而且要编制装配工序卡,以便直接指导工人进行装配。

5.10 计算机辅助工艺规程设计(CAPP)简介

计算机辅助工艺规程设计(CAPP)是在成组技术的基础上,通过向计算机输入被加工零件的原始数据、加工条件以及加工要求,由计算机自动进行编码、编程直至最后输出经过优化的工艺规程卡片的过程。采用计算机辅助工艺规程设计不仅能减轻工艺人员的重复劳动并显著提高工艺设计的效率,而且更可靠和更有效地保证了同类零件工艺上的一致性。所以计算机辅助工艺规程设计在国内外正引起越来越多的重视和研究。

CAPP 最初的低级形式仅用于工艺规程的检索和管理,即利用计算机来存取已有的单独工艺,需要时向计算机查询和检索。在成组技术的基础上,CAPP 逐步发展成能通过修改编辑功能而在已有的标准工艺过程的基础上生成新的零件的工艺过程。目前,世界各国又在致力于开发新的工艺设计系统,这种系统能直接输入零件图形和加工要求。通过系统的逻辑判断功能,自动地直接生成零件的工艺过程。

按照 CAPP 的基本原理和方法,可分为三种类型:派生法(Variant)、创成法(Generative)以及知识基础系统(KB—Knowledge Based CAPP System)。

1. 派生法原理

派生法 CAPP 又称变异法、修订法 CAPP。派生法工艺规程设计是利用成组技术原理将零件按几何形状及工艺相似性分类、归族,每一族又有一个典型样件,根据此样件建立典型工艺文件,即标准工艺规范,存入标准工艺文件库中。当需要设计一个新的零件工艺规程时,按照其成组编码,确定其所属零件族,由计算机检索出相应零件族的典型工艺,再根据零件的具体要求,对典型工艺进行修改,最后取得所需的工艺规程。其具体工作原理如图 5-30 所示。

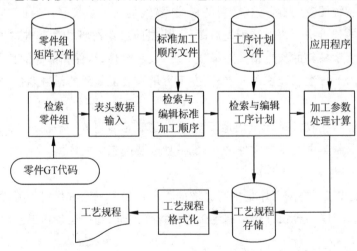

图 5-30 派生法 CAPP 系统工作原理

当在派生法系统中引入较多的决策逻辑时,该系统又称为半生成式或混合式系统。例如,零件组的复合工艺只是一个工艺路线,而各加工工序的内容(包括机床、工具和夹具的选择,工步顺序以及切削参数的确定)都是用逻辑决策方式生成的,这样的系统就是半生成式或混合式系统。

派生法工艺规程设计一般需要经过两个步骤:

(1)准备阶段

①对大量零件进行编码。

②建立零件组(族)。

③制定零件组(族)的标准工艺规程。

④将上述零件组(族)的特征和相应的标准工艺规程——对应地存入计算机。

(2)使用阶段

①首先将需要进行工艺规程设计的新零件按照同样的编码系统进行编码,然后将这个编码输入计算机,通过计算机中零件族检索程序,找到这个零件所属的零件族。

②调出该零件族的标准工艺规程。

③根据零件的特殊要求,修改和编辑这个标准的工艺规程,最后生成该零件的独立的工艺规程。

上述步骤都是通过计算机直接完成的。

2. 创成法原理

创成法工艺过程设计不是以原有的工艺规程为基础,而是依靠系统中的逻辑决策生成的,其工作原理如图 5-31 所示。系统可按工艺生成步骤分为若干个模块,每个模块的设计是按功能模块的决策表或决策树来编制的,即决策逻辑嵌套在程序中。各模块工作时所需的各种数据都以数据库文件的形式存储。

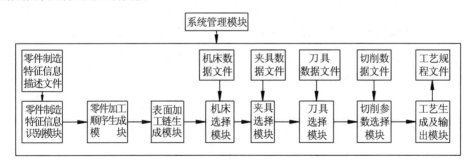

图 5-31　创成法 CAPP 系统工作原理

系统在读取零件的制造特征信息后,能自动识别和分类。此后,系统中其他模块按决策逻辑生成零件上各待加工表面的加工顺序和各表面处的加工链,并为各表面加工选择机床、夹具、刀具、切削参数和加工时间、加工成本,以及对工艺过程进行优化。最后,系统自动进行编辑并输出工艺规程。人的作用仅在于监督计算机的工作,并在计算机决策过程中做一些简单问题的处理,对中间结果进行判断和评估。

零件信息描述是设计创成法系统的首要问题。目前,国内外创成法系统中采用的零件描述法主要有成组编码法、型面描述法和体面描述法。也可将零件的设计信息直接从系统的数据库中采集。

从理论上讲,创成法工艺设计系统是一个完备的高级系统,它拥有工艺设备所需要的全部信息,在其软件服务系统中包含着全部决策逻辑,因此使用起来比较方便,无须准备设备。但是,由于工艺设计中所涉及的因素又多又复杂,目前的技术水平还无法完全实现所谓的自动系统,目前的创成法工艺设计系统大多还处于研发阶段。

3. 知识基础系统工作原理

创成法系统由于决策逻辑嵌套在应用程序中,结构复杂且不易修改,目前的研究已转向知识基础系统(又称专家系统)。在该系统中,把工艺专家编制工艺的经验和知识存到知识库中,它可以方便的通过专用模块进行增减和调用。这就使得系统的通用性和适应性大大提高,具体工作原理如图 5-32 所示。

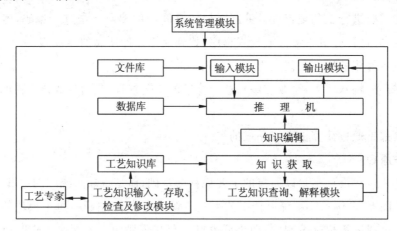

图 5-32　知识基础系统工作原理

各种类型的 CAPP 系统的适用范围主要与零件族的数量、零件品种数以及相似程度有关。对于零件族数量不多,而且在每个零件族中有许多相似的零件,派生法 CAPP 系统通常用得比较多;如果零件族数量较大,而在每个零件族中零件品种不多,那么用创成法 CAPP 系统就比较经济。值得一提的是,所谓半创成法 CAPP 系统,是一种以派生法为主,创成法为辅的 CAPP 系统。例如,工艺过程设计采用派生法,而工序设计采用创成法。无论哪一种系统,只要符合工厂实际、使用方便、容易操作和掌握,那么它就是一个好系统。

思考与习题

5-1　什么是工艺规程?简述工艺规程的类型及制定步骤。

5-2　常用毛坯由哪几种?如何选用?

5-3　简述基准、设计基准、工艺基准的概念。

5-4　什么是定位基准?精基准与粗基准的选择各有何原则?

5-5　如图 5-33 所示的零件,在加工过程中将 A 面放在机床工作台上加工 B、C、D、E、F 表面,在装配时将 A 面与其他零件连接。试说明:

(1) A 面是哪些表的尺寸和相互位置的设计基准?

(2) 哪个表面是装配基准和定位基准?

5-6　什么是工序集中、工序分散? 各有何特点?

5-7　加工阶段应如何划分? 各加工阶段的主要任务是什么?

5-8　为什么要划分加工阶段?

5-9　什么是机械加工余量? 它的大小受哪些因素影响?

5-10　如图 5-34 所示,某零件的内孔需淬硬,其内孔加工路线为:粗镗—半精镗—精镗至 $\phi84.8H7(^{+0.035}_{0})$—插键槽至工序尺寸 A—精磨内孔,同时保证内孔尺寸 $\phi85H5$ 及键槽尺寸 $92(^{+0.2}_{0})$。试求插键槽的工序尺寸 A。

5-11　某轴 $\phi100^{0}_{-0.035}$,要求渗碳,并保证渗碳层深度为 $0.8\sim1.2$ mm。此轴的加工顺序为:车外圆至 $\phi100.5^{0}_{-0.074}$ mm,渗碳淬火,磨外圆至所需尺寸。求渗碳时的渗入深度。

5-12　某零件材料为 45 钢,锻造毛坯,单件小批量生产,外圆表面尺寸精度 6 级,需淬火处理,试安排其外圆表面加工工艺路线。

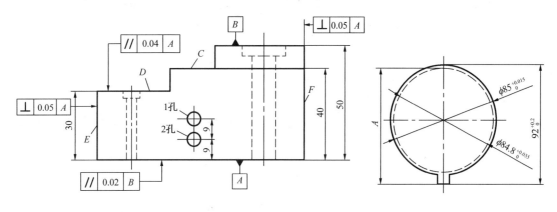

图 5-33　题 5-5 图　　　　　　　　　　　　　　图 5-34　题 5-10 图

5-13　机械加工的单件工时包含哪些?

5-14　举例说明提高机械加工生产率的方法。

5-15　工艺成本包含哪些? 有何含义?

5-16　何谓装配精度? 它与组成零件的加工精度有何关系?

5-17　保证机器或部件装配精度的方法有几种? 各有什么特点? 适用于什么情况?

5-18　如图 5-35 所示的齿轮箱部件,根据使用要求齿轮轴肩与轴承端面间的轴向间隙应在 $1.00\sim1.75$ mm 范围内。若已知各零件的基本尺寸为 $A_1=101$ mm,$A_2=50$ mm,$A_3=A_5=5$ mm,$A_4=140$ mm。

(1) 试确定当采用完全互换法装配时,各组成环尺寸的公差及偏差。

(2) 试确定当采用大数互换法装配时,各组成环尺寸的公差及偏差。

5-19　如图 5-36 所示的装配中,要求保证轴向间隙 $A_0=0.1\sim0.35$ mm,已知:$A_1=30$ mm,$A_2=5$ mm,$A_3=43$ mm,$A_4=3^{0}_{-0.05}$ mm(标准件),$A_5=5^{0}_{-0.04}$ mm

(1) 采用修配法装配时,选 A_5 为修配环,试确定修配环的尺寸及上下偏差。

(2)采用固定调整法装配时,选 A_5 为调整环,求 A_5 的分组数及其尺寸系列。

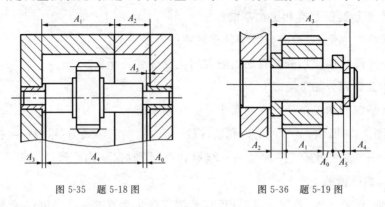

图 5-35 题 5-18 图   图 5-36 题 5-19 图

5-20 试述制定装配工艺规程的意义、内容、方法和步骤。

第6章

轴类零件的加工工艺

典型零件机械加工工艺过程分析

案例导入

机器是由形状、尺寸各异的零部件构成的,从机械制造加工的角度出发,似乎无规律可循,十分复杂。但我们只要仔细分析零件的成形特征,还是能找出其中的规律性。从零件的结构特征上,可以将零件分为轴类零件、套筒类零件、叉架类零件、箱体类零件及齿轮零件等,各类零件有其自身的加工工艺特点。例如,轴类零件适合于车、磨削加工,箱体类零件适合于铣、刨削加工;精度要求较高的零件加工工艺会复杂一些;齿轮零件的齿形加工有其自身特点等。本章即针对机械制造中较为常见的典型轴类零件、箱体类零件、套筒零件和齿轮零件的结构特点、加工工艺过程进行综合分析,阐述各种典型零件机械加工工艺的一般规律。

6.1 轴类零件的加工

6.1.1 概述

1. 轴类零件的功能和结构特点

轴类零件是机械零件中的关键零件之一,主要用来传递旋转运动和扭矩,支撑传动零件并承受载荷,而且也是保证装在轴上零件回转精度的基础。

轴类零件是回转体零件,一般来说其长度大于直径。轴类零件的主要加工表面是内、外旋转表面,次要加工表面有键槽、花键、螺纹和横向孔等。轴类零件按结构形状可分为光轴、阶梯轴、空心轴和异型轴(如曲轴、凸轮轴、偏心轴等),按长径比(l/d)又可分为刚性轴($l/d \leqslant 12$)和挠性轴($l/d > 12$)。其中,以刚性光轴和阶梯轴工艺性较好。

2. 轴类零件的技术要求

(1)尺寸精度 尺寸精度包括直径尺寸精度和长度尺寸精度。精密轴颈为IT5级,重要轴颈为IT6~IT8级,一般轴颈为IT9级。轴向尺寸一般要求较低。

(2)相互位置精度 相互位置精度,主要指装配传动件的轴颈相对于支承轴颈的同轴度及端面对轴心线的垂直度等。通常用径向圆跳动来标注。普通精度轴的径向圆跳动为0.01~

0.03 mm,高精度轴的径向圆跳动通常为 0.005~0.01 mm。

（3）几何形状精度　几何形状精度主要指轴颈的圆度、圆柱度,一般应符合包容原则(形状误差包容在直径公差范围内)。当几何形状精度要求较高时,零件图上应单独标注出规定允许的偏差。

（4）表面粗糙度　轴类零件的表面粗糙度和尺寸精度应与表面工作要求相适应。通常支承轴颈的表面粗糙度值 Ra 为 3.2~0.4 μm,配合轴颈的表面粗糙度值 Ra 为 0.8~0.1 μm。

3. 轴类零件的材料与热处理

轴类零件应根据不同的工作情况,选择不同的材料和热处理规范。一般轴类零件常用中碳钢,如 45 钢,经正火、调质及部分表面淬火等热处理,得到所要求的强度、韧性和硬度。对中等精度而转速较高的轴类零件,一般选用合金钢(如 40Cr 等),经过调质和表面淬火处理,使其具有较高的综合力学性能。对在高转速、重载荷等条件下工作的轴类零件,可选用 20CrMnTi、20Cr 等低碳合金钢,经渗碳淬火处理后,具有很高的表面硬度,心部则获得较高的强度和韧性。对高精度和高转速的轴,可选用 38CrMoAl 钢,其热处理变形较小,经调质和表面渗氮处理,可达到很高的心部强度和表面硬度,从而获得优良的耐磨性和耐疲劳性。

4. 轴类零件的毛坯

轴类零件的毛坯常采用棒料、锻件和铸件等毛坯形式。一般光轴或外圆直径相差不大的阶梯轴采用棒料,对外圆直径相差较大或较重要的轴常采用锻件;对某些大型的或结构复杂的轴(如曲轴)可采用铸件。

6.1.2　车床主轴加工工艺分析

1. 车床主轴技术条件的分析

如图 6-1 所示为 CA6140 车床的主轴简图。

①主轴支承轴颈的技术要求。

主轴的支承轴颈是主轴的装配基准,它的制造精度直接影响主轴的回转精度,主轴上各重要表面均以支承轴颈为设计基准,有严格的位置要求。

支承轴颈为了使轴承内圈能涨大以便调整轴承间隙,故采用锥面结构。轴承内圈是薄壁零件,装配时轴颈上的形状误差会反映到内圈的滚道上,影响主轴回转精度,故必须涂色检查接触面积,严格控制轴颈形状误差。

②主轴工作表面的技术要求

车床主轴锥孔是用来安装顶尖或刀具锥柄的,前端圆锥面和端面是安装卡盘或花盘的。这些安装夹具或刀具的定心表面均是主轴的工作表面。对于它们的要求有:内外锥面的尺寸精度、形状精度、表面粗糙度和接触精度;定心表面相对于支承轴颈 A-B 轴心线的同轴度;定位端面 D 相对于支承轴颈 A-B 轴心线的端面跳动等。它们的误差会造成夹具或刀具的安装误差,从而影响工件的加工精度。如图 6-2 所示不同情况下安装误差对加工精度的影响。

当主轴轴端外锥相对于支承轴颈不同轴时(图 6-2(a)),会使卡盘产生安装偏心;主轴的莫氏锥孔相对于支承轴颈表面的同轴度误差也会使前后顶尖形成的轴心线与实际的回转轴心线偏离(图 6-2(b))。此外主轴端部定心表面轴心线相对于支承轴颈表面的轴心线倾斜,会造成安装在定心表面上的夹具及工件或刀具和回转中心不同轴,而且离轴端愈远,同轴度误差值愈大(图 6-2(c))。因此在机床精度检验标准中,规定了近主轴端部和离轴端 300 mm 处的圆跳动误差。

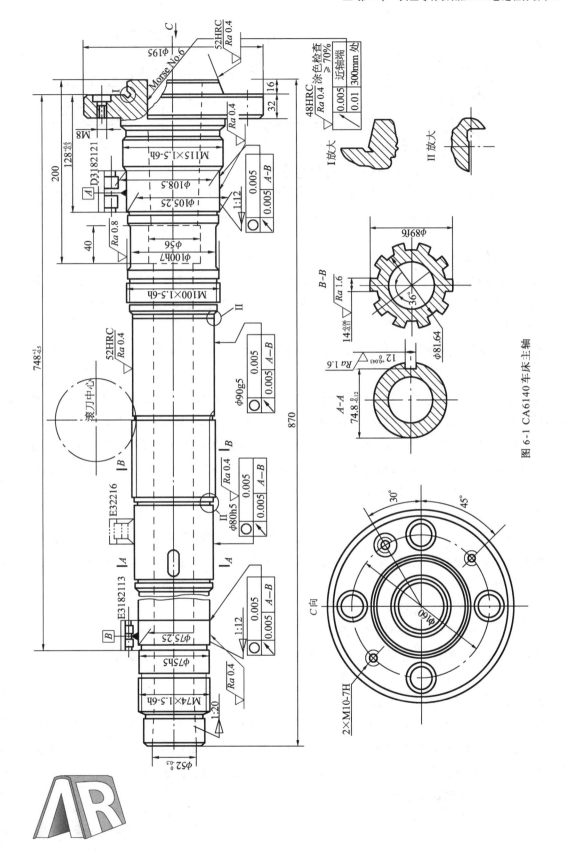

图 6-1 CA6140 车床主轴

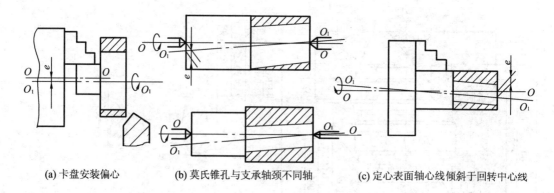

(a) 卡盘安装偏心   (b) 莫氏锥孔与支承轴颈不同轴   (c) 定心表面轴心线倾斜于回转中心线

图 6-2 安装误差对加工精度的影响

O-O 定位面轴心线；O_1-O_1 实际回转中心线

③空套齿轮轴颈的技术要求

空套齿轮轴颈是主轴与齿轮孔相配合的表面，它对支承轴颈应有一定的同轴度要求，否则会引起主轴传动齿轮啮合不良。当主轴转速很高时，还会产生振动和噪声，使工件外圆产生振纹，尤其在精车时，这种影响更为明显。

空套齿轮轴颈对支承轴颈 A-B 的径向跳动允许误差为 0.015 mm。

④螺纹的技术要求

主轴上的螺纹一般用来固定零件或调整轴承间隙。螺纹的精度要求是限制压紧螺母端面跳动量所必需的。如果压紧螺母端面跳动量过大，在压紧滚动轴承的过程中，会造成轴承内环轴心线的倾斜，引起主轴的径向跳动（在一定条件下，甚至会使主轴产生弯曲变形），不但影响加工精度，而且影响到轴承的使用寿命。因此主轴螺纹的精度一般为 6h；其轴心线与支承轴颈轴心线 A-B 的同轴度允许误差为 ϕ0.025 mm。

⑤主轴各表面的表面质量要求

所有机床主轴的支承轴颈表面、工作表面及其他配合表面都受到不同程度的摩擦作用。在滑动轴承配合中，轴颈与轴瓦发生摩擦，要求轴颈表面有较高的耐磨性。在采用滚动轴承时摩擦转移给轴承环和滚动体，轴颈可以不要求很高的耐磨性，但仍要求适当地提高其硬度，以改善它的装配工艺性和装配精度。

定心表面（内外锥面、圆柱面、法兰圆锥等）因相配件（顶尖、卡盘等）需经常拆卸，表面容易产生碰伤和拉毛，影响接触精度，所以也必须有一定的耐磨性。当表面硬度达 HRC45 以上时，拉毛现象可大大改善。主轴表面的粗糙度 Ra 值在 0.8～0.2 μm。

2. 车床主轴的机械加工工艺过程

经过对车床主轴结构特点、技术条件的分析，即可根据生产批量、设备条件等编制主轴的工艺规程。编制过程中应着重考虑主要表面（如支承轴颈、锥孔、短锥及端面等）和加工比较困难的表面（如深孔）的工艺措施。从而正确地选择定位基准，合理安排工序。

CA6140 车床主轴成批生产的工艺过程见表 6-1。

表 6-1　　　　　　　　　　　　　　CA6140 主轴加工工艺过程

序号	工序名称	工序简图	设备
1	备料		
2	模锻		
3	热处理	正火	
4	铣端面钻中心孔		铣端面钻中心孔机床
5	粗车外圆		卧式车床
6	热处理	调质 220～240 HBW	
7	车大端各外圆		卧式车床
8	仿形车小端各部		仿形多刀半自动车床 CE7120
9	钻 φ48 深孔		深孔钻床
10	车小端内锥孔（配 1∶20 锥堵）		卧式车床 C620B

（续表）

序号	工序名称	工序简图	设备
11	车大端内锥孔（配 6 号莫氏锥堵），车外短锥及端面	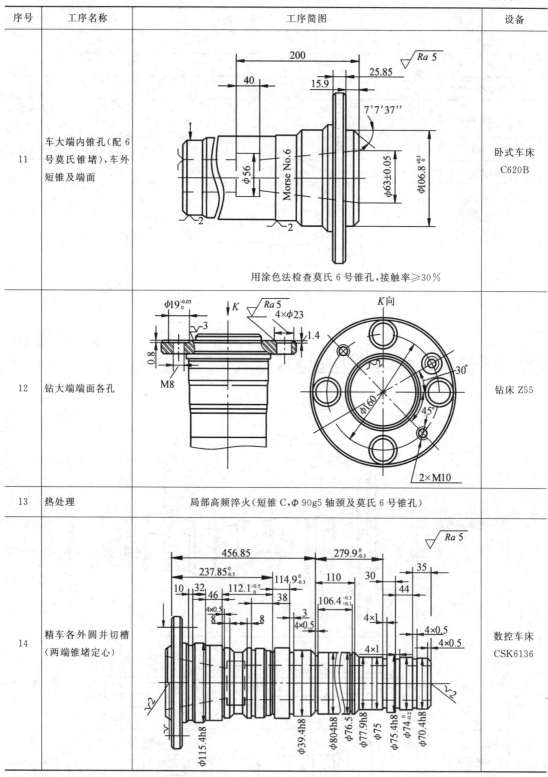	卧式车床 C620B
12	钻大端端面各孔		钻床 Z55
13	热处理	局部高频淬火（短锥 C,Φ 90g5 轴颈及莫氏 6 号锥孔）	
14	精车各外圆并切槽（两端锥堵定心）		数控车床 CSK6136

用涂色法检查莫氏 6 号锥孔,接触率≥30%

序号	工序名称	工序简图	设备
15	粗磨外圆	$\sqrt{Ra\,2.5}$ 　$\phi90.4h8$ 　$\phi75.25h8$ 　212 　720	外圆磨床
16	粗磨莫氏 6 号内锥孔(重配莫氏 6 号锥堵)	Morse No·6 　$\sqrt{Ra\,1.25}$ 　$\phi63.15{+0.05}$ 用涂色法检查莫氏 6 号锥孔,接触率≥40%	内圆磨床
17	粗铣和精铣花键	滚刀中心 　$115^{+0.20}_{-0.06}$ 　$\sqrt{Ra\,2.5}$ 　$14^{-0.06}_{-0.11}$ 　$\sqrt{Ra\,5}$ 　36° 　$\phi89.4h8$ 　$\phi81.14$	半自动花键轴铣床

（续表）

序号	工序名称	工序简图	设备
18	铣键槽		铣床 X25
19	车大端内侧面，车三处螺纹（配螺母）		卧式车床 CA6140
20	精磨各外圆及 E、F 两端面		外圆磨床
21	粗磨两处 1：12 外锥面		专用组合磨床
22	精磨两处 1：12 外锥面和 D 端面及短锥面等		专用组合磨床

（续表）

序号	工序名称	工序简图	设备
23	精磨莫氏 6 号内锥孔（卸锥堵）		专用主轴锥孔磨床
24	钳工	4×φ23 钻孔处锐边倒角	
25	检验	按图纸技术要求或检验卡检验	

3. 车床主轴加工工艺过程分析

（1）主轴毛坯的制造方法

毛坯的制造方法根据使用要求和生产类型而定。

毛坯形式有棒料和锻件两种。前者适用于单件小批量生产，尤其适用于光滑轴和外圆直径相差不大的阶梯轴，对于直径较大的阶梯轴则往往采用锻件。锻件还可获得较高的抗拉、抗弯和抗扭强度。单件小批量生产一般采用自由锻，批量生产则采用模锻件，大批量生产时若采用带有贯穿孔的无缝钢管毛坯，能大大节省材料和机械加工量。

（2）主轴的材料和热处理

主轴常用材料及热处理见表 6-2。45 钢是普通机床主轴的常用材料，淬透性比合金钢差，淬火后变形较大，加工后尺寸稳定性也较差，要求较高的主轴则采用合金钢材料为宜。

选择合适的材料并在整个加工过程中安排足够合理的热处理工序，对于保证主轴的力学性能、精度要求和改善其切削加工性能非常重要。车床主轴的热处理主要包括：

①毛坯热处理

车床主轴的毛坯热处理一般采用正火，其目的是消除锻造应力，细化晶粒，并使金属组织均匀，以利于切削加工。

②预备热处理

在粗加工之后半精加工之前，安排调质处理，目的是获得均匀细密的回火索氏体金相组织，提高其综合力学性能，同时，细密的索氏体金相组织有利于零件精加工后获得光洁的表面。

③最终热处理

主轴的某些重要表面（如 φ90g5 轴颈、锥孔及外锥等）需经高频淬火。最终热处理一般安排在半精加工之后，精加工之前，局部淬火产生的变形在最终精加工时得以纠正。

精度要求高的主轴，在淬火回火后还要进行定性处理。定性处理的目的是消除加工的内应力，提高主轴的尺寸稳定性，使它能长期保持精度。定性处理是在精加工之后进行的，如低温人工时效或水冷处理。

热处理次数的多少，取决于主轴的精度要求、经济性以及热处理效果。CA6140 车床主轴一般经过正火、调质和表面局部淬火三个热处理工序，无须进行定性处理。

表 6-2   主轴常用材料及热处理

主轴种类	材料	预备性热处理方法	最终热处理方法	表面硬度
车床、铣床主轴	45 钢	正火或调质	局部淬火后回火	45～52HRC
外圆磨床砂轮轴	65Mn	调质	高频淬火后回火	50～58HRC
专用车床主轴	40Cr	调质	局部淬火后回火	52～56HRC
齿轮磨床主轴	20CrMnTi	正火	渗碳淬火	58～63HRC
卧式镗床主轴 精密外圆磨床砂轮轴	38CrMoAlA	调质 消除内应力处理	渗氮	65HRC 以上

(3) 加工阶段的划分

主轴加工过程中的各加工工序和热处理工序均会不同程度地产生加工误差和应力。为了保证加工质量,稳定加工精度,CA6140 车床主轴加工基本上划分为下列三个阶段。

① 粗加工阶段

Ⅰ.毛坯处理:毛坯备料、锻造和正火(工序 1～3)。

Ⅱ.粗加工:锯去多余部分,铣端面、钻中心孔和荒车外圆等(工序 4、5)。

这一阶段的主要目的是:用大的切削用量切除大部分余量,把毛坯加工到接近工件的最终形状和尺寸,只留下少量的加工余量。通过这个阶段还可以及时发现锻件裂纹等缺陷,采取相应措施。

② 半精加工阶段

Ⅰ.半精加工前热处理:对于 45 钢一般采用调质处理,达到 220～240HBW(工序 6)。

Ⅱ.半精加工:车工艺锥面(定位锥孔)、半精车外圆端面和钻深孔等(工序 7～12)。

这个阶段的主要目的是:为精加工做好准备,尤其为精加工做好基面准备。对于一些要求不高的表面,如大端端面各孔,在这个阶段加工到图样规定的要求。

③ 精加工阶段

Ⅰ.精加工前热处理:局部高频淬火(工序 13)。

Ⅱ.精加工前各种加工:粗磨定位锥面、粗磨外圆、铣键槽和花键槽,以及车螺纹等(工序 14～19)。

Ⅲ.精加工:精磨外圆和两处 1:12 外锥面及莫氏 6 号内锥孔,从而保证主轴最重要表面的精度(工序 20～23)。

这一阶段的目的是:把各表面都加工到图样规定的要求。

粗加工、半精加工、精加工阶段的划分大体以热处理为界。

由此可知,整个主轴加工的加工工艺过程,就是以主要表面(支承轴颈、锥孔)的粗加工、半精加工和精加工为主,适当插入其他表面的加工工序而组成的。这就说明,加工阶段的划分起主导作用的是工件的精度要求。对于一般精度的机床主轴,精磨是最终机械加工工序。对精密机床的主轴,还要增加光整加工阶段,以求获得更高的尺寸精度和更低的表面粗糙度。

(4) 工序顺序的安排

由表 6-1 可见,主轴的加工工艺路线安排大体如下:毛坯制造—正火—车端面钻中心孔—粗车—调质—半精车半表面淬火—粗、精磨外圆—粗、精磨圆锥面—磨锥孔。

轴类零件各表面的加工顺序,与定位基准的转换有关,即先行工序必须为后续工序准备好定位基准。粗、精基准选定(后述)后,加工顺序也就大致排定。

在安排工序顺序时,还应注意下面几点。

①外圆加工顺序安排要照顾主轴本身的刚度,应先加工大直径后加工小直径,以免一开始就降低主轴刚度。

②就基准统一而言,希望始终以顶尖孔定位,避免使用锥堵,深孔加工应安排在最后。但深孔加工是粗加工工序,要切除大量金属,加工过程中会引起主轴变形,所以最好在粗车外圆之后就把深孔加工出来。

③花键和键槽加工应安排在精车之后,粗磨之前。如在精车之前就铣出键槽,将会造成断续车削,既影响质量又易损坏刀具,而且也难以控制键槽的尺寸精度。但这些表面也不宜安排在主要表面最终加工工序之后进行,以防在反复运输中,碰伤主要表面。

④因主轴的螺纹对支承轴颈有一定的同轴度要求,故放在淬火之后的精加工阶段进行,以免受半精加工所产生的应力以及热处理变形的影响。

⑤主轴系加工要求很高的零件,需安排多次检验工序。检验工序一般安排在各加工阶段前后,以及重要工序前后和花费工时较多的工序前后,总检验则放在最后。必要时,还应安排探伤工序。

（5）定位基准的选择

以两顶尖孔作为轴类零件的定位基准,既符合基准重合原则,又能使基准统一。所以,只要有可能,就尽量采用顶尖孔作为定位基准。

表 6-1 所列工序中的粗车、半精车、精车、粗磨、精磨各外圆表面和端面、铣花键和车螺纹等工序,都是以顶尖孔作为定位基准的。

两顶尖孔的质量好坏,对加工精度影响很大,应尽量做到两顶尖孔轴线重合、顶尖接触面积大、表面粗糙度低。否则,将会因工件与顶尖间的接触刚度变化而产生加工误差。因此经常注意保持两顶尖孔的质量,是轴类零件加工的关键问题之一。

深孔加工后,因顶尖孔所处的实体材料已不复存在,所以采用带顶尖孔的锥堵作为定位基准。

为了保证支承轴颈与两端锥孔的同轴度要求,需要应用互为基准原则。例如,CA6140 主轴的车小端 1∶20 锥和大端莫氏 6 号内锥孔时(表 6-1 中工序 10、11),用的是与前支承轴颈相邻而且又是用同一基准加工出来的外圆柱表面为定位基面(直接用前支承轴颈作为定位基准当然更好,但由于轴颈有锥度,在制造托架时会增加困难);工序 14 精车各外圆包括支承轴颈的 1∶12 锥度时,即是以上述前后锥孔内所配锥堵的顶尖孔作为定位基准面;在工序 16 粗磨莫氏 6 号内锥孔时,又是以两圆柱表面为定位基准面,这就符合互为基准原则。在工序 21 和 22 中,粗精磨两个支承轴颈的 1∶12 锥度时,再次以粗磨后的锥孔所配锥堵的顶尖孔为定位基准。在工序 23 中,最后精磨莫氏 6 号内锥孔时,直接以精磨后的前支承轴颈和另一圆柱面为基准面,基准再一次转换。随着基准的不断转换,定位精度不断提高。转换过程就是提高过程,使加工过程有一次比一次精度更高的定位基准面。基准转换次数的多少,要根据加工精度要求而定。

在精磨莫氏 6 号内锥孔的定位方法中,采用了专用夹具,机床主轴仅起传递扭矩的作用,排除了主轴组件本身的回转误差,因此提高了加工精度。

精加工主轴外圆表面也可用外圆表面本身来定位,即在安装工件时以支承轴颈表面本身找正。如图 6-3 所示,外圆表面找正是采用一种可拆卸的锥套心轴,心轴依靠螺母 4 和垫圈 3 压紧在主轴的两端面上。心轴两端有中心孔,主轴靠心轴中心孔安装在机床的前后顶尖上。

以支承轴颈表面找正时,适当敲动工件,使支承轴颈的径向圆跳动在规定的范围内(心轴和主轴靠端面上的摩擦力结合在一起,主轴和锥套并不紧配,留有间隙,允许微量调整),然后进行加工。

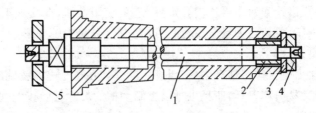

图 6-3 锥套心轴

1—心轴;2—锥套;3—垫圈;4—螺母;5—夹头

用这种定位方法,只需要准备几套心轴,因此简化了工艺装备,节省了修正中心孔工序,并可在一次安装中磨出全部外圆。

4. 主轴加工中的几个工艺问题

(1)锥堵和锥堵心轴的使用

对于空心的轴类零件,当通孔加工后,原来的定位基准——顶尖孔已被破坏,此后必须重新建立定位基准。对于通孔直径较小的轴,可直接在孔口倒出宽度不大于 2 mm 的 60°锥面,代替中心孔。而当通孔直径较大时,则不宜用倒角锥面代替,一般都采用锥堵或锥堵心轴的顶尖孔作为定位基准。

当主轴锥孔的锥度较小时(如车床主轴的锥孔为 1∶20 和莫氏 6 号孔)就常用锥堵,如图6-4 所示。

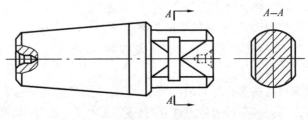

图 6-4 锥堵

当锥度较大时(如 X62 卧式铣床的主轴锥孔是 7∶24),可用带锥堵的拉杆心轴,如图 6-5所示。

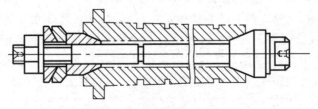

图 6-5 带锥堵的拉杆心轴

使用锥堵或锥堵心轴时应注意以下问题。

①一般不宜中途更换或拆装,以免增加安装误差。

②锥堵心轴要求两个锥面应同轴,否则拧紧螺母后会使工件变形。如图 6-5 所示的锥堵心轴结构比较合理,其右端锥堵与拉杆心轴为一体,其锥面与顶尖孔的同轴度较好,而左端有球面垫圈,拧紧螺母时,能保证左端锥堵与孔配合良好,使锥堵的锥面和工件的锥孔以及拉杆

心轴上的顶尖孔有较好的同轴度。

（2）顶尖孔的修磨

因热处理、切削力、重力等影响，常常会损坏顶尖孔的精度，因此在热处理工序之后和磨削加工之前，对顶尖孔要进行修磨，以消除误差。常用的顶尖孔修磨方法有以下几种。

①用铸铁顶尖研磨。可在车床或钻床上进行，研磨时加适量的研磨剂（W10～W12 氧化铝粉和机油调和而成）。用这种方法研磨的顶尖孔，其精度较高，但研磨时间较长，效率很低，除在个别情况下用来修整尺寸较大或精度要求特别高的顶尖孔外，一般很少采用。

②用油石或橡胶砂轮夹在车床的卡盘上，用装在刀架上的金刚钻将它的前端修整成顶尖形状（60°圆锥体），接着将工件定在油石或橡胶砂轮顶尖和车床后顶尖之间（图 6-6），并加少量润滑油（柴油），然后开动车床使油石或橡胶砂轮转动，进行研磨。研磨时用手把持工件并连续而缓慢地转动。这种研磨中心孔的方法效率高，质量好，也简便易行。

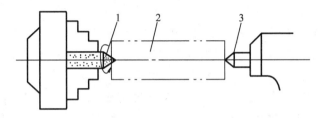

图 6-6　用油石研磨顶尖孔

1—油石顶尖；2—工件；3—后顶尖

③用硬质合金顶尖刮研。把硬质合金顶尖的 60°圆锥体修磨成角锥的形状，使圆锥面只留下 4～6 条均匀分布的刃带（图 6-7），这些刃带具有微小的切削性能，可对顶尖孔的几何形状作微量的修整，又可以起挤光的作用。这种方法刮研的顶尖孔精度较高，表面粗糙度 Ra 值达 $0.8\ \mu m$ 以下，并具有工具寿命较长、刮研效率比油石高的特点，所以一般主轴的顶尖孔可以用此法修研。

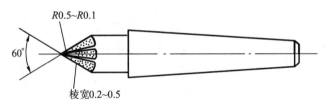

$R0.5\sim R0.1$

$60°$

棱宽$0.2\sim 0.5$

图 6-7　六棱硬质合金顶尖

上述三种修磨顶尖孔的方法，可以联合应用。例如先用硬质合金顶尖刮研，再选用油石或橡胶砂轮顶尖研磨，这样效果会更好。

（3）外圆表面的车削加工

主轴各外圆表面的车削通常分为粗车、半精车、精车三个步骤。粗车的目的是切除大部分余量；半精车是修整预备热处理后的变形；精车则进一步使主轴在磨削加工前各表面具有一定的同轴度和合理的磨削余量。因此提高生产率是车削加工的主要问题。在不同的生产条件下一般采用的机械设备是：单件小批量生产采用普通卧式车床；成批生产多用带有液压仿形刀架的车床或液压仿形车床；大批量生产则采用液压仿形车床或多刀半自动车床。

采用液压仿形车削可实现车削加工半自动化，其上下料仍需手动，更换靠模、调整刀具都较简便，减轻了劳动强度，提高了加工效率，对成批生产是很经济的。仿形刀架的装卸和操作也很方便,成本低,能使普通卧式车床充分发挥使用效能。但是它的加工精度还不够稳定,不适宜进行强力切削,仍应继续改进。

多刀半自动车床主要用于大量生产中。它用若干把刀具同时车削工件的各个表面,因此缩短了切削行程和切削时间,是一种高生产率加工设备,但刀具的调整费时。

(4)主轴深孔的加工

一般把长度与直径之比大于 5 的孔称为深孔。深孔加工比一般孔加工要困难和复杂,原因是:

①刀具细而长,刚性差,钻头容易引偏,使被加工孔的轴心线歪斜。

②排屑困难。

③冷却困难,钻头散热条件差,容易丧失切削能力。

生产实际中一般采取下列措施来改善深孔加工的不利因素:

①用工件旋转、刀具进给的加工方法,使钻头有自定中心的能力。

②采用特殊结构的刀具——深孔钻,以增加其导向的稳定性和适应深孔加工的条件。

③在工件上预加工出一段精确的导向孔,保证钻头从一开始就不引偏。

④采用压力输送的切削润滑液并利用在压力下的冷却润滑液排出切屑。

在单件小批量生产中,深孔加工一般是在卧式车床上用接长的麻花钻加工。在加工过程中需多次退出钻头,以便排出切屑和冷却工件及钻头。在批量较大时,采用深孔钻床及深孔钻头,可获得较好的加工质量并具有较高的生产率。

钻出的深孔一般都要经过精加工才能达到要求的精度和表面粗糙度。精加工的方法主要有镗和铰。由于刀具细长,目前较多采用拉镗和拉铰的方法,使刀杆只受拉力而不受压力。这些加工一般也在深孔钻床上进行。

(5)主轴锥孔加工

主轴前端锥孔和主轴支承轴颈及前端短锥的同轴度要求高,因此磨削主轴的前端锥孔,常常成为机床主轴加工的关键工序。

磨削主轴前端锥孔,一般以支承轴颈作为定位基准,有以下三种安装方式。

①将前支承轴颈安装在中心架上,后轴颈夹在磨床床头的卡盘内,磨削前严格校正两支承轴颈,前端可调整中心架,后端在卡爪和轴颈之间垫薄纸来调整。这种方法辅助时间长,生产率低,而且磨床床头的误差会影响工件质量。但无须用专用夹具,因此常用于单件小批量生产。

②将前后支承轴颈分别安装在两个中心架上,用千分表校正好中心架位置。工件通过弹性联轴器或万向接头与磨床床头连接。此种方式可保证主轴轴颈的定位精度,且不受磨床床头误差的影响,但调整中心架费时且质量不稳定,一般只在生产规模不大时使用。

③成批生产时大多采用专用夹具加工。如图 6-8 所示为磨主轴锥孔的专用夹具,是由底座、支承架及浮动卡头三部分组成。前后两个支承架与底座连成一体。作为定位元件的 V 形架镶有硬质合金,以提高耐磨性。工件的中心高应调整到正好等于磨头砂轮轴的中心高。后端的浮动卡头装在磨床主轴锥孔内,工件尾部插入弹性套内。用弹簧把浮动卡头外壳连同工件向后拉,通过钢球压向镶有硬质合金的锥柄端面,依靠压簧的张力限制了工件的轴向窜动。采用这种连接方式,机床只传递切削扭矩,排除了磨床主轴圆跳动或同轴度误差对工件的影响,也可减小机床本身的振动对加工精度的影响。

（6）主轴各外圆表面的精加工和光整加工

主轴的精加工都是用磨削的加工方法,安排在最终热处理工序之后进行,用来纠正在热处理中产生的变形,最后达到所需的精度和表面粗糙度。磨削加工一般能达到的经济精度和经济表面粗糙度为 IT6 和 $Ra\,0.8\sim0.2\ \mu m$。对于一般精度的车床主轴,磨削是最后的加工工序。而对于精密的主轴还需要进行光整加工。

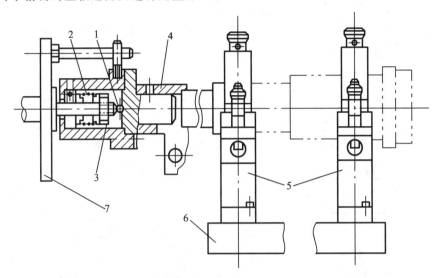

图 6-8　磨主轴锥孔专用夹具
1—钢球;2—弹簧;3—硬质合金;4—弹性套;5—支架;6—底座;7—拨盘

光整加工用于精密主轴的尺寸公差等级 IT5 以上或表面粗糙度低于 $Ra\,0.1\ \mu m$ 的加工表面,其特点是:

①加工余量都很小,一般不超过 0.2 mm。

②采用很小的切削用量和单位切削压力,变形小,可获得很小的表面粗糙度。

③对上道工序的表面粗糙度要求高。一般都要求低于 $Ra\,0.2\ \mu m$,表面不得有较深的加工痕迹。

④除镜面磨削外,其他光整加工方法都是“浮动的”,即依靠被加工表面本身自定中心。因此只有镜面磨削可部分地纠正工件的形状和位置误差,而研磨只可部分地纠正形状误差。其他光整加工方法只能用于降低表面粗糙度。

外圆表面的几种光整加工方法的工作原理和特点见表 6-3。由于镜面磨削的生产率高且适应性广,目前已广泛应用于机床主轴的光整加工中。

表 6-3　　　　　　　　　　外圆表面的几种光整加工方法的工作原理和特点

光整加工方法	工作原理		特　点
镜面磨削	砂轮　工件	加工方式与一般磨削相同,但需要用特别软的砂轮,较低的磨削用量,极小的切削深度（1～2 μm）,仔细过滤的冷却润滑液。修正砂轮时用极慢的工作台进给速度	①粗糙度可达 $Ra\,0.012\sim0.006$,适用范围广; ②能够部分的修正上道工序留下来的形状和位置误差; ③生产率高,可配备自动测量仪; ④对机床设备的精度要求很高

（续表）

光整加工方法	工作原理	特 点
研磨	研磨套在一定的压力下与工件做复杂的相对运动，工件缓慢转动，带动磨粒起切削作用。同时研磨剂还能与金属表面层起化学作用，加速切削作用。研磨余量为 0.01～0.02 mm	①表面粗糙度可达 Ra 0.025～0.006，适用范围广；②能部分纠正形状误差，不能纠正位置误差；③方法简单可靠，对设备要求低；④生产率很低，工人劳动强度大，正被其他方法所取代，但仍用得相当广泛
超精加工	工件做低速转动和轴向进给（或工件不进给，磨头进给），磨头带动磨条以一定的频率（每分钟几十次到上千次）沿工件的轴向振动，磨粒在工件表面上形成复杂轨迹。磨条采用硬度很软的细粒度油石。冷却润滑液用煤油	①表面粗糙度可达 Ra 0.025～0.012，适用范围广；②不能纠正上道工序留下来的形状误差和位置误差；③设备要求简单，可在普通车床上进行；④加工效果受油石质量的影响很大
双轮珩磨	珩磨轮相对工作轴心线倾斜27°～30°，并以一定的压力从相对的方向压在工件表面上。工件（或珩磨轮）沿工件轴向做往复运动。在工件转动时，因摩擦力带动珩磨轮旋转，并产生相对滑动，产生微量的切削作用。冷却润滑液为煤油或油酸	①表面粗糙度可达 Ra 0.025～0.012，不适用于带肩轴类零件和锥形表面；②不能纠正上道工序留下来的形状误差和位置误差；③设备要求低，可用旧机床改装；④工艺可靠，表面质量稳定；⑤珩磨轮一般采用细粒度磨料自制，使用寿命长；⑥生产率比上述几种都高

（7）轴类零件的检验

轴类零件在加工过程中和加工完以后都要按机械加工工艺规程的技术要求进行检验。检验的项目包括表面粗糙度、硬度、尺寸精度、表面形状精度和相互位置精度。

①表面粗糙度和硬度的检验

硬度是在热处理之后用硬度计抽检。

表面粗糙度一般用样块比较法检验，对于精密零件可采用干涉显微镜进行测量。

②精度检验

精度检验应按一定顺序进行，先检验形状精度，然后检验尺寸精度，最后检验位置精度。这样可以判明和排除不同性质误差之间对测量精度的干扰。

Ⅰ. 形状精度检验

车床主轴的形状误差主要是指圆度误差和圆柱度误差。

圆度误差为轴的同一截面内最大直径与最小直径之差。一般用千分尺按照测量直径的方法即可检测。精度高的轴需用比较仪检验。

圆柱度误差是指同一轴向剖面内最大直径与最小直径之差，同样可用千分尺检测。弯曲度可以用千分表检验，把工件放在平板上，工件转动一周，千分表读数的最大变动量就是弯曲误差值。

Ⅱ. 尺寸精度检验

在单件小批量生产中，轴的直径一般用外径千分尺检验。精度较高（公差值小于 0.01 mm）时，可用杠杆卡规测量。台肩长度可用游标卡尺、深度游标卡尺和深度千分尺检验。

大批量生产中，为了提高生产率常采用极限卡规检测轴的直径。长度不大而精度又高的工件，也可用比较仪检验。

Ⅲ. 位置精度检验

为提高检验精度和缩短检验时间，位置精度检验多采用专用检具，如图6-9所示。检验时，将主轴的两支承轴颈放在同一平板上的两个V形架上，并在轴的一端用挡铁、钢球和工艺锥堵挡住，限制主轴沿轴向移动。两个V形架中有一个的高度是可调的。测量时先用千分表调整轴的中心线，使它与测量平面平行。平板的倾斜角一般为15°，使工件轴端靠自重压向钢球。

在主轴前锥孔中插入检验芯棒，按测量要求放置千分表，用手轻轻转动主轴，从千分表读数的变化即可测量各项误差，包括锥孔及有关表面相对支承轴颈的径向跳动和端面跳动。

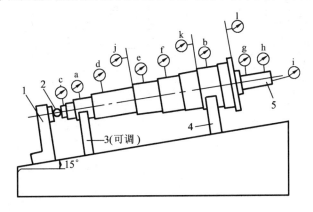

图6-9　主轴位置精度检验

1—挡铁；2—钢球；3、4—V形架；5—检验芯棒

锥孔的接触精度用专用锥度量规涂色检验，要求接触面积在70%以上，分布均匀而大端接触较"硬"，即锥度只允许偏小。这项检验应在检验锥孔跳动之前进行。

图6-9中各量表的功用如下：量表g检验锥孔对支承轴颈的同轴度误差；距轴端300 mm处的量表h检验锥孔轴心线对支承轴颈轴心线的同轴度误差；量表以c、d、e、f检验各轴颈相对支承轴颈的径向跳动；量表j、k、l检验端面跳动；量表i测量主轴的轴向窜动。

6.2　箱体零件的加工

6.2.1　概述

1. 箱体零件的功用和结构特点

箱体是机器的基础零件，它将机器和部件中的轴、齿轮等有关零件连接成一个整体，并保持正确的相互位置，以传递转矩或改变转速来完成规定的运动。因此箱体的加工质量直接影响机器的工作精度、使用性能和寿命。

如图6-10所示为某车床主轴箱简图。由图可知，箱体类零件结构复杂，壁薄且不均匀，加工部位多，加工难度大。据统计，一般中型机床制造厂花在箱体零件的机械加工劳动量约占整个产品加工量的15%～20%。

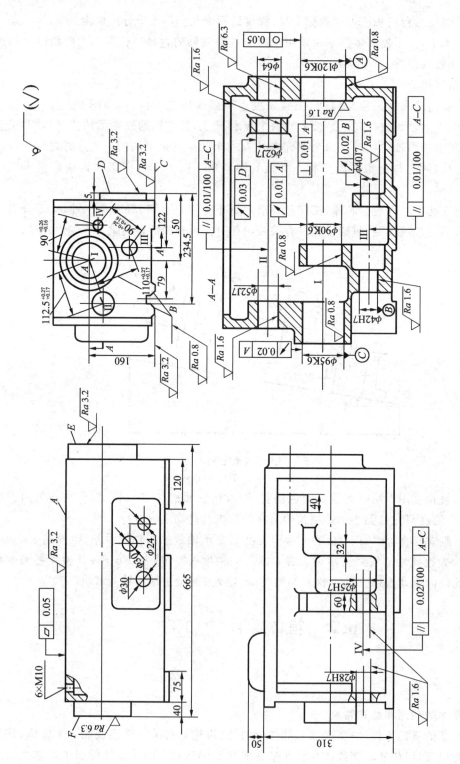

图 6-10　某车床主轴箱

2. 箱体类零件的主要技术要求

箱体类零件中以机床主轴箱的精度要求最高,现以某车床主轴箱为例,可归纳以下五项精度要求。

(1)孔径精度

孔径的尺寸误差和几何形状误差会使轴承与孔配合不良。孔径过大,配合过松,使主轴回转轴线不稳定,并降低了支撑刚度,易产生振动和噪音;孔径过小使配合过紧,轴承将因外界变形而不能正常运转,寿命缩短。装轴承的孔不圆,也使轴承外环因变形而引起主轴的径向跳动。

从以上分析可知对孔的精度要求较高。主轴孔的尺寸精度约为 IT6 级,其余孔为 IT6~IT7 级。孔的几何形状精度除做特殊规定外,一般都在尺寸公差范围内。

(2)孔与孔的位置精度

同一轴线上各孔的同轴度误差和孔端面对轴线垂直度误差,会使轴和轴承装配到箱体上后产生歪斜,致使主轴产生径向跳动和轴向窜动,同时也使温度升高,加剧轴承磨损。孔系之间的平行度误差会影响齿轮的啮合质量。一般同轴上各孔的同轴度约为最小孔尺寸公差的一半。

(3)孔和平面的位置精度

一般都要规定主要孔和主轴箱安装基面的平行度要求,他们决定了主轴与床身导轨的相互位置关系。这项精度是在总装过程中通过刮研达到的。为减少刮研工作量,一般都要规定主轴轴线对安装基面的平行度公差。在垂直和水平两个方向上只允许主轴前端向上和向前偏。

(4)主要平面的精度

装配基面的平面度误差影响主轴箱与床身连接时的接触刚度。若在加工过程中作为定位基准时,还会影响轴孔的加工精度。因此规定底面和导向面必须平直和相互垂直,其平面度、垂直度公差等级为 5 级。

(5)表面粗糙度

重要孔和主要表面的表面粗糙度会影响连接面的配合性质或接触刚度,其具体要求一般用 Ra 值来评价。主轴孔为 $Ra\,0.4\,\mu m$,其他各纵向孔为 $Ra\,1.6\,\mu m$,孔的内端面为 $Ra\,3.2\,\mu m$,装配基准面和定位基准面为 $Ra\,0.63\sim2.5\,\mu m$,其他平面为 $Ra\,2.5\sim10\,\mu m$。

3. 箱体的材料及毛坯

箱体材料一般选用 HT200~HT400 的各种牌号的灰铸铁,最常用的为 HT200,这是因为灰铸铁不仅成本低,而且具有较高的耐磨性、可铸性、可切削性和阻尼特性。在单件或某些简易机床的箱体生产中,为了缩短生产周期和降低成本,可采用钢材焊接结构。此外,精度要求较高的坐标镗床主轴箱可选用耐磨铸铁,负荷大的主轴箱也可采用铸钢件。

毛坯的加工余量与生产批量、毛坯尺寸、结构、精度和铸造方法等因素有关,有关数据可查相关资料及数据的具体情况决定。如Ⅱ级精度灰铸铁件,在大批量生产时,平面的总加工余量为 6~10 mm,孔的半径余量为 7~12 mm;单件小批量生产时,平面为 7~12 mm,孔半径余量为 8~14 mm;成批生产时小于 $\phi30$ mm 的孔和单件小批量生产小于 $\phi50$ mm 的孔不铸出。

毛坯铸造时,应防止砂眼和气孔的产生。为了减少毛坯制造时产生残余应力,应使箱体壁厚尽量均匀,箱体铸造后应安排退火或时效处理工序。

4. 箱体零件的结构工艺性

箱体零件的结构工艺性对实现机械加工优质、高产和低成本具有重要意义。

箱体的基本孔可分为通孔、阶梯孔、盲孔、交叉孔等几类。通孔工艺性最好,通孔内又以孔长 L 与孔径 D 之比 $L/D \leqslant 1 \sim 1.5$ 的短圆柱孔工艺性为最好;$L/D > 5$ 的孔,称为深孔,若深孔精度要求较高、表面粗糙度值较小时,加工就很困难。

阶梯孔的工艺性与"孔径比"有关。孔径相差越小则工艺性越好;孔径相差越大,且其中最小的孔径又很小,则工艺性越差。

相贯通的交叉孔的工艺性也较差,如图 6-11(a)所示 $\phi 100^{+0.035}_{0}$ 孔与 $\phi 70^{+0.03}_{0}$ 孔贯通相交,在加工主轴孔时,刀具走到贯通部分时,由于刀具径向受力不均,孔的轴线就会偏移。为此可采取图 6-11(b)所示的加工方式,$\phi 70$ 孔不铸通,加工 $\phi 100^{+0.035}_{0}$ 主孔后再加工 $\phi 70$ 孔即可。

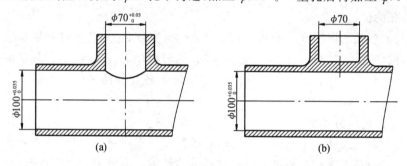

图 6-11 交叉孔的工艺性

盲孔的工艺性最差,因为在精铰或精镗盲孔时,刀具送进难以控制,加工情况不便于观察。此外,盲孔内端面的加工也特别困难,故应尽量避免。

同一轴线上孔径大小向一个方向递减,便于镗孔时镗杆从一端伸入,逐个加工或同时加工同轴线上几个孔,以保证较高的同轴度和生产率。单件小批量生产时一般采用这种分布形式(图 6-12(a))。同孔径大小从两边向中间递减,加工时便于组合机床从两边同时加工,镗杆刚度好,适合大批量生产(图 6-12(b))。

同一轴线上的孔的直径分布形式,应尽量避免中间壁上的孔径大于外壁的孔径。因为加工这种孔时,要将刀杆伸进箱体后装刀和对刀,结构工艺性差(图 6-12(c))。

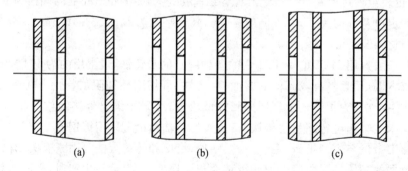

图 6-12 同轴孔径的排列方式

为便于加工、装配和检验,箱体的装配基面尺寸应尽量大,形状应尽量简单。

箱体外壁上的凸台应尽可能在一个平面上,以便可以在一次走刀中加工出来,而无须调整刀具的位置,使加工简单方便。

箱体上的紧固孔和螺孔的尺寸规格应尽量一致,以减少刀具数量和换刀次数。

6.2.2　箱体平面及孔系的加工方法

箱体零件的主要加工表面为平面及孔系。

1. 箱体的平面加工

箱体平面加工的常用方法有刨、铣和磨三种。刨削和铣削常用作平面的粗加工和半精加工，而磨削则用作平面的精加工。

刨削加工的特点：刀具结构简单，机床调整方便，通用性好。在龙门刨床上可以利用几个刀架，在工件的一次安装中完成几个表面的加工，能比较经济地保证这些表面间的相互位置精度要求。精刨还可以代替刮研来精加工箱体平面。精刨时采用宽刃精刨刀，在经过检修和调整的刨床上，以较低的切削速度（一般为 $4\sim12$ m/min），在工件表面上切去一层很薄的金属（$0.007\sim0.100$ mm）。精刨后的表面粗糙度 Ra 值可达 $2.5\sim0.63$ μm，平面度可达 0.002 mm/m。宽刃精刨的进给量很大（$5\sim25$ mm/双行程），生产率极高。

铣削生产率高于刨削，在中批以上生产中多用铣削加工平面。当加工尺寸较大的箱体平面时，常在多轴龙门铣床上，用几把铣刀同时加工各有关平面，以保证平面间的相互位置精度并提高生产率。

平面磨削的加工质量比刨和铣都高，而且还可以加工淬硬零件。磨削平面的粗糙度 Ra 可达 $1.25\sim0.32$ μm。生产批量较大时，箱体的平面常用磨削进行精加工。为了提高生产率和保证平面间的相互位置精度，生产实际中还经常采用组合磨削（图 6-13）来精加工平面。

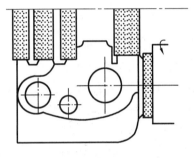

图 6-13　组合磨削

2. 箱体孔系的加工方法

箱体上一系列有相互位置精度要求的孔的组合，称为孔系。孔系可分为平行孔系、同轴孔系和交叉孔系。由于箱体功用及结构需要，箱体上的孔往往本身精度要求高，而且孔距精度和相互位置精度要求也高，所以孔系加工是箱体加工的关键。根据箱体生产批量不同和孔系精度要求不同，孔系加工所用的方法也不同。

（1）平行孔系的加工

所谓平行孔系，是指这样一些孔，它们的轴线互相平行且孔距也有精度要求。因此平行孔系加工的主要技术要求是保证孔的加工精度，保证各平行孔轴线之间以及轴线与基面之间的尺寸精度和相互位置精度。下面主要介绍生产中保证孔距精度的方法。

①找正法

找正法是工人在通用机床上利用辅助工具来找正要加工孔的正确位置的加工方法。这种方法加工效率低，一般只适用于单件小批量生产。根据实施找正的具体手段不同，找正法又可分为以下几种：

Ⅰ. 划线找正法　加工前按照零件图纸要求在毛坯上划出各孔的加工位置线，然后按划线进行找正和加工。划线和找正时间较长，生产率低，而且加工出来的孔距精度也较低，一般为 ±0.3 mm。为了提高划线找正的精度，往往结合试切法进行，即先按划线找正镗出一孔，再按划线将机床主轴调至第二孔中心，试镗出一个比图样尺寸小的孔，测量两孔的实际中心距，若不符合图样要求，则根据测量结果重新调整主轴的位置，再进行试镗、测量、调整，如此反复几次，直至达到要求的孔距尺寸。划线找正法操作难度较大，生产率低，孔距精度较低，适用于单件小批量生产中孔距精度要求不高的孔系加工。

Ⅱ. 心轴和块规找正法 如图 6-14 所示,镗第一排孔时将精密心轴插入主轴孔内(或直接利用镗床主轴),然后根据孔和定位基准的距离组合一定尺寸的块规来校正主轴位置。校正时用塞尺测量块规与心轴之间的间隙,以避免块规与心轴直接接触而损伤块规(图 6-14(a))。镗第二排孔时,分别在机床主轴和已加工孔中插入心轴,采用同样的方法来校正主轴轴线的位置(图 6-14(b))。这种找正法的孔心距精度可达±0.03 mm。

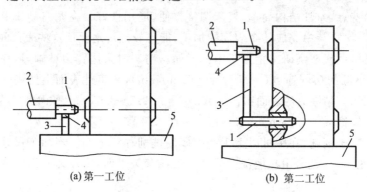

(a) 第一工位　　　　　　　(b) 第二工位

图 6-14 用心轴和块规找正
1—心轴;2—镗床主轴;3—块规;4—塞尺;5—镗床工作台

Ⅲ. 样板找正法 如图 6-15 所示,用 10～20 mm 厚的钢板按箱体的孔系关系制造样板 1,样板上的孔距精度较箱体孔系的孔距精度高(一般为±0.01 mm),样板上的孔径较工件孔径大,以便于镗杆通过。样板上孔径尺寸精度要求不高,但有较高的形状精度和较小的表面粗糙度。使用时将样板准确地装到工件上(垂直于各孔的端面),在机床主轴上装一个千分表 2,按样板逐个找正主轴位置,换上镗刀即可加工。此法加工中找正迅速,不易出错,孔距精度可达±0.05 mm,且样板成本低(仅为镗模成本的 1/9～1/7),常用于小批量大型箱体的加工。

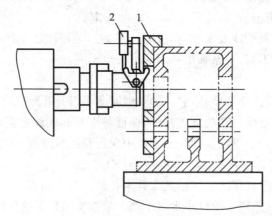

图 6-15 样板找正法
1—样板;2—千分表

②坐标法

坐标法镗孔是加工前先将图纸上被加工孔系间的孔距尺寸及其公差换算为以工件定位基准原点为机床新原点的相互垂直的坐标尺寸及公差,加工时借助于机床设备上的测量装置,调整机床主轴与工件在水平与垂直方向的相对位置,从而保证孔距精度的一种镗孔方法。进行尺寸换算时,可利用三角几何关系及工艺尺寸链理论推算,复杂时可由计算机应用相应的坐标转换计算程序完成。

坐标法镗孔的孔距精度取决于坐标位移精度,归根结底取决于机床坐标测量装置的精度。目前,生产实际中采用坐标法加工孔系的机床有两类:一类如坐标镗床、数控镗铣床或加工中心,自身具有精确的坐标测量系统,可进行高精度的坐标位移、定位及测量等坐标控制;另一类没有精密坐标位移及测量装置,如普通镗床等。用前一类机床加工孔系,孔距精度主要由机床本身的坐标控制精度决定。用后一类机床加工孔系,往往采用相应的工艺措施以保证坐标位移精度,较常用的有:

Ⅰ.利用百分表与块规测量装置　图 6-16 所示为在普通镗床上用百分表 1 和块规 2 调整主轴垂直坐标和工作台水平坐标,所控制的位置精度可达±(0.02~0.04) mm。该法调整难度大且效率低,仅用于单件小批量生产。

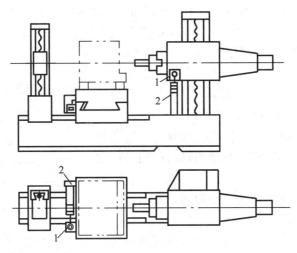

图 6-16　在普通镗床上用坐标法加工孔系
1—百分表;2—块规

Ⅱ.加装精密长度测量装置　该方法是在普通机床上加装一套由金属线纹尺和光学读数头组成的精密长度测量装置。该装置操作方便,精度较高,光学读数头的读数精度为 0.01 mm,可将普通镗床的位移定位精度提高到±0.02 mm。这种方法提高了普通机床的运动部件位移测量精度,既经济又实用,应用广泛。

采用坐标法加工孔系时,应特别注意基准孔和镗孔顺序的选择,否则,坐标尺寸的累积误差会影响孔距精度。基准孔应选择本身尺寸精度高、表面粗糙度值小的孔,以便在加工过程中可方便地校验其坐标尺寸。有孔距精度要求的两孔应连在一起加工以减小累积误差;加工中尽可能使工作台向一个方向移动,避免工作台往复移动而由进给机构的间隙造成累积误差。

③镗模法

镗模法加工孔系是利用镗模板上的孔系保证工件上孔系位置精度的一种方法,在中批生产和大批量生产中被广泛采用。镗孔时,工件装夹在镗模上,镗杆被支撑在镗模的导套里,由导套引导镗杆在工件的正确位置上镗孔。当用两个或两个以上的支架引导镗杆时,镗杆与机床主轴大多采用浮动连接,这种情况下机床主轴的回转精度对加工精度影响很小,孔距精度主要取决于镗模的制造精度。图 6-17 所示为镗杆与机床主轴浮动连接的一种结构形式。

用镗模法加工孔系时,工艺系统的刚度大大提高,有利于多刀同时切削,迅速定位夹紧,节省了找正、调整等辅助时间,生产率高。当然,由于镗模自身存在制造误差,导套与镗杆之间存在间隙和磨损,故孔系的加工精度不会很高,孔距精度一般为±0.05 mm,同轴度和平行度可达 0.02~0.05 mm。另外,镗模精度高、制造成本高、周期长,所以镗模法主要适用于批量生产的中小型箱体。

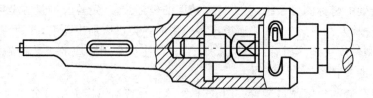

图 6-17 镗杆与机床主轴浮动连接

(2)同轴孔系的加工

同轴孔系的加工主要是保证各孔的同轴度精度。成批生产中,一般采用镗模法,所以同轴度精度由镗模保证。单件小批量生产中,同轴度精度的保证可采取如下的工艺方法:

①利用已加工孔做支承导向 如图 6-18 所示,当加工箱壁相距较近的同轴孔时,箱体前壁上的孔加工完毕后,在孔内装一导向套,支承和引导镗杆加工后壁上的孔,以保证两孔的同轴度要求。

②利用镗床后立柱上的导向套支承导向 这种方法镗杆两端支承,刚性好,但调整麻烦,镗杆较长,往往用于大型箱体的加工。

③采用调头镗 当箱体箱壁上的同轴孔相距较远

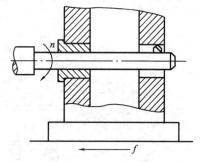

图 6-18 利用已加工孔做支承导向

时,采用调头镗较为合适。加工时,工件一次装夹完,镗好一端的孔后,将镗床工作台回转 180°,再镗另一端的孔。考虑到调整工作台回转后会带来误差,所以实际加工中一般用工艺基面校正,具体方法如下:镗孔前用装在镗杆上的百分表对箱体上的与所镗孔轴线平行的工艺基面进行校正,使其和镗杆轴线平行,如图 6-19(a)所示。当加工完 A 壁上的孔后,工作台回转 180°,并用镗杆上的百分表沿此工艺基面重新校正,如图 6-19(b)所示。校正时使镗杆轴线与 A 壁上的孔轴线重合,再镗 B 壁上的孔。

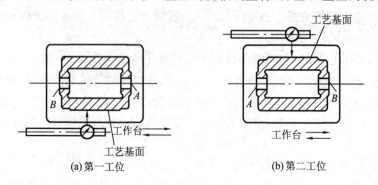

(a)第一工位   (b)第二工位

图 6-19 调头镗对工件的校正

(3)交叉孔系的加工

交叉孔系的加工主要技术要求是控制相关孔的垂直度误差。成批生产中多采用镗模法,垂直度误差主要由镗模保证。单件小批量生产时,一般靠普通镗床工作台上的 90°对准装置,该装置是挡块结构,对准精度低(T68 的出厂精度为 0.04 mm/900 mm,相当于 8″),所以还要借助找正来加工。找正方法如图 6-20 所示,在已加工孔中插入芯棒,然后将工作台旋转 90°,摇动工作台用百分表找正。

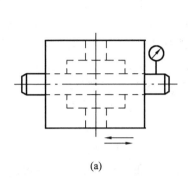 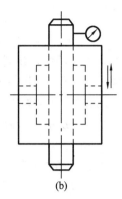

(a) (b)

图 6-20　找正法加工交叉孔系

6.2.3　箱体零件机械加工工艺过程分析

1. 箱体零件机械加工工艺过程

箱体零件的结构复杂,加工表面多,但主要加工表面是平面和孔。通常平面的加工精度相对来说较易保证,而精度要求较高的支承孔以及孔与孔之间、孔与平面之间的相互位置精度则较难保证,往往是箱体加工的关键。所以在制定箱体加工工艺过程时,应重点考虑保证孔的自身精度及孔与孔、平面之间的相互位置精度,尤其要注意重要孔与重要的基准平面(常作为装配基面、定位基准、工序基准)之间的关系。当然,所制定的工艺过程还应适合箱体生产批量和工厂具备的条件。

表 6-4 为某车床主轴箱(图 6-10)的大批量生产工艺过程。

表 6-4　　　　　　　　　　某车床主轴箱大批量生产工艺过程

序号	工序内容	定位基准	序号	工序内容	定位基准
1	铸造		10	精镗各纵向孔	顶面 A 及两工艺孔
2	时效		11	精镗主轴孔 I	顶面 A 及两工艺孔
3	油漆		12	加工横向孔及各面上的次要孔	
4	铣顶面	A、I 孔与 II 孔	13	磨 B、C 导轨面及前面 D	顶面 A 及两工艺孔
5	钻、扩、铰 2×φ8H7 工艺孔	顶面 A 及外形	14	将 2-φ8H7 及 4-φ7.8 mm 均扩钻至 φ8.5 mm,攻 6-M10	
6	铣两端面 E、F 及前面 D	顶面 A 及两个工艺孔			
7	铣导轨面 B、C	顶面 A 及两个工艺孔	15	清洗、去毛刺、倒角	
8	磨顶面 A	导轨面 B、C	16	检验	
9	粗镗各纵向孔	顶面 A 及两个工艺孔			

2. 箱体类零件机械加工工艺过程分析

(1)拟定箱体类零件机械加工工艺过程的基本原则

①先面后孔的加工顺序

箱体类零件的加工顺序均为先加工面,以加工好的平面定位,再来加工孔。因为箱体孔的精度要求高,加工难度大,先以孔为粗基准加工好平面,再以平面为精基准加工孔,这样既能为孔的加工提供稳定可靠的精基准,同时可以使孔的加工余量均匀。由于箱体上的孔一般分布在外壁和中间隔壁的平面上,先加工平面,可切去铸件表面的凹凸不平及夹砂等缺陷,这不仅有利于以后工序的孔加工(例如,钻孔时可减少钻头引偏),也有利于保护刀具、对刀和调整。

表 6-4 中主轴箱大批量生产时,先将顶面 A 磨好后才能加工孔系。

②加工阶段粗、精分开

箱体重要加工表面都要分为粗、精加工两个阶段,这样可以减小或避免粗加工产生的内应力和切削热对加工精度的影响,以保证加工质量;粗、精加工分开还可以根据不同的加工特点和要求,合理选择加工设备,便于低精度、高功率设备充分发挥其功能,而高精度设备则可以延长使用寿命,提高经济效益;粗、精加工分开也可以及时发现毛坯缺陷,避免浪费。

但是,对于单件小批量的箱体加工,如果从工序上严格区分粗、精加工,则机床、夹具数量要增加,工件运输工作量也会增加,所以实际生产中多将粗、精加工在一道工序内完成,但要采取一定的工艺措施,如粗加工后将工件松开一点,然后再用较小的夹紧力夹紧工件,使工件因夹紧力而产生的弹性变形在精加工前得以恢复。

③工序间安排时效处理

箱体毛坯结构复杂,铸造内应力较大。为了消除内应力,减少变形,保持精度的稳定,铸造之后要安排人工时效处理。主轴箱体人工时效的规范为:加热到 500～550 ℃,加热速度 50～120 ℃/h,保温 4～6 h,冷却速度≤30 ℃/h,出炉温度≤200 ℃。

普通精度的箱体,一般在铸造之后安排一次人工时效处理。对一些高精度的箱体或形状特别复杂的箱体,在粗加工之后还要安排一次人工时效处理,以消除粗加工所造成的残余应力。有些精度要求不高的箱体毛坯,有时不安排时效处理,而是利用粗、精加工工序间的停放和运输时间,使之进行自然时效。

④选择箱体上的重要基准孔作为粗基准

箱体零件的粗基准一般都采用它上面的重要孔作为粗基准,如主轴箱都用主轴孔作为粗基准。

(2)箱体零件加工的具体工艺问题

①粗基准的选择

虽然箱体类零件一般都采用重要孔为粗基准,但是生产类型不同,实现以主轴孔为粗基准的工件装夹方式是不同的。

中小批量生产时,由于毛坯精度较低,一般采用划线装夹,加工箱体平面时,按线找正装夹工件即可。

大批量生产时,毛坯精度较高,可采用如图 6-21 所示的夹具装夹。先将工件放在支承 1、3、5 上,使箱体侧面紧靠支架 4,箱体一端靠住挡销 6,这就完成了预定位。此时将液压控制的两短轴伸入主轴孔中,每个短轴上的三个活动支柱 8 分别顶住主轴孔内的表面,将工件抬起。离开 1、3、5 支承面,使主轴孔轴线与夹具的两短轴轴线重合,此时主轴孔即为定位基准。为了限制工件绕两短轴转动的自由度,在工件抬起后,调节两可调支承 10,通过用样板校正Ⅰ轴孔的位置,使箱体顶面基本成水平。再调节辅助支承 2,使其与箱体底面接触,使得工艺系统刚度得到提高。然后再将液压控制的两夹紧块 11 伸入箱体两端孔内压紧工件,即可进行加工。

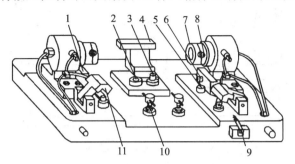

图 6-21 以主轴孔为粗基准铣顶面的夹具

1、3、5—初定位支承;2—辅助支承;4—支架;6—挡销;7—短轴;
8—活动支柱;9—开关;10—可调支承;11—夹紧块

②精基准的选择

箱体加工精基准的选择与生产批量大小有关。

单件小批量生产用装配基准作定位基准。如图 6-10 所示为车床主轴箱单件小批量加工孔系时,选择箱体底面导轨 B、C 面作为定位基准。B、C 面既是主轴孔的设计基准,也与箱体的主要纵向孔系、端面、侧面有直接的位置关系,故选择导轨面 B、C 作为定位基准,不仅消除了基准不重合误差,而且在加工各孔时,箱口朝上,便于安装调整刀具、更换导向套、测量孔径尺寸、观察加工情况和加注切削液等。

这种定位方式的不足之处是刀具系统的刚度较差。加工箱体中间壁上的孔时,为了提高刀具系统的刚度,应当在箱体内部相应的部位设计镗杆导向支承。由于箱体底部是封闭的,中间支承只能用如图 6-22 所示的吊架从箱体顶面的开口处伸入箱体内,每加工一件需装卸一次,吊架刚性差,制造精度较低,经常装卸也容易产生误差,且使加工的辅助时间增加,因此这种定位方式只适用于单件小批量生产。

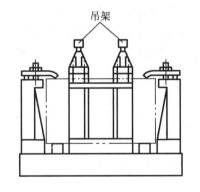
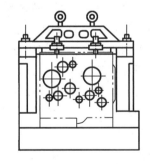
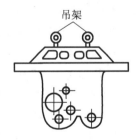

图 6-22 吊架式镗模夹具

大批量生产是采用一面两孔做定位基准。大批量生产的主轴箱常以顶面和两定位销孔为精基准,如图 6-23 所示。

采用这种定位方式加工时,箱口朝下,中间导向支架可固定在夹具上。由于简化了夹具结构,提高了夹具的刚度,同时工件的装卸也比较方便,因而提高了孔系的加工质量和生产率。

这一定位方式也存在一定的问题,由于定位基准与设计基准不重合,产生了基准不重合误

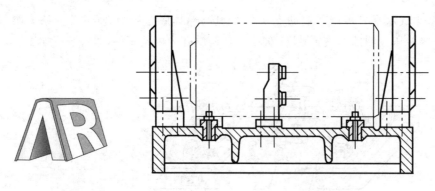

图 6-23　一面两孔定位的镗模

差。为保证箱体的加工精度,必须提高作为定位基准的箱体顶面和两定位销孔的加工精度。因此,大批量生产的主轴箱体工艺过程中,安排了磨 A 面工序,要求严格控制顶面 A 的平面度和 A 面至底面、A 面至主轴孔轴线的尺寸精度与平行度,并将两定位销孔通过钻、扩、铰等工序使其直径精度提高到 H7,增加了箱体加工的工作量。此外,这种定位方式的箱口朝下,不便在加工中直接观察加工情况,也无法在加工中测量尺寸和调整刀具(实际生产中采用定孔径刀具直接保证加工精度)。

③所用设备因批量不同而异

单件小批量生产一般都在通用机床上加工,各工序原则上靠工人技术熟练程度和机床工作精度来保证。除个别必须用专用夹具才能保证质量的工序(如孔系加工)外,一般很少采用专用夹具。而大批量箱体的加工则广泛采用组合加工机床、专用镗床等。专用夹具也用得很多,这就大大提高了生产率。

6.2.4　箱体零件的数控加工

箱体零件大量生产时,多采用由组合机床与输送装置组成的自动线进行加工,我国目前在汽车、拖拉机、柴油机等行业中,较广泛地采用了自动线加工工艺。

现代机械制造业中,多品种、小批量的生产已逐步占据主导地位。像机床制造行业,为了适应市场需要,品种与规格需经常变化。显然,品种与规格的变化必然导致箱体零件结构与尺寸的改变,这样就不能采用高效率的自动线加工工艺。但如果采用普通机床加工,则占用设备多,生产周期长,生产率低,生产成本高。为了解决这一矛盾,现代机械制造企业大多利用功率大、功能多的精密"加工中心"机床组织生产。

所谓"加工中心",就是带有自动换刀装置的数控镗铣床。如图 6-24 所示为立式与卧式加工中心外形。各种刀具都存放在刀库内。工序转换、刀具和切削参数选择、各执行部件的运动都由程序控制来自动进行。加工中心可对工件各个表面连续完成钻、扩、镗、铣、锪、铰、攻螺纹等多种工序,而且各工序理论上可以按任意顺序安排。

箱体零件的数控加工与普通机床加工工艺原则上是一致的,如先面后孔的加工顺序、粗精基准选择原则等,都与普通加工一样。但为了发挥数控机床或加工中心位移、定位精度高,能自动按程序运行的优点,箱体零件的数控加工与普通加工也有不同之处,有关问题可参考相关资料。

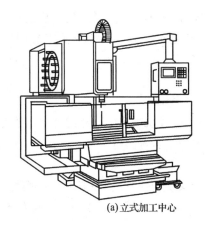　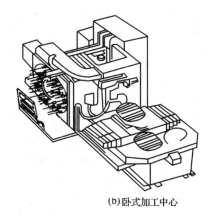

(a)立式加工中心　　　　　　　　　(b)卧式加工中心

图 6-24　加工中心外形

6.3　套筒零件的加工

6.3.1　概述

1.套筒零件的功用与结构特点

　　机器中套筒零件的应用非常广泛,常见的套筒零件有液压系统中的液压缸、内燃机上的气缸套、支承回转轴的各种形式的滑动轴承、夹具中的导向套等,如图 6-25 所示。套筒类零件一般功用于支承和导向。

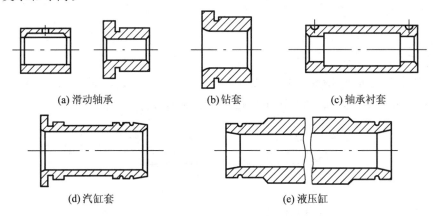

(a) 滑动轴承　　　　　　　(b)钻套　　　　　　　(c) 轴承衬套

(d)汽缸套　　　　　　　　　(e)液压缸

图 6-25　常见的套筒零件

　　套筒零件由于用途不同,其结构和尺寸有着较大的差异,但仍有其共同特点:零件结构不太复杂,主要表面为同轴度要求较高的内、外旋转表面;多为薄壁件,容易变形;零件尺寸大小各异,但长度一般大于直径,长径比大于 5 的深孔比较多。

2.套筒零件的技术要求

　　套筒零件各主要表面在机器中所起的作用不同,其技术要求差别较大,主要技术要求大致如下:

　　(1)内孔的技术要求

　　内孔是套筒零件起支承和导向作用最主要的表面,通常与运动着的轴、刀具或活塞相配合。其直径尺寸精度一般为 IT7 级,精密轴承套为 IT6 级;形状公差一般应控制在孔径公差以内,较精密的套筒应控制在孔径公差的 1/3～1/2,甚至更小。对于长套筒除了有圆度要求外,还对孔的圆柱度有要求。套筒零件的内孔表面粗糙度 Ra 为 2.5～0.16 μm,某些精密套筒要求更高,Ra 值可达 0.04 μm。

(2)外圆的技术要求

外圆表面一般起支承作用,通常以过渡或过盈配合与箱体或机架上的孔相配合。外圆表面直径尺寸精度一般为 IT6～IT7 级,形状公差应控制在外径公差以内,表面粗糙度 Ra 为 5～0.63 μm。

(3)各主要表面间的相互位置精度

①内、外圆之间的同轴度。若套筒是装入机座上的孔之后再进行最终加工,则对套筒内外圆间的同轴度要求较低;若套筒是在装配前进行最终加工,则同轴度要求较高,一般为 0.01～0.05 mm。

②孔轴线与端面的垂直度。套筒端面如果在工作中承受轴向载荷,或是作为定位基准和装配基准,这时端面与孔轴线有较高的垂直度或端面圆跳动要求,一般为 0.02～0.05 mm。

3. 套筒零件的材料要求与毛坯的选择

套筒零件常用材料是铸铁、青铜、钢等。有些要求较高的滑动轴承,为节省贵重材料而采用双金属结构,即用离心铸造法在钢或铸铁套筒内部浇注一层巴氏合金等材料,用来提高轴承寿命。

套筒零件毛坯的选择与材料、结构尺寸、生产批量等因素有关。直径较小(如 $d<20$ mm)的套筒一般选择热轧或冷拉棒料,或实心铸件。直径较大的套筒,常选用无缝钢管或带孔铸、锻件。生产批量较小时,可选择型材、砂型铸件或自由锻件;大批量生产则应选择高效率、高精度毛坯,必要时可采用冷挤压和粉末冶金等先进的毛坯制造工艺。

6.3.2 套筒零件加工工艺分析

下面以液压缸为例,来说明套筒零件的加工工艺过程及其特点。

1. 套筒零件的机械加工工艺过程

液压系统中液压缸体(图 6-26)是比较典型的长套筒零件,结构简单,壁薄容易变形,加工面比较少,加工方法变化不大,其加工工艺过程见表 6-5。

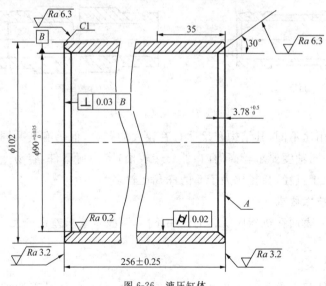

图 6-26　液压缸体

表 6-5　　　　　　　　　　　　　　　　液压缸体加工工艺过程

工序	工序名称	工序内容	定位与夹紧
1	备料	无缝钢管切断	
2	热处理	调质 241～285HB	
3	粗镗、半精镗内孔	镗内孔到 $\phi 89 \pm 0.2$ mm	四爪卡盘与托架
4	精车端面及工艺圆	①车端面,保证全长 258 mm,车倒角 C1;车内锥角 $3.78^{+0.5}_{0} \times 30°$ ②车另一端面,保证全长 256 ± 0.25 mm;车工艺圆 $\phi 99.3^{0}_{-0.12}$ mm, $Ra\ 3.2\ \mu m$,长 $16^{+0.43}_{0}$ mm,倒内角、倒外角	$\phi 89$ 孔可涨心轴
5	检查		
6	精镗内孔	镗内孔到 $\phi 89.94 \pm 0.035$ mm	夹工艺圆,托另一端
7	粗、精研磨内孔	研磨内孔到 $\phi 90^{+0.035}_{0}$ mm(不许用研磨剂)	夹工艺圆,托另一端
8	清洗		
9	终检		

2. 套筒零件机械加工工艺分析

(1)液压缸体的技术要求

该液压缸体主要加工表面为 $\phi 90^{+0.035}_{0}$ mm 的内孔,尺寸精度、形状精度要求较高,壁厚公差为 1 mm。为保证活塞在液压缸体内移动顺利且不漏油,还特别要求内孔光洁无划痕,不许用研磨剂研磨。两端面对内孔有垂直度要求,外圆面为非加工面,但自 A 端起在 35 mm 以内,外圆允许加工到 $\phi 99.3^{0}_{-0.12}$ mm。

(2)加工方法的选择

从上述工艺过程中可见套筒零件主要表面的加工多采用车削或镗削加工;为提高生产率和加工精度也可采用磨削加工。孔加工方法的选择比较复杂,需要考虑生产批量、零件结构及尺寸、精度和表面质量的要求、长径比等因素。对于精度要求较高的孔往往需要采用多种方法顺次进行加工,例如根据该液压缸的精度需要,内孔的加工方法及加工顺序为粗车(镗)—半精车(镗)—精车(镗)—研磨。

(3)保证套筒零件表面位置精度的方法

套筒零件主要加工表面为内孔、外圆表面,其加工中主要要解决的问题是如何保证内孔和外孔的同轴度以及端面对孔轴线的垂直度要求。因此,套筒零件加工过程中的安装是一个十分重要的问题。为保证各表面间的相互位置精度通常要注意以下几个问题。

①套筒零件的粗精车(镗)内外圆一般在卧式车床或立式车床上进行,精加工也可以在磨床上进行。此时,常用三爪卡盘或四爪卡盘装夹工件,且经常在一次安装中完成内外表面的全部加工。这种安装方式可以消除由于多次安装而带来的安装误差,保证零件内外圆的同轴度及端面与轴心线的垂直度。对于有凸缘的短套筒,可先车凸缘端,然后调头夹压凸缘端,这种装夹方式可防止因套筒刚度降低而产生的变形。但是,这种方法由于工序比较集中,对尺寸较大的(尤其是长径比较大)套筒安装不方便,故多用于尺寸较小套筒的车削加工。

②以内孔和外孔互为基准,反复加工以提高同轴度。

Ⅰ.以精加工好的内孔作为定位基面,用心轴装夹工件并用顶尖支承轴心。由于夹具(心轴)结构简单,而且制造安装误差比较小,因此可以保证比较高的同轴度要求,是套筒加工中常见的装夹方法。

Ⅱ.以外圆为精基准最终加工内孔。采用这种方法装夹工件迅速可靠,但因卡盘定心精度不高,且易使套筒产生夹紧变形,故加工后工件的形状与位置精度较低。若要获得较高的同轴度,则必须采用定心精度高的夹具,如弹性膜片卡盘、液性塑料夹具,经过修磨的三爪卡盘和"软爪"等。

(4)防止套筒变形的工艺措施

套筒零件由于壁薄,加工中常因夹紧力、切削力、内应力和切削热的作用而产生变形。故在加工时应注意以下几点:

①为减少切削力和切削热的影响,粗、精加工应分开进行,使粗加工产生的热变形在精加工中得到纠正,并应严格控制精加工的切削用量,以减小零件加工时的变形。

②减少夹紧力的影响,工艺上可以采取以下措施:改变夹紧力的方向,即将径向夹紧改为轴向夹紧,使夹紧力作用在工件刚性较强的部位;当需要径向夹紧时,为减小夹紧变形和使变形均匀,应尽可能使用径向夹紧力沿圆周均匀分布,加工中可用过度套或弹性套及扇形爪来满足要求;或者制造工艺凸边或工艺螺纹,以减小夹紧变形。

③为减少热处理变形的影响,热处理工序应置于粗加工之后、精加工之前,以便使热处理引起的形变在精加工中得以纠正。

3.深孔加工

套筒零件因使用要求与结构需要,有时会有深孔。套筒零件的深孔加工与车床主轴的深孔加工(前述)方法及其特点基本一致,下面就其共性问题做一简要讨论。

孔的长度与直径之比 $L/D>5$ 时,一般称为深孔。深孔按长径比又可分为以下三类:

$L/D=5\sim20$ 属一般深孔,如各类液压缸体的孔。这类孔在卧式车床、钻床上用深孔刀具或接长的麻花钻就可以加工。

$L/D=20\sim30$ 属中等深孔,如各类机床主轴孔。这类孔在卧式车床上必须是用深孔刀具加工。

$L/D=30\sim100$ 属特殊深孔,如枪管、炮管、电机转子等。这类孔必须使用深孔机床或专用设备,并使用深孔刀具加工。

(1)深孔加工的特点

钻深孔时,要从孔中排出大量切屑,同时又要向切削区注放足够的切削液。普通钻头由于排屑空间有限,切削液进出通道没有分开,无法注入高压切削液。所以,冷却、排屑是相当困难的。另外,孔越深,钻头就越长,刀杆刚性也越差,钻头易产生歪斜,影响加工精度和生产率的提高。所以,深孔加工中必须首先解决排屑、导向和冷却这几个主要问题,以保证钻孔精度,保持刀具正常工作,提高刀具寿命和生产率。

当深孔的精度要求较高时,钻削后还要进行深孔镗削或深孔铰削。深孔镗削与一般镗削不同,它所使用的机床仍是深孔钻床,在钻杆上装上深孔镗刀头,即可进行粗、精镗削。深孔铰削是在深孔钻床上对半精镗后的深孔进行精加工的方法。

（2）深孔加工时的排屑方式

①外排屑方式。高压冷却液从钻杆内孔注入，由刀杆与孔壁之间的空隙汇同切屑一起排出，如图6-27（a）所示。

外排屑方式的特点：刀具结构简单，不需要专用设备和专用辅具。排屑空间大，但切屑排出时易划伤孔壁，孔面粗糙度值较大。外排屑方式适用于小直径深孔钻及深孔套料钻。

②内排屑方式。高压切削液从刀杆外围与工件孔壁间流入，在钻杆内孔汇同切屑一同排出，如图6-27（b）所示。

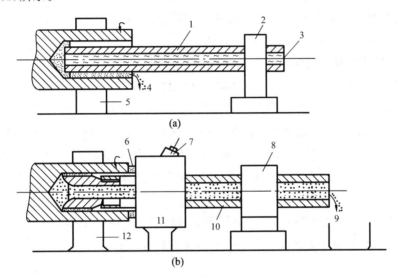

图6-27 深孔加工时的排屑方式

1、10—深孔钻；2、8—刀具支承；3、7—进液口；4、9—出液口；
5、12—工件支承；6—密封装置；11—受液器

内排屑方式的特点：可增大刀杆外径，提高刀杆刚度，有利于提高进给量和生产率。采用高压切削液将切屑从刀杆中冲出来，冷却排屑效果好，也有利于刀杆的稳定，从而提高孔的精度和降低孔的表面粗糙度值。但机床必须装有受液器与液封，并且需要预设一套供液系统。

（3）深孔加工方式

深孔加工时，由于工件较长，工件安装常采用"以夹一托"的方式，工件与刀具的运动形式有以下三种：

①工件旋转、刀具不转只做进给。这种加工方式多在卧式车床上用深孔刀具或用接长的麻花钻加工中小型套筒类与轴类零件的深孔时应用。

②工件旋转、刀具旋转并做进给。这种加工方式大多在深孔钻镗床上和深孔刀具加工大型套筒零件及轴类零件的深孔。这种加工方式由于钻削速度高，因此钻孔精度及生产率较高。

③工件不转、刀具旋转并做进给。这种钻孔方式主要应用在工件特别大且笨重，工件不宜转动或孔的中心线不在旋转中心上。这种加工方式易产生孔轴线的歪斜，钻孔精度较差。

6.4 圆柱齿轮的加工

6.4.1 概述

1.圆柱齿轮的功用与结构特点

齿轮是机械传动中应用最广泛的零件之一,它的功用是按规定的传动比传递运动和动力。圆柱齿轮因使用要求不同而有不同形状,可以将它们分成是由轮齿和轮体两部分构成。按照轮齿的形式,齿轮可分为直齿、斜齿和人字齿等;按照轮体的结构,齿轮可大致分为盘形齿轮、套类齿轮、轴类齿轮、内齿轮、扇形齿轮和齿条等。

2.圆柱齿轮的材料及毛坯

齿轮的材料种类很多。对于低速、轻载或重载的一些不重要的齿轮,常用 45 钢制作,经正火或调质处理后,可改善金相组织和可加工性,一般对齿面进行表面淬火处理。对于速度较高,受力较大或精度较高的齿轮,常采用 20Cr、40Cr、20CrMnTi 等合金钢。其中 40Cr 晶粒细,淬火变形小。20CrMnTi 采用渗碳淬火后,可使齿面硬度较高,心部韧性较好和抗弯性较强。38CrMoAl 经渗氮后,具有高的耐磨性和耐腐蚀性,用于制造高速齿轮。铸铁和非金属材料可用于制造轻载齿轮。

齿轮毛坯的形式主要有棒料、锻件和铸件。棒料用于小尺寸、结构简单且强度要求较低的齿轮。锻造毛坯用于强度要求较高、耐磨、耐冲击的齿轮。直径大于 400～600 mm 的齿轮常用于铸造毛坯。

3.圆柱齿轮的技术要求

(1)齿轮传动精度

《圆柱齿轮 精度制 第 1 部分:轮齿同侧齿面偏差的定义和允许值》(GB/T 10095.1—2008)规定了 13 个精度等级,按照误差的特性及对传动性能的主要影响,将齿轮的各项公差和极限偏差分成Ⅰ、Ⅱ、Ⅲ三个公差组,分别评定运动精度、工作平稳性精度和接触精度。运动精度要求能准确传递运动,传动比恒定;工作平稳性要求齿轮传递运动平稳,少冲击、振动和噪声;接触精度要求齿轮传递动力时,载荷沿齿面分布均匀。有关齿轮精度的具体规定可参看国家标准。

(2)齿侧间隙

齿侧间隙是指齿轮啮合时,轮齿非工作表面之间的法向间隙。为使齿轮副正常工作,齿轮啮合时必须有一定的齿侧间隙,以便贮存润滑油,补偿因温度、弹性变形所引起的尺寸变化和加工装配时的一些误差。

(3)齿坯基准面的精度

齿轮齿坯基准表面的尺寸精度和几何精度直接影响齿轮的加工精度和传动精度,齿轮在加工、检验和安装时的基准面(包括径向基准面和轴向辅助基准面)应尽量一致。对于不同精度的齿轮齿坯公差可查阅有关标准。

（4）表面粗糙度

常用精度等级的齿轮表面粗糙度与基准表面的粗糙度 Ra 的推荐值见表 6-6。

表 6-6   齿轮各表面粗糙度 Ra 的推荐值 μm

齿轮精度等级	5 级	6 级	7 级	8 级	9 级
轮齿齿面	0.4	0.8	0.8～1.6	1.6～3.2	3.2～6.3
齿轮基准孔	0.32～0.63	0.8	0.8～1.6		3.2
齿轮轴基准轴颈	0.2～0.4	0.4	0.8	1.6	
基准端面	0.8～1.6	1.6～3.2		3.2	
齿顶圆	1.6～3.2	3.2			

注：当三个公差组的精度等级不同时，按最高的精度等级确定。

6.4.2 圆柱齿轮加工的主要工艺问题

1.定位基准的选择与加工

齿轮加工时的定位基准应符合基准重合与基准统一的原则,对于小直径的轴齿轮,可采用两端中心孔为定位基准;对于大直径的轴齿轮,可采用轴颈和一个较大的端面定位;对带孔齿轮,可采用孔和一个端面定位。

不同生产纲领下的齿轮定位基准面的加工方案也不尽相同。带孔齿轮定位基准面的加工可采用如下方案：

①大批量生产时,采用"钻—拉—多刀车"的方案。毛坯经过模锻和正火后在钻床上钻孔,然后到拉床上拉孔,再以内孔定心,在多刀或多轴半自动车床上对端面及外圆面进行粗、精加工。

②中批量生产时,采用"车—拉—多刀车"的方案。先在卧式车床或转塔车床上对齿坯进行粗车和钻孔,然后拉孔,再以孔定位,精车端面和外圆。也可以充分发挥转塔车床的功能,将齿坯在转塔车床上一次加工完毕,省去拉孔工序。

③单件小批量生产时,在卧式车床上完成孔、端面、外圆的粗、精加工。先加工完一端,再掉头加工另一端。

齿轮淬火后,基准孔常发生变形,要进行修正。基准孔的修正一般采用磨孔工艺,其加工精度高,但效率低。对淬火变形不大,精度要求不高的齿轮,可采用推孔工艺。

2.齿形加工

齿形加工方法可分为无屑加工和切削加工两类。无屑加工包括热轧、冷轧、压铸、注塑、粉末冶金等,无屑加工生产率高,材料消耗小,成本低,但加工精度低,且易受材料塑性的影响。齿形切削加工精度高,应用广泛,又可分为仿形法和展成法两种。仿形法采用与被加工齿轮齿槽形状相同刀刃的成形刀具来进行加工,常用的有模数铣刀铣齿、齿轮拉刀拉齿和成形砂轮磨齿。展成法的原理是使齿轮刀具(相当于小齿轮或齿条)和齿坯(相当于大齿轮)严格保持一对齿轮啮合的运动关系来进行加工,常见的有滚齿、插齿、剃齿、珩齿、挤齿和磨齿等。齿形加工方法中,展成法加工精度和生产率较高,应用十分广泛。

采用各种齿形加工方法,由于设备、刀具、工具、工艺措施等因素都将使被加工齿形产生误差,影响齿轮传动精度。以下仅就滚齿和插齿加工对此做简要分析。

(1)滚齿的加工精度分析

滚齿加工中,由于机床、刀具、夹具和齿坯在制造、安装和调试中不可避免地存在一些误差,因而被加工齿轮在尺寸、形状和位置等方面也会产生一些误差。它们影响齿轮传动的准确性、平稳性、载荷分布的均匀性和齿侧间隙。

①影响传动准确性的误差分析

影响传动准确性的主要原因是在加工中滚刀和被加工齿轮的相对位置和相对运动发生了变化。相对位置的变化(几何偏心)产生齿轮的径向误差;相对运动的变化(运动偏心)产生齿轮的切向误差。

Ⅰ.齿轮径向误差 齿轮径向误差是指滚齿时,由于齿坯的实际回转中心与其定位基准中心不重合,使被切齿轮的轮齿发生径向位移而引起的齿距误差。如图 6-28 所示,O 为齿坯基准孔中心(即测量或使用时的中心),O' 为加工时的回转中心,两者不重合产生几何偏心 e。切齿时齿坯绕 O' 回转,切出

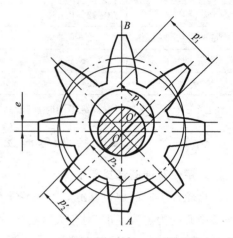

图 6-28 几何偏心引起的径向误差

的轮齿沿其分度圆分布均匀(如图中实线圆的齿距 $p_1 = p_2$),但在以 O 为中心测量或使用时,其分度圆上的轮齿的分布就不再均匀了(图中双点画线圆的齿距 $p_1' \neq p_2'$)。这种齿距的变化是由于几何偏心使齿廓径向位移引起的,故称为齿轮的径向误差,可通过齿圈径向跳动 ΔF_r 和径向综合误差 ΔF_i 来评定。

切齿时产生齿轮径向误差的主要原因有:a.安装调整夹具时,定位轴心与机床工作台回转中心不重合;b.齿坯内孔与心轴间有间隙,安装偏心;c.基准端面定位不好,夹紧后内孔相对工作台回转中心产生间隙。

Ⅱ.齿轮切向误差 齿轮切向误差是指加工时,由于机床工作台的不等速旋转,使被切齿轮的轮齿沿切向(圆周方向)发生位移所引起的齿距累积误差。滚齿时,刀具与齿坯间应保持严格的展成运动,但传动链中各元件的制造和装配误差,必然产生传动误差,使刀具与齿坯间的相对运动不均匀。如图 6-29 所示,轮齿的理论位置沿分度圆分布均匀(双点画线表示)。设滚切齿 1 时齿坯的转角误差为 0,当切齿 2 时,理论上齿坯应转过 $\angle AOB$ 角,实际上由于存在转角误差,齿坯多转了 $\Delta\varphi$ 角,转到 $\angle AOC$ 位置(实线表示),结果轮齿沿切向发生了位移。各轮齿的切向位

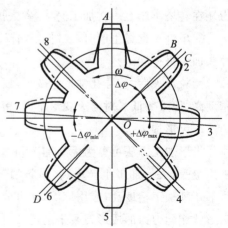

图 6-29 齿轮的切向误差

移不等,必然引起齿距累积误差,影响传递运动的准确性。图中可见 2、8 齿间的公法线长度明显大于 4、6 齿间的公法线长度。因此,机床分齿运动不准确所引起的齿轮切向误差,可通过公法线长度变化量 ΔF_w 来评定。

影响传动链误差的主要原因是工作台分度蜗轮本身齿距累积误差及其安装偏心。

为了减少齿轮切向误差,可提高分度蜗轮的制造精度和安装精度,也可采用校正装置去补偿蜗轮的分度误差。

②影响传动平稳性的加工误差分析

影响传动平稳性的主要因素是齿轮的基节偏差 Δf_{pb} 和齿形误差 Δf_f。滚齿时工件的基节等于滚刀的基节,基节偏差一般较小,而齿形误差通常较大。齿形误差是指被切齿廓偏离理论渐开线而产生的误差,滚齿后常见的齿形误差有:齿面出棱、齿形不对称、齿形角(压力角)误差、周期误差等,如图 6-30 所示。

 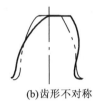 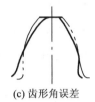  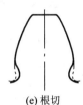

(a)齿面出棱　　(b)齿形不对称　　(c) 齿形角误差　　(d) 周期误差　　(e) 根切

图 6-30　常见的齿形误差

产生齿形误差的主要因素是滚刀的制造误差、安装误差和机床分齿传动链的传动误差。滚刀刀齿沿圆周等分不好或安装后有较大的径向跳动及轴向窜动,会引起齿面出棱;滚刀刀齿的齿形角误差及前角不准确,会引起齿形角误差;滚刀前刀面与轴线不平行及滚刀对中不好,会引起齿形不对称;滚刀安装后的径向跳动和轴向窜动,分齿挂轮的运动误差,分度蜗杆的径向跳动和轴向窜动等小周期误差,会引起周期误差。

为了保证齿形精度要求,应根据齿轮的精度等级正确选择滚刀和机床的精度,特别要注意滚刀的刃磨精度和安装精度。

③影响载荷均匀性的加工误差分析

齿轮齿面的接触状况直接影响齿轮传动中载荷的均匀性。齿轮齿高方向的接触精度,由齿形精度和基节精度来保证;齿宽方向的接触精度,主要受齿向误差 ΔF_b 的影响。

齿向误差是指轮齿齿向偏离理论位置。产生齿向误差的主要因素是滚刀进给方向与齿坯定位心轴不平行,包括齿坯定位心轴安装歪斜,刀架导轨相对工作台回转中心在齿坯径向或切向不平行。此外,差动交换齿轮传动比计算不够精确会引起斜齿轮的齿向误差。

减少齿向误差的措施有:提高夹具制造与安装精度;提高齿坯加工精度;导轨磨损后及时修刮;加工斜齿轮时,差动交换齿轮传动比计算应精确至小数点后 5～6 位。

(2)插齿的加工精度分析

①传动准确性

齿坯安装时的几何偏心使工件产生径向位移,造成齿圈径向跳动;工作台分度蜗轮的运动偏心使工件产生切向位移,造成公法线长度变动,这与滚齿相同。但插齿传动链中多了刀具蜗杆副,且插齿刀全部刀齿参加切削,其本身制造的齿距累积误差和安装误差,使插齿时齿轮沿切向产生较大的齿距累积误差,因而使插齿的公法线长度变动比滚齿大。

②传动平稳性

插齿刀设计时无近似误差,制造时可用磨削方法获得精确的齿形,所以插齿的齿形误差比滚齿小。

③载荷分布均匀性

机床刀架导轨对工作台回转中心的平行度，使工件产生齿向误差，这与滚齿相同；但插齿上下往复运动频繁，导轨易磨损，且刀具刚性差，因此插齿的齿向误差比滚齿大。

④表面粗糙度

滚齿时滚刀头数、刀槽数一定，切齿的包络刀刃数有限；而插齿圆周进给量可调，使插齿的包络刀刃数远比滚齿多，故插齿的齿面粗糙度值比滚齿小。

6.4.3 圆柱齿轮加工工艺分析

圆柱齿轮加工工艺，常随着齿轮的结构形状、精度等级、生产批量及生产条件不同而采用不同的工艺方法。图 6-31 所示为一双联齿轮，材料为 40Cr，精度为 7 级，中批量生产，其加工工艺过程见表 6-7。

由表 6-7 可见，齿轮加工工艺过程大致要经过以下几个阶段：毛坯加工、热处理、齿坯加工、齿形粗加工、齿端加工、齿面热处理、修正精基准及齿形精加工等。

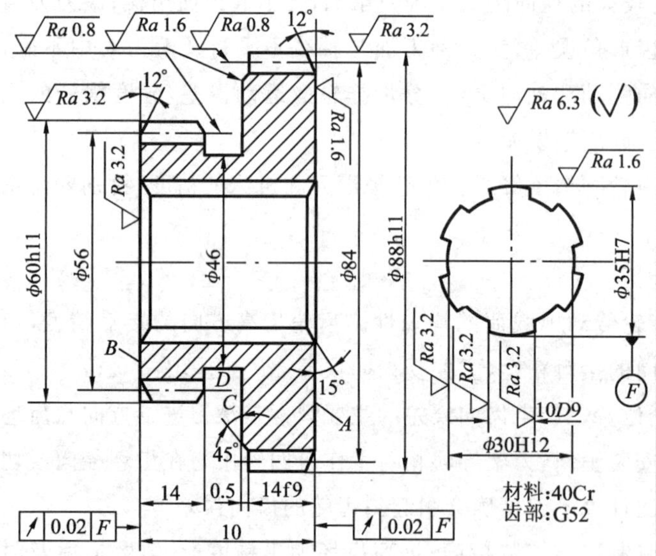

齿轮号		I	II
模数	m	2	2
齿数	z	28	42
精度等级		7GK	7JL
齿圈径向跳动	Fr	0.036	0.036
公法线长度变动	Fy	0.028	0.028
基节极限偏差	F_{vb}	±0.013	±0.013
齿形公差	f_t	0.011	0.011
齿向公差	F_B	0.011	0.011
跨齿数		4	5
公法线平均长度		$21.36_{-0.05}^{0}$	$27.61_{-0.05}^{0}$

材料:40Cr
齿部:G52

图 6-31　双联齿轮

表 6-7　　　　　　　　　　　　双联齿轮加工工艺过程

序号	工序内容	定位基准
10	毛坯锻造	
20	正火	
30	粗车外圆及端面，留余量 1.5～2.0 mm，钻镗花键底孔至尺寸 ϕ30H12	外圆及端面
40	拉花键孔	ϕ30H12 孔及 A 面

序号	工序内容	定位基准
50	钳工去毛刺	
60	上心轴,精车外圆、端面及槽至尺寸要求	花键孔及 A 面
70	检验	
80	滚齿($z=42$),留剃余量 0.07~0.10 mm	花键孔及 A 面
90	插齿($z=28$),留剃余量 0.04~0.06 mm	花键孔及 A 面
100	倒角(Ⅰ、Ⅱ齿轮 12°)	花键孔及端面
110	钳工去毛刺	
120	剃齿($z=42$),公法线长度至上极限尺寸	花键孔及 A 面
130	剃齿($z=28$),公法线长度至上极限尺寸	花键孔及 A 面
140	齿部高频感应加热淬火:G52	
150	推孔花键孔及 A 面	
160	珩齿(Ⅰ、Ⅱ)至尺寸要求	花键孔及 A 面
170	总检入库	

(1)定位基准选择

为保证齿轮的加工精度,应根据"基准重合"原则,选择齿轮的设计基准、装配基准为定位基准,且尽可能在整个加工过程中保持"基准统一"。

轴类齿轮的齿形加工一般选择中心孔定位,某些大模数的轴类齿轮多选择轴颈和一端面定位。

盘类齿轮的齿形加工可采用两种定位基准:

①内孔和端面定位,符合"基准重合"原则。采用专用心轴,定位精度较高,生产率高,故广泛用于成批生产中。为保证内孔的尺寸精度和基准端面对内孔中心线的圆跳动要求,进行齿坯加工时应尽量在一次安装中同时加工内孔和基准端面。

②外圆和端面定位,不符合"基准重合"原则。用端面做轴向定位,并找正外圆,不需要专用心轴,生产率较低,故适用于单件小批量生产。为保证齿轮的加工质量,必须严格控制齿坯外圆对内孔的径向圆跳动。

(2)齿形加工方案选择

齿形加工方案选择,主要取决于齿轮的精度等级、生产批量和齿轮热处理方法等。

8级或8级精度以下的齿轮加工方案:对于不淬硬的齿轮用滚齿或插齿即可满足加工要求;对于淬硬齿轮可采用滚(或插)齿—齿端加工—齿面热处理—修正内孔的加工方案。热处理前的齿形加工精度应比图样要求提高一级。

6~7级精度的齿轮一般有两种加工方案:①剃—珩齿方案,滚(或插)齿—齿端加工—剃齿—表面淬火—修正基准—珩齿;②磨齿方案,滚(或插)齿—齿端加工—渗碳淬火—修正基准—磨齿。剃—珩齿方案生产率高,广泛用于7级精度齿轮的成批生产中。磨齿方案生产率低,一般用于6级精度以上或虽低于6级但淬火后变形较大的齿轮。

随着刀具材料的不断发展,用硬滚、硬插、硬剃齿代替磨齿,用珩齿代替剃齿,可取得很好的经济效益。例如可采用滚齿—齿端加工—齿面热处理—修正基准—硬滚齿的方案。

5 级精度以上的齿轮加工一般应取磨齿方案。

（3）齿轮热处理

齿轮加工中根据不同要求，常安排两种热处理工序：

①齿坯热处理　在齿坯粗加工前后常安排预先热处理—正火或调质。正火安排在齿坯加工前，其目的是为了消除锻造内应力，改善材料的加工性能。调质一般安排在齿坯粗加工之后，可消除锻造内应力和粗加工引起的残余应力，提高材料的综合力学性能，但齿坯的硬度稍高，不易切削，故生产中应用较少。

②齿面热处理　齿形加工后为提高齿面的硬度及耐磨性，根据材料与技术要求，常安排渗碳淬火、高频感应加热淬火及液体碳氮共渗等处理工序。经渗碳淬火的齿轮变形较大，对高精度齿轮尚需进行磨齿加工。经高频感应加热淬火处理的齿轮变形较小，但内孔直径一般会缩小 0.01～0.05 mm，淬火后应予以修正。有键槽的齿轮，淬火后内孔经常出现椭圆形，为此键槽加工宜安排在齿面淬火之后。

（4）齿端加工

齿轮的齿端加工有倒圆、倒尖、倒棱（图 6-32）和去毛刺等。倒圆、倒尖后的齿轮，沿轴向滑动时容易进入啮合。倒棱可去除齿端的锐边，这些锐边经淬火后很脆，在齿轮传动中易崩裂。

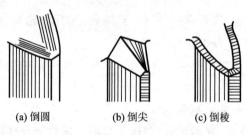

(a) 倒圆　　　(b) 倒尖　　　(c) 倒棱

图 6-32　齿端加工

齿端加工必须安排在齿轮淬火之前，通常多在滚（插）齿之后。

（5）精基准修正

齿轮淬火后基准孔常产生变形。为保证齿形精加工的精度，对基准孔必须进行修正。对大径定心的花键孔齿轮，通常用花键推刀修正。对圆柱孔齿轮，可采用推孔或磨孔修正。推孔生产率高，常用于内孔未淬硬的齿轮，可用加长推刀前引导部分来防止推刀歪斜以保证推孔精度。磨孔精度高，但生产率低，适用于整体淬火齿轮及内孔较大、齿厚较薄的齿轮。磨孔时应以分度圆定心，这样可使磨孔后的齿圈径向圆跳动较小，对后续磨齿或珩齿有利。实际生产中以金刚镗代替磨孔也取得了较好的效果，且提高了生产率。

思考与习题

6-1　主轴结构特点和技术要求有哪些？

6-2　车床主轴毛坯常用的材料有哪几种？对于不同的毛坯材料在加工各个阶段应如何安排热处理工序？这些热处理工序起什么作用？

6-3 试分析车床主轴加工工艺过程中,如何体现"基准重合"、"基准统一"等精基准选择原则?

6-4 顶尖孔在主轴机械加工工艺过程中起什么作用? 为什么要对顶尖孔进行修磨?

6-5 轴类零件上的螺纹、花键等的加工一般安排在工艺过程的哪个阶段?

6-6 箱体零件的结构特点和主要技术要求有哪些? 为什么要规定这些要求?

6-7 选择箱体零件的粗、精基准时应考虑哪些问题?

6-8 孔系有哪几种? 其加工方法有哪些?

6-9 如何安排箱体零件的加工顺序? 一般应遵循哪些原则?

6-10 套筒类零件的深孔加工有何工艺特点? 针对其特点应采取什么工艺措施?

6-11 薄壁套筒零件加工时容易因夹紧不当产生变形,应如何处理?

6-12 圆柱齿轮规定了哪些技术要求和精度指标? 它们对传动质量和加工工艺有什么影响?

6-13 齿形加工的精基准应如何选择? 齿轮淬火前精基准的加工和淬火后精基准的修整通常采用什么方法?

6-14 滚齿、插齿、磨齿的工作原理及工艺特点各是什么? 它们各适用于什么场合?

6-15 齿轮的典型加工工艺过程一般由哪几个加工阶段所组成? 其中毛坯热处理和齿面热处理各起什么作用? 应安排在工艺过程的哪一个阶段?

第7章

机床误差对加工精度的影响　　装配工艺

机械加工质量及其控制

影响机械加工质量的因素很多,分析时要注意主要矛盾与次要矛盾。某种生产条件下产生加工误差一定是某一个或几个因素起到主要作用,分析和解决此类问题必须抓住主要矛盾。

案例导入

机械产品的制造质量包括零件的制造质量和产品的装配质量两方面。零件的制造质量将直接影响产品的性能、效率、寿命及可靠性等质量指标,它是保证产品质量的基础。那么,机械加工质量与哪些因素有关?如何获得更好的加工质量?本章的任务就是讨论影响机械加工精度的因素,分析产生加工误差的原因,探究如何提高机械加工表面质量(图7-1)。

图 7-1　超精密加工提高加工表面质量

7.1　机械加工精度及其影响因素

7.1.1　机械加工精度

1.加工精度与加工误差

加工精度是指零件加工后的实际几何参数(尺寸、形状和相对位置)与理想几何参数的符合程度。加工精度用精度等级来描述,它规定了加工误差允许的范围。加工后的实际几何参数值越接近理想值,加工精度等级就越高。零件的加工精度包含尺寸精度、形状精度和位置精度三个方面。

加工过程中有很多因素影响加工精度,实际加工中不可能做得与理想零件完全一致。零件加工后的实际几何参数(尺寸、形状和相互位置)对理想几何参数的偏离量称为加工误差。加工误差用具体的正、负数值和单位来描述,加工误差越大,加工精度越低。保证和提高加工精度的问题,实际上就是控制和减少加工误差的问题。

2. 加工经济精度

对于同一种加工方法,加工误差 δ 和加工成本 S 有图 7-2 所示的关系。加工精度越高,成本越高。但上述关系也只是在一定范围内(AB 段)才比较明显。在 A 点左侧段,即使成本提高了很多,加工误差却减少不多;在 B 点右侧段,即使工件精度降低(加工误差增大)很多,加工成本却并不因此降低很多,也必须耗费一定的最低成本。加工经济精度是指在正常生产条件下(采取符合质量标准的设备、工艺装备和标准技术的工人,不延长加工时间)所能保证的加工精度。

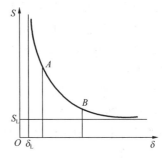

图 7-2　加工误差与加工成本之间的关系

7.1.2　影响机械加工精度的因素

机械加工系统(简称工艺系统)由机床、夹具、刀具和工件组成。影响加工精度的原始误差主要包括以下几个方面:

①工艺系统的几何误差,包括机床、夹具和刀具等的制造误差及其磨损。

②工件安装误差。

③工艺系统受力变形引起的加工误差。

④工艺系统受热变形引起的加工误差。

⑤工件内应力重新分布引起的变形。

⑥其他误差,包括原理误差、测量误差、调整误差等。

在上述原始误差中,工件安装误差包含工件定位误差和夹紧误差两部分,有关内容已在机床夹具设计章节做了详细介绍,此处不再讨论。

1. 工艺系统的几何误差

(1)机床的几何误差

加工中,刀具相对于工件的成形运动,通常都是通过机床来完成的。工件的加工精度在很大程度上取决于机床的精度。机床制造误差中对工件加工精度影响较大的误差有:主轴回转误差、导轨误差和传动误差。

①主轴回转误差

机床主轴是用来装夹工件(或刀具),并将运动和动力传给工件(或刀具)的重要零件,主轴回转误差将直接影响被加工工件的形状精度和位置精度。主轴回转误差是指主轴实际回转轴线相对其平均回转轴线在误差敏感方向上的最大变动量。为便于分析,可将主轴回转误差分解为径向圆跳动、轴向圆跳动和角度摆动三种不同形式的误差。

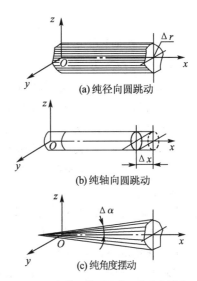

(a)纯径向圆跳动

(b)纯轴向圆跳动

(c)纯角度摆动

图 7-3　主轴回转误差的三种基本样式

Ⅰ.径向圆跳动　径向圆跳动是指主轴回转轴线相对于平均回转轴线在径向的变动量。如图 7-3(a)所示。车外圆时它使加工面产生圆度和圆柱度误差。

产生径向圆跳动误差的主要原因有:主轴支承轴颈的圆度误差、轴承表面的圆度误差等。

Ⅱ. 轴向圆跳动　　轴向圆跳动是指主轴回转轴线沿平均回转轴线方向的变动量。如图 7-3(b) 所示。车端面时它使工件端面产生垂直度、平面度误差。主轴产生轴向圆跳动的原因是主轴轴肩端面和推力轴承承载端面对主轴回转轴线有垂直度误差。

Ⅲ. 角度摆动　　角度摆动是指主轴回转轴线相对于平均回转轴线产生倾斜引起的主轴回转误差，如图 7-3(c)所示。车削时，它使加工表面产生圆柱度误差和端面形状误差。主轴回转轴线产生角度摆动的原因是：箱体主轴孔、各轴承孔的同轴度误差、主轴各段支承轴的同轴度误差、轴承间隙误差等。

提高主轴及箱体轴承孔的制造精度，选用高精度的轴承，提高主轴部件的装配精度，对主轴部件进行平衡，对滚动轴承进行预紧等，均可提高机床主轴的回转精度。

②导轨误差

导轨是确定机床各主要部件相对位置关系的基准。下面以卧式车床导轨为例分析机床导轨误差对加工精度的影响。

Ⅰ. 导轨在水平面内的直线度误差对加工精度的影响　　导轨在水平面内的直线度误差将直接反映在被加工工件表面的法线方向（误差敏感方向）上，它对加工精度的影响最大。导轨在水平面内有直线度误差 Δy 时，则在导轨全长上刀具相对于工件的正确位置将产生 Δy 的偏移量，使工件半径产生 $\Delta R = \Delta y$ 的误差，如图 7-4 所示。

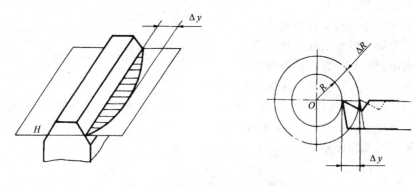

图 7-4　导轨在水平面内的直线度误差对加工精度的影响

Ⅱ. 导轨在垂直平面内的直线度误差对加工精度的影响　　导轨在垂直平面内有直线度误差 Δz 时，也会使车刀在水平面内发生位移（图 7-5），使工件半径产生误差 ΔR。$\Delta R \approx (\Delta z^2)/(2R)$。设 $\Delta z = 0.1$ mm，$R = 20$ mm，则 $\Delta R = 0.00025$ mm。与 Δz 值相比，ΔR 属微小量，由此可知，导轨在垂直平面内的直线度误差对加工精度影响很小，一般可忽略不计，故称 z 方向为误差不敏感方向（一般为加工表面的切向）。

Ⅲ. 导轨间的平行度误差对加工精度的影响　　当前后导轨在垂直平面内有平行度误差（扭曲误差）时，刀架将产生摆动，刀架沿床身导轨做纵向进给运动时，刀尖的运动轨迹是一条空间曲线，使加工表面产生圆柱度误差。

导轨间在垂直方向有平行度误差 Δl_3 时（图 7-6），将使刀具在误差敏感方向产生 $\Delta y \approx (H/B) \times \Delta l_3$ 的偏移量，使工件半径产生 $\Delta R = \Delta y$ 的误差，对加工精度影响较大。

除了导轨本身的制造误差之外，导轨磨损是造成机床精度下降的主要原因。选用合理的导轨形状和导轨组合形式，采用耐磨合金铸铁导轨、镶钢导轨、贴塑导轨、滚动导轨以及对导轨进行表面淬火处理等措施，均可提高导轨的耐磨性。

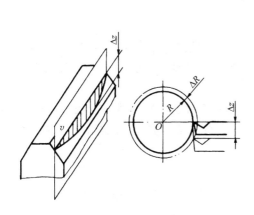
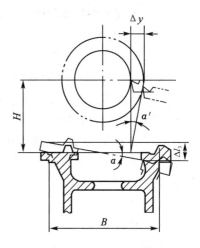

图 7-5 导轨在垂直平面内的直线度误差对加工精度的影响   图 7-6 导轨间的平行度误差对加工精度的影响

③传动误差

传动误差是指传动链始末两端传动元件间相对运动的误差。一般用传动链末端元件的转角误差来衡量。有些加工方法(如车螺纹、滚齿、插齿等)要求刀具与工件之间必须具有严格的传动比关系,机床传动误差是影响这类表面加工精度的主要原因之一。

提高传动元件特别是末端传动元件的制造精度和装配精度,减少传动件数,均可减小传动误差。

(2)刀具的制造误差与磨损

刀具误差对加工精度的影响随刀具种类的不同而不同。采用定尺寸刀具(例如,钻头、铰刀、键槽铣刀、圆拉刀等)加工时,刀具的尺寸误差和磨损将直接影响工件的尺寸精度。采用成形刀具(例如,成形车刀、成形铣刀、成形砂轮等)加工时,刀具的形状误差和磨损将直接影响工件的形状精度。对于一般刀具(例如车刀、镗刀、铣刀等)而言,其制造误差对工件加工精度无直接影响。

(3)夹具的制造误差与磨损

夹具的误差主要是指定位元件、对刀导向元件等的制造误差、装配后各元件工作面间的相对尺寸误差及夹具使用过程中工作表面的磨损。夹具的作用是使工件相对于刀具和机床占有正确的位置,故夹具的几何误差对工件的加工精度(特别是位置精度)有很大影响。在如图 7-7 所示钻床夹具中,影响工件孔轴心线 a 与底面 B 间尺寸 L 和平行度的因素有:钻套轴心线 f 与夹具定位元件支承平面 c 间的距离和平行度误差;夹具定位元件支承平面 c 与夹具体底面 d 的垂直度误差;钻套孔的直径误差等。

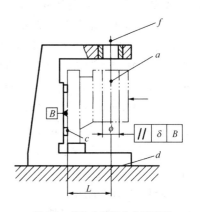

图 7-7 夹具几何误差分析示例

在设计夹具时,为减少夹具制造误差对加工精度的影响,夹具上所有直接影响工件加工精度的有关尺寸的制造公差均取为被加工工件上相应尺寸公差的 $1/2 \sim 1/5$。

2. 工艺系统受力变形引起的加工误差

(1)工艺系统刚度

①工艺系统刚度含义

机械加工中,工艺系统在切削力、夹紧力、传动力、惯性力和重力等的作用下将产生相应变形,使工件产生加工误差。工艺系统在外力作用下产生变形的大小,不仅取决于作用力的大小,还取决于工艺系统的刚度。

工件加工表面在切削力法向分力 F_y 作用下,刀具相对于工件在该方向会产生位移 y,这将会对加工精度产生直接影响。工件切削表面的法向分力 F_y 与工艺系统在该方向上的变形 y 的比值,称为工艺系统刚度 $k_系$(N/mm),即

$$k_系 = F_y/y \tag{7-1}$$

工艺系统在某一位置受力作用产生的变形量 $y_系$ 应为工艺系统各组成环节在此位置受该力作用产生的变形量的代数和,即

$$y_系 = y_{机床} + y_{刀具} + y_{夹具} + y_{工件} \tag{7-2}$$

根据刚度定义知 $k_{机床} = F_y/y_{机床}$,$k_{刀具} = F_y/y_{刀具}$,$k_{夹具} = F_y/y_{夹具}$,$k_{工件} = F_y/y_{工件}$,将它们代入上式得

$$\frac{1}{k_系} = \frac{1}{k_{机床}} + \frac{1}{k_{刀具}} + \frac{1}{k_{夹具}} + \frac{1}{k_{工件}} \tag{7-3}$$

由式(7-3)知,工艺系统刚度的倒数等于系统各组成环节刚度的倒数之和。若已知各组成环节的刚度,即可由式(7-3)求得工艺系统刚度。分析式(7-3)知,工艺系统刚度主要取决于薄弱环节的刚度。

②机床刚度

机床结构较为复杂,它由许多零、部件组成,其刚度值迄今尚无合适、简易的计算方法,目前主要还是用实验方法进行测定。图7-8给出了一个采用静测定法测定机床刚度的示意图,在卧式车床上,刚性的心轴1装在前后顶尖上,螺旋加力器5装在刀架6上,测力环4放在螺旋加力器5与心轴1之间。让螺旋加力器5位于心轴的中间位置,转动螺旋加力器的加力螺钉时,从测力环的指示表中即可显示出刀架与心轴之间作用力 F_y 的大小。该力一方面作用在刀架上,另一方面经过心轴和顶尖分别传到主轴箱和尾座上,它们各承受 $F_y/2$ 力的作用。主轴箱、尾座和刀架的变形量 $y_{主轴}$、$y_{尾座}$、$y_{刀架}$ 可分别由千分表2、3、7读出,由此可求得各部件刚度:$k_{主轴} = F_y/(2y_{主轴})$;$k_{尾座} = F_y/(2y_{尾座})$;$k_{刀架} = F_y/y_{刀架}$。

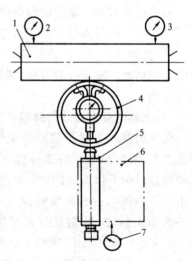

图 7-8 静测定法测定机床刚度
1—心轴;2、3、7—千分表;
4—测力环;5—螺旋加力器;6—刀架

测得机床部件刚度 $k_{主轴}$、$k_{尾座}$、$k_{刀架}$ 之后,就可以通过计算求得机床刚度。当刀架处于如图7-8所示位置时,工艺系统的变形量为

$$y_系 = y_{刀架} + \frac{1}{2}(y_{主轴} + y_{尾座})$$

由刚度定义,上式可写为

$$\frac{F_y}{k_系}=\frac{F_y}{k_{刀架}}+\frac{1}{2}\left[\frac{F_y}{2k_{主轴}}+\frac{F_y}{2k_{尾座}}\right]$$

因为在所设计的机床刚度测定装置中，$k_{工件}$、$k_{夹具}$、$k_{刀具}$ 相对较大，由式(7-3)知 $k_系≈k_{机床}$，代入上式即可求得刀架处于图7-8所示中间位置时机床刚度与各组成部件的刚度的关系式为

$$\frac{1}{k_{机床}}≈\frac{1}{k_{刀架}}+\frac{1}{4k_{主轴}}+\frac{1}{4k_{尾座}}$$

分析上式可知，机床刚度取决于其组成部件的刚度，并主要取决于薄弱部件的刚度，提高机床刚度要从提高最薄弱部件的刚度入手。

③机床部件刚度

如图7-9所示是一台车床刀架部件的刚度曲线，曲线列出了三次加载、卸载过程中刀架部件的变形情况。分析图7-9所示刀架刚度试验曲线可知，机床部件刚度具有以下特点：

Ⅰ.变形与载荷不成线性关系，曲线上各点的实际刚度(各点斜率)是不相同的，这说明机床部件的变形不纯粹是弹性变形。

Ⅱ.加载曲线和卸载曲线不重合，且卸载曲线滞后于加载曲线；两曲线所包容的面积代表加载和卸载循环中消耗的能量，它消耗于克服部件内零件间摩擦力和接触塑性变形所做的功。

Ⅲ.第一次卸载后，刀架恢复不到第一次加载的起点，这说明有残余变形存在；经多次加载和卸载后，加载曲线起点才和卸载曲线终点重合。

Ⅳ.部件实测刚度远比按实体结构估算值小。图7-9中第一次加载时刀架的平均刚度值约为 $4.6×10^3$ N/mm，这只相当于一个截面积为 30 mm×30 mm、悬伸长度为 200 mm 的铸铁悬梁臂的刚度，而刀架的实体结构尺寸要比此尺寸大得多。

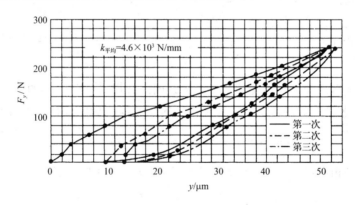

图7-9　车床刀架部件的刚度曲线

④影响机床部件刚度的主要因素

Ⅰ.连接表面间的接触变形　由于零件表面存在着宏观几何形状误差与微观几何形状误差，接合面的实际接触面积只是名义接触面积的一小部分。在外力的作用下，接触面上承受的应力很大，产生接触变形。

Ⅱ.摩擦力的影响　机床部件在经过多次加载和卸载之后，卸载曲线才回到加载曲线的起点，残留变形不再产生，但此时加载曲线与卸载曲线仍不重合，如图7-10所示。其原因是机床部件受力变形过程中有摩擦力的作用，加载时摩擦力阻止变形的增加，卸载时摩擦力阻止变形的减小。

Ⅲ.薄弱零件本身的变形　机床部件中，个别薄弱零件会使机床部件产生较大的变形。图7-11所示为机床刀架部件中常见的楔铁。由于楔铁结构细长，刚性极差，且不易制作得平

直,在外力作用下楔铁极易产生变形,使刀架刚度显著降低。

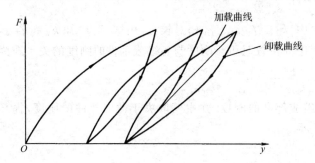

图 7-10　摩擦力对机床部件刚度的影响

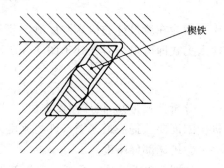

图 7-11　机床部件刚度的薄弱环节

Ⅳ.间隙的影响　如果在正反两个方向对刚装配好的一台机床部件加载,即可得到如图 7-12 所示的曲线,图中 z 值就是机床部件的间隙,z_1 表示原始间隙的大小,z_2 表示正向加载时部件的残留变形,z_3 表示反向加载时部件的残留变形。机床加工过程中,如果机床部件是单向受载,它始终靠在一个面上,此时间隙对加工精度的影响不大;但如果机床部件的受力方向经常改变(例如,在镗床上镗孔时镗床主轴的受力情况),间隙对加工精度的影响就不可小视。

(2)工艺系统受力变形对加工精度的影响

①加工过程中由于工艺系统刚度发生变化引起的加工误差

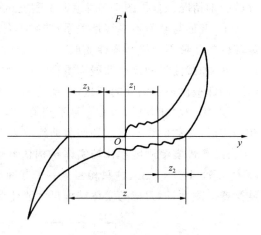

图 7-12　间隙对机床部件刚度的影响

现以在车床前后顶尖上车削光轴工件为例说明。假设工件和刀具的刚度相对较大,其变形可忽略不计,工艺系统的变形主要取决于机床的变形,对于图 7-13 所示工况,则有

$$y_系 \approx y_{刀架} + y_x = y_{刀架} + y_{主轴} + \left[y_{尾座} - y_{主轴} \right] \frac{x}{l}$$

设作用在主轴箱和尾座上的径向力分别为 $F_{主轴}$、$F_{尾座}$,不难求得

$$F_{主轴} = F_y \frac{l-x}{l}$$

$$F_{尾座} = F_y \frac{x}{l}$$

代入上式得

$$y_系 \approx y_{刀架} + y_x = F_y \left[\frac{1}{k_{刀架}} + \frac{1}{k_{主轴}} \left(\frac{l-x}{l} \right)^2 + \frac{1}{k_{尾座}} \left(\frac{x}{l} \right)^2 \right] \tag{7-4}$$

分析上式可知,工艺系统变形 $y_系$ 随刀架位置 x 变化而变化。在图 7-13 所示车削条件下,即使让切削力 F_y 保持恒定不变,在车刀自右向左车削过程中工艺系统变形 $y_系$ 也是处处不同的,这会使工件产生加工误差。

运用高等数学求极大值和极小值的计算方法,由式(7-4)可求得工艺系统最小变形 $y_{系min}$ 和最大变形 $y_{系max}$ 分别为

$$\begin{cases} y_{\text{系min}} = \dfrac{F_y}{k_{\text{刀架}}} + \dfrac{F_y}{k_{\text{主轴}} + k_{\text{尾座}}} \\[3mm] y_{\text{系max}} = \dfrac{F_y}{k_{\text{刀架}}} + \dfrac{F_y}{k_{\text{尾座}}} \end{cases} \tag{7-5}$$

在图7-13所示车削条件下,在车刀自右向左车削过程中,由于工艺系统刚度随刀架位置变化产生的加工误差为

$$\Delta_y = y_{\text{系max}} - y_{\text{系min}} = \dfrac{F_y}{k_{\text{尾座}}} - \dfrac{F_y}{k_{\text{主轴}} + k_{\text{尾座}}}$$

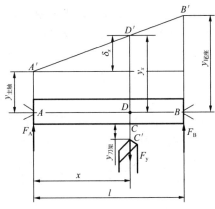

图7-13 车削外圆时工艺系统受力变形

【**例7-1**】 已知卧式车床的 $k_{\text{主轴}} = 300\,000$ N/mm, $k_{\text{尾座}} = 56\,600$ N/mm, $k_{\text{刀架}} = 30\,000$ N/mm,径向切削分力 $F_y = 4\,000$ N。假设工件刚度、刀具刚度、夹具刚度相对较大,试计算加工一长为1 mm的光轴由于工艺系统刚度随刀架位置发生变化而引起的圆柱度误差。

解: 由式(7-5)可求得

$$y_{\text{系min}} = \dfrac{F_y}{k_{\text{刀架}}} + \dfrac{F_y}{k_{\text{主轴}} + k_{\text{尾座}}} = 4\,000 \times \left(\dfrac{1}{30\,000} + \dfrac{1}{300\,000 + 56\,600} \right) \text{mm} = 0.144 \text{ mm}$$

$$y_{\text{系max}} = \dfrac{F_y}{k_{\text{刀架}}} + \dfrac{F_y}{k_{\text{尾座}}} = 4\,000 \times \left(\dfrac{1}{30\,000} + \dfrac{1}{56\,600} \right) \text{mm} = 0.204 \text{ mm}$$

由于工艺系统刚度变化引起的工件圆柱度误差

$$\Delta_y = y_{\text{系max}} - y_{\text{系min}} = (0.204 - 0.144) \text{ mm} = 0.06 \text{ mm}$$

根据工艺系统刚度定义,式(7-4)可改写为

$$k_{\text{系}} = \dfrac{F_y}{y_{\text{系}}} \approx \dfrac{1}{\dfrac{1}{k_{\text{刀架}}} + \dfrac{1}{k_{\text{主轴}}}\left(\dfrac{l-x}{l}\right)^2 + \dfrac{1}{k_{\text{尾座}}}\left(\dfrac{x}{l}\right)^2} \tag{7-6}$$

分析式(7-6)可知,工艺系统的刚度 $k_{\text{系}}$ 在不同的加工位置上是各不相同的。工艺系统刚度在工件全长上的差别越大,则工件在轴横截面内的几何形状误差也越大。可以证明,当主轴箱刚度与尾架刚度相等时,工艺系统刚度在工件全长上的差别最小,工件在轴横截面内几何形状误差最小。

需要注意的是,式(7-6)是在假设工件刚度、刀具刚度和夹具刚度都很大的情况下得到的。如果工件的刚度并不大或较小时,工件本身的变形在工艺系统的总变形中就不能忽略不计,此时,式(7-6)应改写为

$$k_{系}=\frac{F_y}{y_{系}}\approx\frac{1}{\frac{1}{k_{刀架}}+\frac{1}{k_{主轴}}\left(\frac{l-x}{l}\right)^2+\frac{1}{k_{尾座}}\left(\frac{x}{l}\right)^2+\frac{(l-x)^2x^2}{3EIl}} \tag{7-7}$$

式中 E——工件材料的弹性模量，N/mm^2；

　　　I——工件横截面的惯性矩，mm^4。

②由切削力变动引起的加工误差

由于毛坯加工余量和工件材质不均等因素的综合作用，会引起切削力变化，工艺系统的变形将随之发生变化，从而产生加工误差。

车削一具有椭圆形状误差的毛坯件 A，将刀具预先调整到图 7-14 上双点画线的位置，毛坯椭圆长轴方向的背吃刀量为 a_{p1}，短轴方向的背吃刀量为 a_{p2}。由于背吃刀量不同，切削力不同，工艺系统的变形也不同，对应于 a_{p1} 产生的变形为 y_1，对应于 a_{p2} 产生的变形为 y_2。由于 $y_1>y_2$，故加工后得到的工件表面仍旧是一个椭圆，如图 7-14 中 B 所示。以此类推，车削一具有锥形误差的毛坯，加工表面上必然有锥形误差。待加工表面上有什么样的误差，加工表面上必然也出现同样性质的误差，这就是切削加工中的误差复映现象。加工前后误差的比值 ε 称为误差复映系数，它代表误差复映的程度。图 7-14 所示加工前后的形状误差比为

$$\varepsilon=\frac{\Delta_{已加工面}}{\Delta_{待加工面}}=\frac{y_1-y_2}{a_{p1}-a_{p2}}=\frac{F_{y1}-F_{y2}}{k_{系}(a_{p1}-a_{p2})} \tag{7-8}$$

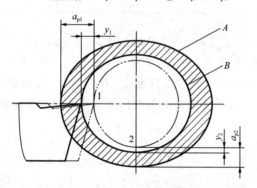

图 7-14　毛坯形状误差的复映

经分析可知，ε 与 $k_{系}$ 成反比，这表明工艺系统刚度越大，误差复映系数越小，加工后复映到工件上的误差值也就越小。

尺寸误差和几何误差都存在复映现象。如果我们知道某加工工序的复映系数，就可以通过测量待加工表面的误差统计值来估算加工后工件的误差统计值。

工件表面加工精度要求较高时，应安排多次切削才能达到规定要求。第一次切削的复映系数 $\varepsilon_1=\Delta_{加工表面1}/\Delta_{待加工面}$，第二次切削的复映系数 $\varepsilon_2=\Delta_{加工表面2}/\Delta_{待加工面1}$，第三次切削的复映系数 $\varepsilon_3=\Delta_{加工表面3}/\Delta_{待加工面2}$，……，则该加工表面总的复映系数

$$\varepsilon_{总}=\varepsilon_1\varepsilon_2\varepsilon_3\cdots\varepsilon_n \tag{7-9}$$

由于每次切削的复映系数 $\varepsilon_i<1$，故总复映系数 $\varepsilon_{总}$ 将是一个很小的数值。

(3)减小工艺系统受力变形的途径

由工艺系统刚度表达式(7-1)可知，提高工艺系统刚度和减小切削力及其变化，是减少工艺系统变形的有效途径。

①提高工艺系统刚度

为有效提高工艺系统刚度,应从提高其各组成部分薄弱环节的刚度入手。提高工艺系统刚度有以下几种主要途径:

Ⅰ.设计机械制造装备时应切实保证关键零部件的刚度　在机械制造装备中应保证支承件(如床身、立柱、横梁、夹具体等)、主轴部件和传动件有足够的刚度。

Ⅱ.提高接触刚度　提高接触刚度是提高工艺系统刚度的关键。减少组成件数,提高接触面的表面质量,均可减少接触变形,提高接触刚度。

Ⅲ.消除配合间隙　对于相配合零件,可以通过适当预紧消除间隙。

Ⅳ.采用合理的装夹方式和加工方法　提高工件的装夹刚度,应从定位和夹紧两个方面采取措施。例如,在卧式铣床上铣一零件的端面,采用如图 7-15(a)所示装夹方式和铣削方式,工艺系统的刚度就低;如果将工件平放,改用面铣刀加工,如图 7-15(b)所示,不但增大了定位基面的面积,还使夹紧点更靠近加工面,可以显著提高工艺系统强度。

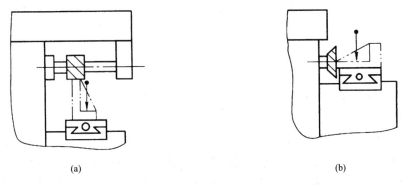

(a)　　　　　　　　　　　　　　(b)

图 7-15　零件的两种安装方法

②减小切削力及其变化

改善毛坯制造工艺,减小加工余量,适当增大刀具的前角和后角,改善工件材料的切削性能等均可减小切削力。为控制和减小切削力的变化幅度,应尽量使一批工件的材料性能和加工余量保持均匀。

4.工艺系统受热变形引起的加工误差

工艺系统在热作用下产生的局部变形,会破坏刀具与工件的正确位置关系,使工件产生加工误差。热变形对加工精度影响较大,特别是在精密加工和大件加工中,热变形所引起的加工误差通常会占到工件加工总误差的 $40\%\sim70\%$。

(1)工艺系统的热源

①切削热

切削加工过程中,消耗于切削层弹塑性变形及刀具与工件、切屑间摩擦的能量,绝大部分转化为切削热。切削热将传入工件、刀具、切屑和周围介质中,它是使工艺系统中工件和刀具热变形的主要热源。

②摩擦热和动力装置能量损耗发出的热

机床运动部件(如轴承、齿轮、导轨等)为克服摩擦所做机械功转变的热量、机床动力装置(如电动机、液压马达等)工作时因能量损耗发出的热,它们是机床热变形的主要热源。

③外部热源

外部热源主要是指周围环境温度通过空气的对流以及日光、照明灯具、取暖设备等热源通过辐射传到工艺系统的热量。外部热源的热辐射及环境温度的变化对机床热变形的影响，在精密加工时是不可忽视的。

在工作状态下，工艺系统一方面经受各种热源的作用使温度逐渐升高，另一方面同时也通过各种传热方式向周围介质散发热量。当工件、刀具和机床的温度达到某一数值时，单位时间内传出和传入的热量接近相等时，工艺系统就达到了热平衡状态。在热平衡状态下，工艺系统各部分的温度保持在某一相对固定的数值上，工艺系统的热变形将趋于相对稳定。

(2)工艺系统热变形对加工精度的影响

①工件热变形对加工精度的影响

机械加工过程中，使工件产生热变形的热源主要是切削热。对于精密零件，环境温度变化和日光、取暖设备等外部热源对工艺系统的局部辐射等也不容忽视。

车削或磨削轴类工件外圆时，可近似看成是均匀受热的情况。工件均匀受热影响工件的尺寸精度，其变形量 ΔL(mm)可按下式估算

$$\Delta L = \alpha L \Delta \theta \tag{7-10}$$

式中　L——工件变形方向的长度或直径，mm；

α——工件材料的热膨胀系数，$℃^{-1}$。钢的热膨胀系数为 1.17×10^{-5} $℃^{-1}$，铸铁为 1×10^{-5} $℃^{-1}$，黄铜为 1.7×10^{-5} $℃^{-1}$；

$\Delta \theta$——工件的平均温升，℃。

对于精密加工，热变形是一个不容忽视的重要问题。例如在磨削 400 mm 长丝杠螺纹时，如被磨丝杠的温度比机床丝母高 1 ℃，则被磨丝杠将伸长 $\Delta L = \alpha L \Delta \theta = 1.17 \times 10^{-5} \times 400 \times 1 = 0.004\,7$ mm；5 级丝杠的螺距累积误差在 400 mm 长度上，不允许超过 5 μm。由此可见，热变形对精密加工件的影响是很大的。

②刀具热变形对加工精度的影响

刀具产生热变形的热源主要来自切削热。切削热传入刀具的比例虽然不大(车削时约为5%)，但由于刀具体积小，热容量小，刀具切削部分的温升仍较高。车削时，高速钢车刀切削刃部分的温度可达 600 ℃，刀具的热伸长量可达 0.03~0.05 mm，硬质合金刀具切削刃部分的温度可达 1 000 ℃，图 7-16 所示为车刀的热变形曲线，刀具热变形量 y 在切削初期增加很快；随着车刀温度 t 升高，散热量逐渐加大，车刀热伸长逐渐变慢；当车刀温度达到热平衡时车刀便不再伸长。切削停止后，车刀温度立即下降，冷却速度由快变慢，车刀逐渐收缩。在实际加工中，刀具往往做间断切削，因有短暂的冷却时间，刀具的实际热变形量相对较小，如图 7-16 所示，图中 t_m 为刀具切削时间，t_f 为刀具不参加切削时间。

粗加工时，刀具热变形对加工精度的影响不明显，一般可以忽略不计；精加工尤其是精密加工时，刀具热变形对加工精度的影响较大，将使加工表面产生尺寸误差或形状误差。

③机床热变形对加工精度的影响

使机床产生热变形的热源主要是摩擦热、传动热和外界热源传入热量。

由于机床内部热源分布得不均匀和机床结构的复杂性，机床各部件的温升是各不相同的，机床零部件间会产生不均匀的变形，这就破坏了机床各部件原有的相互位置关系。不同类型的机床，其主要热源各不相同，热变形对加工精度的影响也不相同。

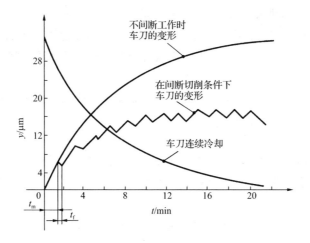

图 7-16 车刀的热变形曲线

车床、铣床和钻、镗类机床的主要热源来自主轴箱。车床主轴箱的温升将使主轴升高,由于主轴前轴承的发热量大于后轴承的发热量,故主轴前端比后端高;主轴箱的热量传给床身,还会使床身和导轨向上凸起,如图 7-17 所示。

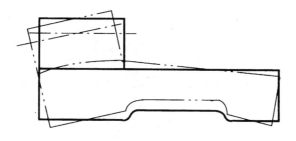

图 7-17 车床的热变形

磨床通常都有液压传动装置和高速回转的磨头,并使用大量切削液,它们都是磨床的主要热源。如图 7-18 所示,外圆磨床砂轮架 5 升温,将使砂轮主轴升高,砂轮架还将以螺母 6 为支点向头架 3 方向趋近;床身 1 内腔所储液压油发热,将使头架 3 轴线升高,并以导轨 2 为支点向远离砂轮 4 的方向移动。

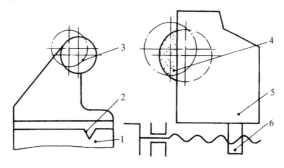

图 7-18 外圆磨床的热变形
1—床身;2—导轨;3—头架;4—砂轮;5—砂轮架;6—螺母

(3)减小工艺系统热变形的途径

①减少发热量

机床内部的热源是产生机床热变形的主要热源。凡是有可能从主机分离出去的热源部件,如电动机、液压系统和油箱等,应尽量放置在机床外部。

为了减小热源发热,在设计相关零部件的结构时应采取措施改善摩擦条件。例如,选用发热较少的静压轴承或空气轴承作为主轴轴承,选用低黏度的润滑油,锂基油脂或油雾进行润滑等。

通过控制切削用量,选择合适的刀具角度,仔细刃磨刀具工作表面以减小摩擦因数等,均可减少切削热。

②改善散热条件

加工时采用切削液,可有效减少切削热对工艺系统热变形的影响。有些高性能加工中心采用冷冻机对切削液进行强制冷却,效果非常明显。

③均衡温度场

设计机床有关部件时,应注意考虑均衡温度场的问题。如图 7-19 所示为平面磨床床身底部用回油加温。该机床床身较长,加工时工作台纵向进给速度较高,床身导轨的温度高于底部,为了均衡温度场,在床身底部配置热补偿油沟 2,使带有余热的回油经床身底部的热补偿油沟送回油箱 1。采取此措施后,床身上下温差降至 1~2 ℃,床身导轨的中凸量由原来的 0.027 mm 降至 0.005 mm。图中泵 A 为静压导轨液压泵;泵 B 为回油强迫循环液压泵。

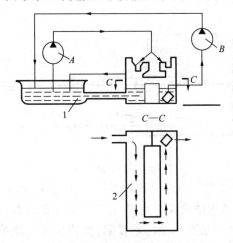

图 7-19　平面磨床床身底部用回油加温
1—油箱;2—油沟

④采用合理的机床结构

采用合理的机床结构将使机床产生的热变形对加工精度的影响降低到最低程度。如采用热对称结构,可使机床部件温升均匀,减小对加工精度的影响。

⑤加速达到热平衡状态

对于精密机床特别是大型机床,为使机床快速达到热平衡状态,可在加工前使机床高速空运转,或在机床适当部位人为加热。

⑥控制环境温度

精密加工要严格控制环境温度,一般在恒温车间进行,其恒温精度一般控制在±1 ℃以内,精密级为±0.5 ℃。

5. 工件内应力重新分布引起的误差

(1)内应力及其对加工精度的影响

内应力亦称残余应力,是指在没有外力作用下或去除外力作用后残留在工件内部的应力。

工件一旦有内应力产生,就会使工件材料处于一种高能位的不稳定状态,它本能地要向低能位转化,转化速度或快或慢,但迟早总是要转化的,转化的速度取决于外界条件。当带有内应力的工件受到力或热的作用而失去原有的平衡时,内应力就将重新分布以达到新的平衡,并伴随有变形发生,使工件产生加工误差。

下面以热加工及冷校直为例,分析内应力产生的原因及其对加工精度的影响。

①热加工中产生的内应力及其影响　在铸造、锻压、焊接和热处理等加工中,由于工件壁厚不均、冷却不均匀或金相组织转变等原因,都会使工件产生内应力。下面以铸造如图 7-20(a) 所示的内外壁厚差异较大的铸件说明。铸件浇铸后,由于壁 A 和壁 C 较薄,冷却速度较中部 B 处快,当壁 A、C 由塑性状态冷却到弹性状态时,B 处仍处于塑性状态,A、C 继续收缩,B 不起阻碍作用,此时不会产生内应力。当 B 亦冷却到弹性状态时,B 的收缩受到 A、C 的阻碍,使 B 产生拉应力作用,相应的壁 A、C 内就产生与之相平衡的压应力。如果后续加工中需要在 A 上开一缺口,则壁 A 上的压应力消失,原先的平衡状态被破坏,工件将通过下凹变形(朝减少壁 C 压应力,减少壁 B 拉应力的方向变形,如图 7-38(b)所示)使内应力重新分布并达到新的平衡状态。

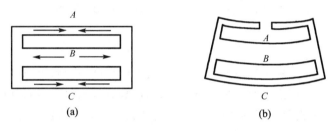

图 7-20　铸件内应力的形成及变形

②冷校直产生的内应力及其影响　一些刚度较差、容易变形的轴类零件,常采用冷校直方法使之变直。在室温状态下,将有弯曲变形的轴放在两个 V 形块上,使凸起部位朝上,如图 7-21(a) 所示;然后对凸起部位施加外力 F,外力 F 必须使工件产生反向弯曲并使轴件外层材料产生一定的塑性变形才能取得校直效果,如图 7-21(b)所示。图 7-21(d)是图 7-21(b)受外力作用时的应力分布图,图中工件外层材料(CD、AB 区)的应力分别超过了各自的拉、压屈服强度并有塑性变形产生,塑性变形后,塑性变形层的应力自然就消失了;内层材料(OC、OB 区)的拉、压应力均在弹性极限范围内,此时工件横截面内的应力分布如图 7-21(e)所示。卸载后,OC、OB 区内的弹性应力力求使工件恢复原状,但 CD、AB 区塑性变形层阻止其恢复原状,于是就在工件中产生了如图 7-21(f)所示的内应力分布。综上分析可知,一个外形弯曲但没有内应力的工件,经冷校直后外形是校直了(图 7-21(c)),但在工件内部却产生了附加内应力,如图 7-21(f)所示。应力平衡状态一旦被破坏之后(如在轴外圆切掉一层材料,或由于其他外界条件变化),工件还会朝原来的弯曲方向变回去,图 7-21(a)所示。

(2)减小或消除内应力变形误差的途径

①合理设计零件结构

在设计零件结构时,应尽量做到壁厚均匀,结构对称,以减小内应力的产生。

②合理安排工艺过程

工件中如有内应力产生,必然会有变形发生,但迟变不如早变,应尽量使内应力重新分布引起的变形发生在机械加工之前或粗加工阶段,而不让内应力变形发生在精加工阶段或精加工之后。因此,铸件、锻件、焊接件在进入机械加工之前,应安排退火、回火等热处理工序;箱

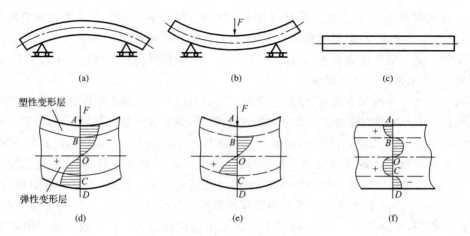

图 7-21　冷校直引起的内应力

体、床身等重要零件在粗加工之后，需要适当安排时效工序；工件上一些重要表面的粗、精加工工序宜分阶段安排，使工件在粗加工之后能有更多的时间通过变形使内应力重新分布，待工件充分变形之后再进行精加工，以减小内应力变形对加工精度的影响。

6. 其他误差

（1）原理误差

原理误差是指由于采用了近似的成形运动、近似的切削刃形状等原因而产生的加工误差。例如，用模数铣刀铣齿，理论上要求加工不同模数、齿数的齿轮，应该用相应模数、齿数的铣刀。但在生产中，为了减少模数铣刀的数量，每一种模数只设计制造有限几把（例如 8 把、15 把、26 把）模数铣刀，用以加工同一模数不同齿数的齿轮。当被加工齿轮的齿数与所选模数铣刀切削刃所对应的齿数不同时，就会产生齿形误差。此类误差属于原理误差。

机械加工中，采用近似的成形运动或近似的切削刃形状进行加工，虽然会由此产生一定的原理误差但却可以简化机床结构和减少刀具种类和数量。只要能够将加工误差控制在允许的制造公差范围内，就可采用近似的加工方法。

（2）调整误差

在机械加工过程中，有许多调整工作要做。例如，调整夹具在机床上的位置，调整刀具对于工件的位置等。由调整不准确产生的误差，称为调整误差。

工艺系统的调整有试切法调整和调整法调整两类基本方式，产生调整误差的原因各不相同，分析如下：

①试切法中的调整误差　单件小批量生产中，通常采用试切法调整。试切中需要多次微量调整刀具的位置，由于机床进给系统中存在间隙，刀具调整的实际位移与刻度盘所显示的数值不一致，从而产生误差。此外，试切的最后一刀背吃刀量如需做微量吃刀，受切削刃刃口钝圆半径 r_n 值的限制，往往达不到预期要求，也会产生调整误差。

②调整法中的调整误差　成批生产和大量生产采用调整法调整。用定程机构调整时，调整精度取决于行程挡块、靠模及凸轮等机构的精度和刚度，以及与之配合使用的离合器、控制阀等的灵敏度。用样件或样板调整时，调整精度主要取决于样件或样板的制造、安装和对刀精度。刀具相对于样件（或样板）的位置初步调整好之后，一般要先试切几个工件，并以其平均尺寸作为判断调整是否准确的依据。由于试切加工的工件数（称为抽样件数）不可能太多，不能完全反映整批工件加工中各种随机误差的作用，由此也会产生调整误差。

(3)测量误差

测量误差是工件测量尺寸与实际尺寸的差值。加工一般精度的零件时,测量误差可占工序尺寸公差的 $1/10 \sim 1/5$;加工精密零件时,测量误差可占工序尺寸公差的 $1/3$ 左右。

产生测量误差的原因主要有:量具量仪本身的制造误差及磨损,测量过程中环境温度的影响,测量者的读数误差,测量者施力不当引起量具量仪的变形等。

7. 提高加工精度的途径

(1)减小和消除原始误差

已知影响误差的主要因素后,减小和消除原始误差是提高加工精度的主要途径,有关内容前述已详细介绍,此处不再重复。

(2)转移原始误差

采取措施将原始误差的方向由误差敏感方向转移到非敏感方向,从而减小或消除其对加工精度的影响。例如,选用转塔车床车削工件外圆时(图 7-22(a)),由转塔刀架转位误差引起的刀具在误差敏感方向上的位移 $\Delta_{分度}$,将使工件半径产生 $\Delta R_a = \Delta_{分度}$ 的误差。如果将转塔刀架的水平安装形式改为如图 7-22(b)所示垂直安装形式,刀架转位误差所引起的刀具位移 $\Delta_{分度}$ 将使工件半径产生 $\Delta R_b = (\Delta_{分度})^2/2R$ 的误差(式中 R 为工件半径),由于 $\Delta R_b \ll \Delta R_a$,故用图 7-22(b)所示刀架安装形式转移误差,可以显著降低转塔刀架的转位误差对加工精度的影响。

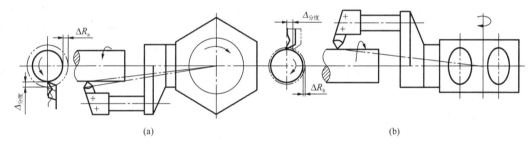

(a)　　　　　　　　　　　　　　　(b)

图 7-22　立轴转塔车床刀架转位误差的转移

(3)均分原始误差

当待加工表面的加工误差过大时,可将上道工序加工的工件按其尺寸加工误差的大小均分成 n 组,使每组工件的尺寸误差缩小为原来的 $1/n$,然后按组调整刀具与工件的相对位置,可以显著提高加工精度。例如,在精加工齿轮齿圈时,为保证加工后齿圈与内孔的同轴度要求,应尽量减小齿轮内孔与心轴的配合间隙。为此,可将齿轮内孔尺寸分为 n 组,然后配置相应的 n 根不同直径的心轴,一根心轴相应地加工一种孔径的齿轮,这样做,可以显著提高齿圈与内孔的同轴度。

(4)采用误差补偿技术

误差补偿技术在机械制造中的应用十分广泛。如图 7-23 所示是车精密丝杠时所用的一套螺距误差补偿装置。图中光电码盘用于测量主轴转速,车床主轴每转一转,光电码盘发出 1 024 或 2 048 个脉冲;光栅式位移传感器用于测量刀架纵向位移量。主轴回转量信号与刀架纵向位移量信号经 A/D 转换同步输入计算机后,经数据处理实时求取螺距误差数据,再由计算机发出螺距误差补偿控制信号,驱动压电陶瓷微位移刀架(它装在溜板刀架上)做螺距误差补偿运动。实测结果表明,采取误差补偿措施后,单个螺距误差可减小 89%,螺距累积误差可减小 99%,误差补偿效果显著。

采用误差补偿技术可以在不十分精密的机床上加工出较为精密的工件,是值得推广的一

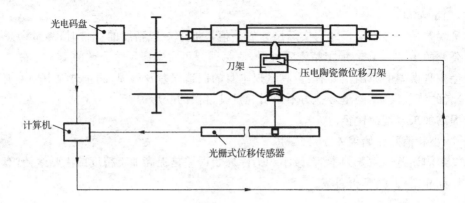

图 7-23　精密丝杠螺距误差补偿装置

项先进实用技术。

7.2　加工误差综合分析

7.2.1　概述

在实际生产中,影响加工精度的因素很多,工件的加工误差是多因素综合作用影响的结果,且其中不少因素的作用往往带有随机性。对于一个受多个随机因素综合作用影响的工艺系统,只有用概率统计的方法分析加工误差,才能得到符合实际的结果。加工误差的统计分析方法,不仅可以客观评定工艺过程的加工精度,评定工序能力系数,而且还可以用来预测和控制加工精度。

1. 系统性误差和随机性误差

按照加工误差的性质,加工误差可分为系统性误差和随机性误差。

（1）系统性误差

系统性误差可分为常值性系统误差和变值性系统误差两种。在顺序加工一批工件时,加工误差的大小和方向皆不变,此误差称为常值性系统误差,例如原理误差、定尺寸刀具的制造误差等。在顺序加工一批工件时,按一定规律变化的加工误差,称为变值性系统误差,例如在刀具处于正常磨损阶段,由于刀具尺寸磨损所引起的误差。常值性系统误差与加工顺序无关,变值性系统误差与加工顺序有关。对于常值性系统误差,若能掌握其大小和方向,可以通过调整消除;对于变值性系统误差,若能掌握其大小和方向随时间变化的规律,也可通过采取自动补偿措施加以消除。

（2）随机性误差

在顺序加工一批工件时,加工误差的大小和方向都是随机变化的,这类误差称为随机性误差。例如,由于加工余量不均匀和材料硬度不均匀等原因引起的加工误差、工件的装夹误差、测量误差以及由于内应力重新分布引起的变形误差等均属随机性误差。工艺人员可以通过分析随机性误差的统计规律,对工艺过程实施控制。

2. 机械制造中常见的误差分布规律

（1）正态分布（图 7-24(a)）

机械加工中,若同时满足以下三个条件,工件的加工误差就将服从正态分布。

①无变值性系统误差（或有但不显著）。

②各随机误差之间是相互独立的。

③在随机误差中没有一个是起主导作用的误差因素。

（2）平顶分布（图7-24（b））

在影响机械加工的诸多误差因素中，如果刀具尺寸磨损的影响显著，变值性系统误差占主导地位时，工件的尺寸误差就将呈现平顶分布。平顶分布曲线可以看成是随时间平移的众多正态分布曲线组合的结果。

（3）双峰分布（图7-24（c））

若将两台机床所加工的同一种工件混在一起，由于两台机床的调整尺寸不尽相同，两台机床的精度状态也有差异，工件的尺寸误差便呈双峰分布。

（4）偏态分布（图7-24（d））

采用试切法车削工件外圆或镗内孔时，为避免产生不可修复的废品，操作者主观上有使轴径加工的宁大勿小、使孔径加工的宁小勿大的意向，按照这种加工方式加工得到的一批零件的加工误差呈偏态分布。

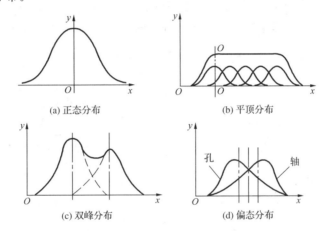

图 7-24 机械制造中常见的误差分布规律

3. 正态分布

（1）正态分布规律

机械加工中，工件的尺寸误差是由很多相互独立的随机性误差综合作用的结果，如果其中没有一个随机性误差是起决定作用的，则加工后工件的尺寸将呈正态分布，如图7-25所示，其概率密度为

$$y(x) = \frac{1}{\sigma\sqrt{2\pi}}\exp\left[-\frac{(x-\overline{x})^2}{2\sigma^2}\right] \quad (-\infty < x < +\infty, \sigma > 0) \tag{7-11}$$

式中　$\overline{x}$——算术平均值；

　　　σ——均方根偏差（标准差）。

$$\overline{x} = \frac{1}{n}\sum_{i=1}^{n} x_i \tag{7-12}$$

$$\sigma = \sqrt{\frac{1}{n}\sum_{i=1}^{n}(x_i - \overline{x})^2} \tag{7-13}$$

式中　x_i——工件尺寸；

n——工件总数。

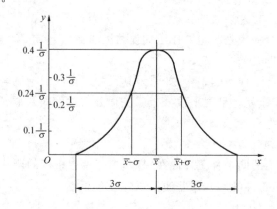

图 7-25　正态分布曲线

如图 7-26 所示是根据式(7-11)画出的工件加工尺寸概率密度分布曲线，$\bar{x}$ 值取决于机床调整尺寸和常值性系统误差，$\bar{x}$ 只影响曲线的位置，不影响曲线的形状；σ 值取决于随机性误差和变值性系统误差，σ 只影响曲线的形状，不影响曲线的位置；σ 越小，尺寸分布范围就越小，加工精度就越高。图 7-26 形象地描述了正态分布的两个特征参数 $\bar{x}$ 与 σ 对正态分布曲线的不同影响。

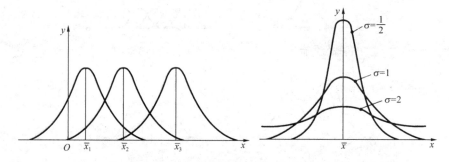

图 7-26　$\bar{x}$、σ 对正态分布曲线的影响

(2)标准正态分布

$\bar{x}=0$、$\sigma=1$ 的正态分布称为标准正态分布，其概率密度为

$$y(x) = \frac{1}{\sqrt{2\pi}}\exp(-\frac{x^2}{2}) \tag{7-14}$$

为了利用标准正态分布函数值表来分析加工过程，生产中常将非标准正态分布通过标准化变量代换，转换为标准正态分布。令 $z=(x-\bar{x})/\sigma$，式(7-11)可改写为

$$y(x) = \frac{1}{\sigma\sqrt{2\pi}}\exp\left[-\frac{(x-\bar{x})^2}{2\sigma^2}\right] = \frac{1}{\sigma\sqrt{2\pi}}\exp(\frac{-z^2}{2}) = \frac{1}{\sigma}y(z) \tag{7-15}$$

式(7-15)就是非标准正态分布概率密度函数与标准正态分布概率密度函数的转换关系式。图 7-27 给出了非标准正态分布概率密度函数转换为标准正态分布概率密度函数的对应关系。

(3)工件尺寸落在某一尺寸区间内的概率

工件加工尺寸落在区间($x_1 \leqslant \bar{x} \leqslant x_2$)内的概率为图 7-28 所示阴影部分的面积 $F(x)$，即

$$F(x) = \int_{x_1}^{x_2} y(x)\,\mathrm{d}x = \int_{x_1}^{x_2} \frac{1}{\sigma\sqrt{2\pi}}\exp\left[-\frac{(x-\bar{x})^2}{2\sigma^2}\right]\mathrm{d}x$$

令 $z=(x-\bar{x})/\sigma$，则 $\mathrm{d}x=\sigma\mathrm{d}z$，代入上式得

$$F(x)=\phi(z)=\int_{z_1}^{z_2}\frac{1}{\sigma\sqrt{2\pi}}\exp(-\frac{z^2}{2})\sigma\mathrm{d}z=\frac{1}{\sqrt{2\pi}}\int_{z_1}^{z_2}\exp(-\frac{z^2}{2})\mathrm{d}z \qquad (7\text{-}16)$$

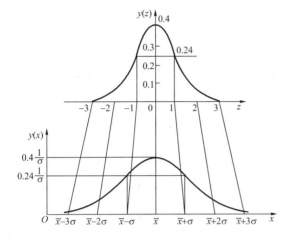

图 7-27　正态分布曲线的标准化　　　　　　　图 7-28　工件尺寸概率分布

上述分析表明，非标准正态分布概率密度函数的积分经标准化变换后，可用标准正态分布概率密度函数积分表示。表 7-1 列出了标准化正态分布概率密度函数积分值。由表 7-1 知：

当 $z=(x-\bar{x})/\sigma=\pm1$ 时，$2\phi(1)=2\times0.3413=68.26\%$；

当 $z=(x-\bar{x})/\sigma=\pm2$ 时，$2\phi(2)=2\times0.4772=95.44\%$；

当 $z=(x-\bar{x})/\sigma=\pm3$ 时，$2\phi(3)=2\times0.49865=99.73\%$；

计算结果表明，工件尺寸落在 $(\bar{x}\pm3\sigma)$ 范围内的概率为 99.73%，而落在该范围以外的概率只占 0.27%，概率极小，可以认为正态分布的分散范围为 $(\bar{x}=\pm3\sigma)$，这就是工程上经常用到的"$\pm3\sigma$ 原则"或称为"6σ 原则"。

表 7-1　　　　　　　　　　　标准化正态分布概率密度函数积分值

z	$\phi(z)$	z	$\phi(z)$	z	$\phi(z)$	z	$\phi(z)$
0.01	0.004 0	0.29	0.114 1	0.64	0.238 9	1.50	0.433 2
0.02	0.008 0	0.30	0.117 9	0.66	0.245 4	1.55	0.439 4
0.03	0.012 0	0.31	0.121 7	0.68	0.251 7	1.60	0.445 2
0.04	0.016 0	0.32	0.125 5	0.70	0.258 0	1.65	0.450 2
0.05	0.019 9	0.33	0.129 3	0.72	0.264 2	1.70	0.455 4
0.06	0.023 9	0.34	0.133 1	0.74	0.270 3	1.75	0.459 9
0.07	0.027 9	0.35	0.136 8	0.76	0.276 4	1.80	0.464 1
0.08	0.031 9	0.36	0.140 6	0.78	0.282 3	1.85	0.467 8
0.09	0.035 9	0.37	0.144 3	0.80	0.288 1	1.90	0.471 3
0.10	0.039 8	0.38	0.148 0	0.82	0.293 9	1.95	0.474 4
0.11	0.043 8	0.39	0.151 7	0.84	0.299 5	2.00	0.477 2
0.12	0.047 8	0.40	0.155 4	0.86	0.305 1	2.10	0.482 1
0.13	0.051 7	0.41	0.159 1	0.88	0.310 6	2.20	0.486 1

z	$\phi(z)$	z	$\phi(z)$	z	$\phi(z)$	z	$\phi(z)$
0.14	0.055 7	0.42	0.162 8	0.90	0.315 9	2.30	0.489 3
0.15	0.059 6	0.43	0.164 1	0.92	0.321 2	2.40	0.491 8
0.16	0.063 6	0.44	0.170 0	0.94	0.326 4	2.50	0.493 8
0.17	0.067 5	0.45	0.173 6	0.96	0.331 5	2.60	0.495 3
0.18	0.071 4	0.46	0.177 2	0.98	0.336 5	2.70	0.496 5
0.19	0.075 3	0.47	0.180 8	1.00	0.341 3	2.80	0.497 4
0.20	0.079 3	0.48	0.184 4	1.05	0.353 1	2.90	0.498 1
0.21	0.083 2	0.49	0.187 9	1.10	0.364 3	3.00	0.498 65
0.22	0.087 1	0.50	0.191 5	1.15	0.374 9	3.20	0.499 31
0.23	0.091 0	0.52	0.198 5	1.20	0.384 9	3.40	0.499 66
0.24	0.094 8	0.54	0.205 4	1.25	0.394 4	3.60	0.499 841
0.25	0.098 7	0.56	0.212 3	1.30	0.403 2	3.80	0.499 928
0.26	0.102 3	0.58	0.219 0	1.35	0.411 5	4.00	0.499 968
0.27	0.106 4	0.60	0.225 7	1.40	0.419 2	4.50	0.499 997
0.28	0.110 3	0.62	0.232 4	1.45	0.426 5	5.00	0.499 999 97

【例 7-2】 在卧式镗床上镗削一批箱体零件的内孔,孔径尺寸要求为 $\phi70^{+0.2}_{0}$ mm,已知孔径正态分布,$\bar{x}=70.08$ mm,$\sigma=0.04$ mm,试计算这批加工件的合格率和不合格率。

解:如图 7-29 所示,作标准化变换,令

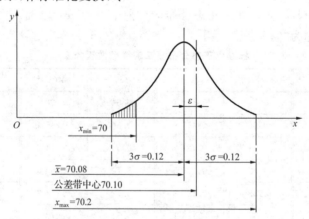

图 7-29 废品率计算图

$z_{右}=(x_{max}-\bar{x})/\sigma=(70.2-70.08)/0.04=3$

$z_{左}=(\bar{x}-x_{min})/\sigma=(70.08-70.00)/0.04=2$

查表 7-1 得,$\phi(3)=0.498\ 65$,$\phi(2)=0.477\ 2$。右侧合格率 $H_{右}=\phi(3)=49.865\%$;右侧不合格率 $P_{右}=0.5-0.498\ 65=0.001\ 35=0.135\%$,这些不合格品不可修复。左侧合格率 $H_{左}=\phi(2)=47.72\%$;左侧不合格率 $P_{左}=0.5-0.477\ 2=0.022\ 8=2.28\%$,这些不合格品可修复。

总合格率 $H=49.865\%+47.72\%=97.585\%$。

总不合格率 $B=0.135\%+2.28\%=2.415\%$。

从图 7-29 中可以看出,工件要求的公差带中心应为 $\phi70.10$ mm,但实际平均值为 $\bar{x}=70.08$ mm,故加工中存在常值系统误差 $\varepsilon=70.08-70.10=-0.02$ mm。加工前镗刀尺寸调整偏小 0.01 mm 会导致该系统误差,若精确调整可降低系统误差。

7.2.2　加工误差的统计分析——工艺过程的分布图分析方法

1. 工艺过程的稳定性

工艺过程的稳定性是指工艺过程在时间历程上保持工件均值 $\bar{x}$ 和标准差 σ 值稳定的性能。如果工艺过程中工件加工尺寸的瞬时分布中心(或工件尺寸均值 $\bar{x}$)和标准差 σ 基本保持不变或变化不大,就认为工艺过程是稳定的;如果加工过程中工件加工尺寸的瞬时分布中心(或工件尺寸均值 $\bar{x}$)和标准差 σ 有显著变化,就认为工艺过程是不稳定的。

2. 工艺过程分布图分析方法

通过工艺过程分布图分析,可以确定工艺系统的加工能力系数、机床调整精度系数和加工工件的合格率,并能分析产生废品的原因。

下面以销轴加工为例,介绍工艺过程分布图分析的步骤及内容。

(1)画出工件尺寸实际分布图

①采集样本　在自动车床上加工一批销轴,要求保证工序尺寸 $\phi(8\pm0.09)$ mm。在销轴加工中,按顺序连续抽取 50 个加工件作为样本(样本容量一般在 50～200 件),逐一测量其轴径尺寸,并将测量数据列于表 7-2 中。

表 7-2　　测量数据　　(单位:mm)

序号	尺寸	序号	尺寸	序号	尺寸	序号	尺寸	序号	尺寸
1	7.920	11	7.970	21	7.985	31	7.945	41	8.024
2	7.970	12	7.982	22	7.992	32	8.000	42	8.028
3	7.980	13	7.991	23	8.000	33	8.012	43	7.965
4	7.990	14	7.998	24	8.010	34	8.024	44	7.980
5	7.995	15	8.007	25	8.022	35	8.045	45	7.988
6	8.005	16	8.040	26	8.040	36	7.960	46	7.995
7	8.018	17	8.080	27	7.957	37	7.975	47	8.004
8	8.030	18	8.130	28	7.975	38	7.994	48	8.027
9	8.068	19	7.965	29	7.985	39	8.002	49	8.055
10	8.142	20	7.972	30	7.992	40	8.015	50	8.017

②剔除异常数据　在测量数据中有时可能会有个别异常数据,它们会影响数据的统计性质,在做统计分析之前应将它们从测量数据中剔除。异常数据都具偶然性,它们与测量数据均值之间的差值往往很大。如果出现

$$|x_i-\bar{x}|>3\sigma \tag{7-17}$$

的情况,x_i 就被认为是异常数据。式中 $\bar{x}$ 是均值,σ 为总体的标准差,当样本数 n 较小时,可用它的无偏估计量 s 替代

$$s=\sqrt{\frac{1}{n-1}\sum_{i=1}^{n}(x_i-\bar{x})^2}$$

针对表 7-2 所列测量数据,经计算,$\bar{x} \approx 8.005\,3$ mm,$s \approx 0.040\,4$ mm,按式(7-17)逐一校核知,$x_{10} = 8.142$ mm 和 $x_{18} = 8.130$ mm 为异常数据,应将其剔除。剔除异常数据后,分析样本 $n = 48$,$\bar{x} = 7.999\,9$ mm,$\sigma = 0.030\,9$ mm。

③确定尺寸分组数和组距 为了能较好地反映工件尺寸分布特征,尺寸分组数 k 应根据样本容量 n 的多少适当选择,见表 7-3。

表 7-3 尺寸分组数 k 与样本容量 n 的关系

n	25~40	40~60	60~100	100	100~160	160~250	250~400	400~630	630~1 000
k	6	7	8	10	11	12	13	14	15

由 $n = 48$,查表 7-3,得 $k = 7$,取组距

$$h = \frac{x_{max} - x_{min}}{k} = \frac{8.080 - 7.920}{7}\ \text{mm} = 0.023\ \text{mm}$$

④画出工件尺寸实际分布图 根据分组数和组距,统计各组尺寸的频数,列出频数分布表,见表 7-4。根据表 7-4 所列数据即可画出频数分布图,如图 7-30 所示。

表 7-4 频数分布表

组号	尺寸间隔 Δx/mm	尺寸间隔中值 x_k/mm	频数 f_k
1	7.920~7.943	7.931 5	1
2	7.943~7.966	7.954 5	5
3	7.966~7.989	7.977 5	11
4	7.989~8.012	8.000 5	15
5	8.012~8.035	8.023 5	10
6	8.035~8.058	8.046 5	4
7	8.058~8.081	8.069 5	2

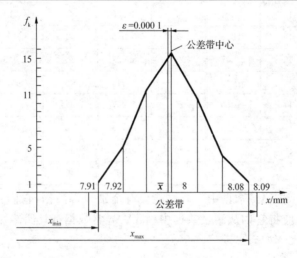

图 7-30 频数分布图

(2)工艺过程分析

①判断加工误差性质 如果样本工件服从正态分布,就可以认为工艺过程中变值性系统误差很小(或不显著),工件尺寸分散是由随机误差引起的,这表明工艺过程处于受控状态中。如果样本工件尺寸不服从正态分布,可根据工件实际尺寸分布图分析,判断是哪种变值性系统

误差在显著地影响着工艺过程。如果工件尺寸的实际分布中心 $\bar{x}$ 与公差带中心有偏移 ε，这表明工艺过程中有常值性系统误差存在。

如图 7-30 所示工件尺寸频数分布图中，$\bar{x}$ 比公差带中心尺寸小 0.000 1 mm，这表明机床加工过程存在常值性系统误差，可能是由于刀具位置稍稍调得靠近机床主轴中心了。

②确定工序能力系数和工序能力 工序能力系数 C_p 按下式计算

$$C_p = \frac{T}{6\sigma} \tag{7-18}$$

式中 T——工件公差。

T 值一定时，σ 越小，C_p 值就越大。工序能力共分五级，其工序能力系数 C_p 值详见表 7-5。生产中工序能力等级应不低于二级。

表 7-5 工序能力等级

工序能力系数	工序能力等级	说 明
$C_p > 1.67$	特级	工艺能力过高，可以允许有异常波动
$1.67 \geqslant C_p > 1.33$	一级	工艺能力足够，可以允许有一定的异常波动
$1.33 \geqslant C_p > 1.00$	二级	工艺能力勉强，必须密切注意
$1.00 \geqslant C_p > 0.67$	三级	工艺能力不足，可能出现少量不合格品，需采取措施改进
$0.67 \geqslant C_p$	四级	工艺能力很差，不可继续生产

本例中 $C_p = T/(6\sigma) = 0.18/(6 \times 0.030\ 9) = 0.97$，属于工艺能力不足的情况，可能出现不合格品。

③确定机床调整精度系数 E 机床调整精度系数 E 按下式计算

$$E = \frac{\varepsilon}{T} \tag{7-19}$$

式中 ε——分布曲线中心与公差带中心的偏移量。

本例中 $E = \varepsilon/T = 0.000\ 1\ \text{mm}/0.18\ \text{mm} = 0.000\ 56\ \text{mm}$。

欲使工艺过程不出现或少出现不合格品，尺寸分布中心相对于公差带中心的偏移量 ε 应尽量小，其允许值为

$$\varepsilon_{允许} = \frac{1}{2}\left|(T - 6\sigma)\right| \tag{7-20}$$

本例中尺寸分布中心允许的最大偏移量

$$\varepsilon_{允许} = \frac{1}{2}\left|(T - 6\sigma)\right| = \frac{1}{2}\left|(0.18 - 6 \times 0.030\ 9)\right|\ \text{mm} = 0.002\ 7\ \text{mm}$$

计算结果表明，本例中尺寸分布中心相对于公差带中心的偏移量小于允许量 $\varepsilon_{允许}$，机床调整精度符合要求。

④确定合格率及不合格率 由图 7-30 所列数据求标准正态分布变量得：$z_右 = (x_{max} - \bar{x})/\sigma = (8.08 - 7.999\ 9)/0.030\ 9 = 2.592$；$z_左 = (\bar{x} - x_{min})/\sigma = (7.999\ 9 - 7.92)/0.030\ 9 = 2.586$。查表 7-1 知：$\phi(2.592) = 0.495\ 18$，$\phi(2.586) = 0.495\ 08$，由此求得本例加工的合格率 $H = 0.495\ 18 + 0.495\ 08 = 99.02\%$；不合格率 $B = 1 - H = 1 - 99.02\% = 0.98\%$。

本工序常值系统性误差 $\varepsilon = 0.000\ 1\ \text{mm}$，其值很小，产生废品的主要原因是工艺系统内的随机性误差超量，如机床精度低、毛坯尺寸、材质、硬度均匀性误差等，使加工尺寸分散范围超过了规定的公差带范围。

工艺过程的分布图分析法能比较客观地反映工艺过程总体情况,且能把工艺过程中存在的常值系统性误差从误差中区分出来;但用工艺图分析工艺过程要等一批工件加工结束,并逐一测量其尺寸进行统计分析后,才能对工艺过程的运行状态做出分析,它不能在加工过程中及时提供控制精度的信息,它只适用于在工艺过程较为稳定的场合应用。

7.2.3 加工误差的统计分析——工艺过程的点图分析方法

对于一个不稳定的工艺过程,需要在工艺过程进行中及时发现工件可能出现不合格的趋向,以便及时调整工艺系统,使工艺过程能够继续进行。由于点图分析法能够反映质量指标随时间变化的情况,它既可以用于稳定的工艺过程,也可以用于不稳定的工艺过程。故实际生产中,机械加工质量控制常用工艺过程点图分析方法。

1. 点图的基本形式

点图分析法所采用的样本是顺序小样本,即每隔一定时间抽取样本容量 $n=5\sim10$ 的小样本,并计算小样本的算术平均值 $\bar{x}$ 和极差 R

$$\begin{cases} \bar{x} = \dfrac{1}{n}\sum_{i=1}^{n} x_i \\ R = x_{max} - x_{min} \end{cases} \tag{7-21}$$

式中 x_{max}、x_{min}——样本中个体的最大值与最小值。

点图的种类很多,如个值点、平均值-极差点图。平均值-极差点图又称 $\bar{x}-R$ 点图,是目前用得最多的点图形式,如图 7-31 所示。$\bar{x}-R$ 点图的横坐标是按加工顺序先后采集的小样本的组序号,纵坐标为小样本的均值 $\bar{x}$ 和极差 R。在 $\bar{x}$ 点图上有五根控制线,是样本平均值的均值线,ES、EI 分别是加工工件公差带的上、下限,UCL、LCL 分别是样本均值 $\bar{x}$ 的上、下控制线;在 R 点图上有三根控制线,是样本极差 R 的均值线,UCL、LCL 分别是样本极差的上下控制线。

一个稳定的工艺过程,必须同时具有均值变化不显著和标准差变化不显著两种特征。$\bar{x}$ 点图是控制分布中心变化的,R 点图是控制分散范围变化的,综观这两点图的变化趋势,才能对工艺过程的稳定性做出评价。一旦发现工艺过程有向不稳定方向转化的趋势,就应及时采取措施,使不稳定趋势得到控制。

2. $\bar{x}-R$ 点图上、下控制线的确定

确定 $\bar{x}-R$ 点图上、下控制线,首先需要知道样本均值 $\bar{x}$ 和样本极差 R 的分布规律。

由数理统计学的中心极限定理可以推论,即使总体不是正态分布,若总体均值为 λ,方差为 σ^2,则样本均值 $\bar{x}$ 也近似服从均值为 λ、方差为 σ^2/n 的正态分布,式中 n 为样本个数,即有

$$\bar{x} \sim N(\lambda, \sigma^2/n)$$

样本均值 $\bar{x}$ 的分散范围为 $(\lambda \pm \dfrac{3\sigma}{\sqrt{n}})$。

数理统计学已经证明,样本极差 R 也近似服从正态分布,即有

$$R \sim N(\bar{R}, \sigma_R^2)$$

样本极差 R 的分散范围为 $(\bar{R} \pm 3\sigma_R)$,$\sigma_R = d\hat{\sigma}$ 式中 $\hat{\sigma}$ 为 σ 估计值,d 为系数,其值见表 7-6。

数理统计学已经证明,σ 的估计值 $\hat{\sigma} = a_n\bar{R}$,$\bar{R} = \dfrac{1}{q}\sum_{i=1}^{q} R_i$,式中 a_n 为系数,其值见表 7-6;q 为抽取的样本组数。

表 7-6 系数 d、a_n、A_2 值

n	d	a_n	A_2
4	0.880	0.486	0.73
5	0.864	0.430	0.58
6	0.848	0.395	0.48

$\bar{x}$ 点图上、下控制线可由下式求取

$$UCL = \bar{\bar{x}} + 3\frac{\hat{\sigma}}{\sqrt{n}} = \bar{\bar{x}} + 3\frac{a_n \bar{R}}{\sqrt{n}} = \bar{\bar{x}} + A_2 \bar{R} \tag{7-22}$$

$$LCL = \bar{\bar{x}} - 3\frac{\hat{\sigma}}{\sqrt{n}} = \bar{\bar{x}} - 3\frac{a_n \bar{R}}{\sqrt{n}} = \bar{\bar{x}} - A_2 \bar{R} \tag{7-23}$$

式中，系数 A_2 的取值见表 7-6。

R 点图上、下控制线可按下式求取

$$UCL = \bar{R} + 3\sigma_R = \bar{R} + 3da_n \bar{R} = (1 + 3da_n)\bar{R} \tag{7-24}$$

$$LCL = \bar{R} - 3\sigma_R = \bar{R} - 3da_n \bar{R} = (1 - 3da_n)\bar{R} \tag{7-25}$$

【例 7-3】 磨削发动机气门挺杆轴颈外圆，直径尺寸要求为 $\phi25_{-0.025}^{-0.013}$ mm，试为该工件加工制定 $\bar{x} - R$ 点图。

解：在磨削发动机气门挺杆轴颈外圆加工中，按加工顺序每隔一定时间抽取一个样本，样本容量为 5，共抽取 $q = 20$ 个样本，每个样本的 $\bar{x}$、R 值见表 7-7。

计算样本均值

$$\bar{\bar{x}} = \frac{1}{q}\sum_{i=1}^{q}\bar{x}_i = \frac{499.62}{20}\text{ mm} = 24.981\text{ mm}$$

计算样本极差的均值

$$\bar{R} = \frac{1}{q}\sum_{i=1}^{q}R_i = \frac{0.140}{20}\text{ mm} = 0.007\text{ mm}$$

表 7-7 样本的 $\bar{x}$ 和 R 值数据表 mm

序号	$\bar{x}$	R	序号	$\bar{x}$	R	序号	$\bar{x}$	R	序号	$\bar{x}$	R
1	24.976 5	0.006	6	24.979 5	0.008	11	24.982 5	0.009	16	24.979 5	0.008
2	24.977 5	0.008	7	24.982 5	0.008	12	24.980 5	0.009	17	24.981 0	0.009
3	24.979 5	0.008	8	24.980 5	0.005	13	24.984 5	0.006	18	24.985 0	0.005
4	24.978 5	0.007	9	24.978 5	0.007	14	24.982 0	0.005	19	24.984 5	0.005
5	24.979 0	0.005	10	24.981 5	0.007	15	24.983 5	0.008	20	24.982 5	0.007

$\bar{x}$ 图上的上、下控制限分别为

$$UCL = \bar{\bar{x}} + A_2 \bar{R} = 24.981 + 0.58 \times 0.007 = 24.985\text{ mm}$$

$$LCL = \bar{\bar{x}} - A_2 \bar{R} = 24.981 - 0.58 \times 0.007 = 24.977\text{ mm}$$

R 图上的上、下控制限分别为

$$UCL = (1 + 3da_n)\bar{R} = (1 + 3 \times 0.864 \times 0.430) \times 0.007 = 0.014\ 8\text{ mm}$$

$$LCL = (1 - 3da_n)\bar{R} = (1 - 3 \times 0.864 \times 0.430) \times 0.007 = -0.000\ 802\text{ mm}$$

由于极差 R 值不可能出现负值，此处取下控制限 $LCL = 0$。按上述计算结果做 $\bar{x} - R$ 点

图,如图 7-31 所示。

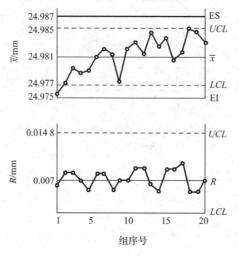

图 7-31　$\bar{x}-R$ 点图

3. 工艺过程的点图分析

顺序加工一批工件,获得尺寸总是参差不齐的,点图上的点总是有波动的。若只有随机波动,表明工艺过程是稳定的,属于正常波动;若出现异常波动,表明工艺过程是不稳定的,就要及时寻找原因,采取措施。表 7-8 是根据数理统计学原理确定的正常波动与异常波动的标志。

将表 7-7 所列 $\bar{x}-R$ 数值按顺序逐点标在图 7-31 中。按表 7-8 所给出的正常波动与异常波动的标志,分析图 7-31 所示磨削气门挺杆外圆过程 $\bar{x}-R$ 点图可知,磨削过程尚处于稳定状态,但 $\bar{x}$ 点图上有连续六点出现在中线的上方一侧,且随后又有一点接近 $\bar{x}$ 的上控制线,需密切注意工艺过程的发展方向。

表 7-8　　　　　　　　　　　　正常波动与异常波动的标志

正常波动	异常波动
1)没有点子超出控制线 2)大部分点子在中线上下波动,小部分在控制线附近 3)点子没有明显的规律性	1)有点子超出控制线 2)点子密集在控制线附近 3)点子密集在中线上下附近 4)连续 7 点以上出现在中线一侧 5)连续 11 点中有 10 点出现在中线一侧 6)连续 14 点中有 12 点以上出现在中线一侧 7)连续 17 点中有 14 点以上出现在中线一侧 8)连续 20 点中有 16 点以上出现在中线一侧 9)点子有上升或下降倾向 10)点子有周期性波动

用点图法分析工艺过程能对工艺过程的运行状态做出分析,在加工过程中能及时提供控制加工精度的信息,并能把变值性系统误差从误差中区分出来,常用它分析、控制工艺过程的加工精度。

7.3　机械加工表面质量及其影响因素

机械零件的破坏一般都是从表面层开始的,这说明零件的表面质量至关重要,它对产品质量有很大影响。

研究表面质量的目的就是要掌握机械加工中各种工艺因素对表面质量影响的规律,以便应用这些规律控制加工过程,最终达到提高表面质量、提高产品使用性能的目的。

7.3.1 加工表面质量的概念

加工表面质量有以下两方面内容:

1.加工表面的几何形貌

加工表面的几何形貌是由加工过程中的切削残留面积、切削塑性变形和振动等因素的综合作用在工件表面上形成的表面结构,如图 7-32 所示为加工表面三维形貌图。

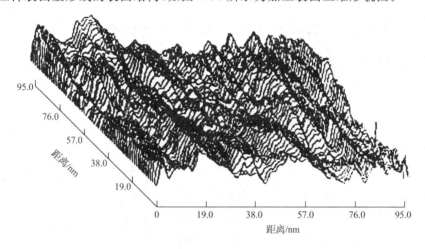

图 7-32 加工表面三维形貌图

加工表面的几何形貌(表面结构)包括表面粗糙度、表面波纹度,表面纹理方向和表面缺陷等四个方面内容,分述如下:

(1)表面粗糙度 表面粗糙度是加工表面上波长 L 和波高 H 的比值 $L/H < 50$ 的微观几何轮廓(图 7-33)称为表面粗糙度。

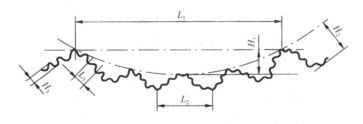

图 7-33 表面粗糙度、波纹度与宏观几何形状误差

(2)表面波纹度 加工表面上波长 L 与波高 H 的比值 $L/H = 50 \sim 1\,000$ 的几何轮廓称为表面波纹度,它是由机械加工中的振动引起的。加工表面上波长 L 与波高 H 的比值 $L/H > 1\,000$ 的几何轮廓称为宏观几何轮廓,它属于加工精度范畴,不在本节讨论之列。

(3)表面纹理方向 表面纹理方向是指加工表面刀痕纹理的方向,它取决于表面形成过程中所采用的加工方法。

(4)表面缺陷 加工表面上出现的砂眼、气孔、裂痕等缺陷。

2. 表面层材料的物理力学性能

表面层材料的物理力学性能,包括表面层的冷作硬化、残余应力和金相组织的变化。

(1)表面层的冷作硬化 机械加工过程中表面层金属产生强烈的塑性变形,使晶格扭曲、畸变,晶粒间产生剪切滑移,晶粒被拉长,这些都会使表面层金属的硬度增加,塑性减小的现象统称为冷作硬化。

(2)表面层残余应力 机械加工过程中由于切削变形和切削热等因素的作用在工件表面层材料中产生的内应力,称为表面层残余应力。

(3)表面层金相组织变化 机械加工过程中,在工件的加工区域,温度会急剧升高,当温度升高到超过工件材料金相组织变化的临界点时,就会发生金相组织变化。

7.3.2 机械加工表面质量对机器使用性能的影响

1. 表面质量对耐磨性的影响

零件的耐磨性不仅与摩擦副的材料,热处理情况和润滑条件有关,而且还与摩擦副表面质量有关。

(1)表面粗糙度对耐磨性的影响 表面粗糙度对零件表面的耐磨性影响很大,但也不是表面粗糙度越小就越耐磨。表面粗糙度太大,接触表面的实际压强增大,粗糙不平的凸峰间相互咬合、挤裂,使磨损加剧;表面粗糙度太小,表面太光滑,因存不住润滑油使接触面间容易发生分子黏接,也会导致磨损加剧。表面粗糙度最佳值与机器零件的工况有关,如图 7-34 所示,载荷加大时,磨损曲线向上向右位移,最佳表面粗糙度值也随之右移。

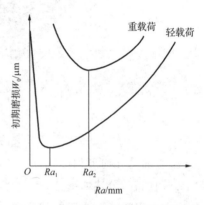

图 7-34 表面粗糙度与初期磨损量的关系

(2)表面冷作硬化对耐磨性的影响 加工表面的冷作硬化,一般能提高耐磨性;但是过度的冷作硬化将使加工表面金属组织变得"疏松",严重时甚至出现裂纹,使磨损加剧。

(3)表面纹理对耐磨性的影响 在轻载运动副中,两相对运动零件表面的刀纹方向均与运动方向相同时,耐磨性好;两者的刀纹方向均与运动方向垂直时,耐磨性差,这是因为两个摩擦面在相互运动中,切去了妨碍运动的加工痕迹。但在重载时,两相对运动零件表面的刀纹方向均与相对运动方向一致时容易发生咬合,磨损量反而大;两相对运动零件表面的刀纹方向相互垂直,且运动方向平行于下表面的刀纹方向时磨损量较小。

2. 表面质量对工件疲劳强度的影响

表面粗糙度对零件的疲劳强度影响很大。在交变载荷作用下,表面粗糙度的凹谷部位容易产生应力集中,出现疲劳裂纹,加速疲劳破坏。零件上容易产生应力集中的沟槽、圆角等处的表面粗糙度对疲劳强度的影响更大。减小零件的表面粗糙度,可以提高零件的疲劳强度。零件表面存在一定的冷作硬化,可以阻碍表面疲劳裂纹的产生,缓和已有裂纹的扩展,有利于提高疲劳强度;但冷作硬化强度过高时,可能会产生较大的脆性裂纹,反而降低疲劳强度。加工表面层如有一层残余压应力产生,可以提高疲劳强度。

3. 表面质量对抗腐蚀性能的影响

大气中所含的气体和液体与零件接触时会凝聚在零件表面上使表面腐蚀。零件表面粗糙度越大,加工表面与气体、液体的接触面积越大,腐蚀作用就越强烈。加工表面的冷作硬化和残余应力,使表层材料处于高能位状态,有促进腐蚀的作用。减小表面粗糙度,控制表面的加工硬化和残余应力,可以提高零件的抗腐蚀性能。

4. 表面质量对零件配合性质的影响

对于间隙配合,零件表面越粗糙,磨损越大,使配合间隙增大,将降低配合精度;对于过盈配合,两零件粗糙表面相配时凸峰被挤平,使有效过盈量减小,将降低过盈配合的连接强度。

7.3.3　加工表面的表面粗糙度

切削加工的表面粗糙度值主要取决于切削残留面积的高度。对于刀尖圆弧半径 $r_\varepsilon = 0$ 的刀具,工件表面残留面积的高度如图 7-35(a)所示。

$$H = \frac{f}{\cot \kappa_r + \cot \kappa_r'} \tag{7-26}$$

式中　f——进给量,mm/r;

　　　κ_r——主偏角,$\kappa_r \neq 90°$;

　　　κ_r'——副偏角,$\kappa_r' \neq 90°$。

对于刀尖圆弧半径 $r_\varepsilon \neq 0$ 的刀具,工件表面残留面积的高度如图 7-35(b)所示。

$$H = \frac{f}{2} \tan \frac{\alpha}{4} = \frac{f}{2} \sqrt{\frac{1 - \cos(\alpha/2)}{1 + \cos(\alpha/2)}}$$

而 $\cos(\alpha/2) = (r_\varepsilon - H)/r_\varepsilon = 1 - H/r_\varepsilon$,将它代入上式,略去二次微小量 H^2,经整理得

$$H \approx \frac{f^2}{8r_\varepsilon} \tag{7-27}$$

分析式(7-26)、式(7-27)可知,减小 f、κ_r、κ_r' 及增大 r_ε,均可减小残留面积的高度值。

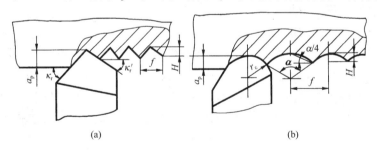

图 7-35　车削时工件表面的残留面积的高度

切削加工表面粗糙度的实际轮廓形状,一般都与纯几何因素形成的理论轮廓有较大的差别,这是由于切削加工中有塑性变形发生的缘故,切削过程中的塑性变形对加工表面粗糙度有很大影响。加工塑性材料时,切削速度 v_c 对加工表面粗糙度的影响如图 7-36 所示,在图示某一切削速度范围内,容易生成积屑瘤,使表面粗糙度增大。加工脆性材料时,切削速度对表面粗糙度的影响不大。

加工相同材料的工件,晶粒越粗大,切削加工后的表面粗糙度值越大。为减小切削加工后的表面粗糙度值,常在加工前或精加工前对工件进行正火、调质等热处理,目的在于得到均匀

细密的晶粒组织,并适当提高材料的硬度。

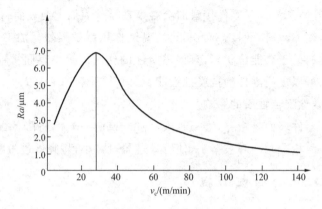

图 7-36　切削速度 v_c 对加工表面粗糙度的影响

适当增大刀具的前角,可以降低被切削材料的塑性变形;降低刀具前刀面和后刀面的表面粗糙度可以抑制积屑瘤的生成;增大刀具后角,可以减小刀具和工件的摩擦;合理选择切削液,可以减小材料的变形和摩擦,降低切削区的温度;采取上述各项措施均有利于减小加工表面的表面粗糙度值。

磨削加工表面粗糙度的形成也与几何因素和表层材料的塑性变形有关。表面粗糙度的高度和形状是由起主要作用的某一类因素或某一个别因素决定的。例如,当所选取的磨削用量不至于在加工表面上产生显著的热现象和塑性变形时,几何因素就可能占优势,对表面粗糙度高度起决定性影响的可能是砂轮的粒度和砂轮的修正用量;与此相反,磨削区的塑性变形非常显著时,砂轮粒度等几何因素就不起主要作用,磨削用量可能是影响磨削表面粗糙度的主要因素。

7.3.4　加工表面层的物理力学性能

1.表面层材料的冷作硬化

(1)冷作硬化及评定参数

冷作硬化又称强化,冷作硬化的程度取决于塑性变形的程度。被冷作硬化的金属处于高能位不稳定状态,只要一有可能,金属的不稳定状态就要向比较稳定的状态转化,这种现象称为弱化。弱化作用的大小取决于温度的高低、热作用时间的长短和表层金属的强化程度。由于在加工过程中表层金属同时受到变形和热的作用,加工后表层金属的最后性质取决于强化和弱化综合作用的结果。

冷作硬化用表层金属的显微硬度 HV、硬化层深度 h 和硬化程度 N 等三项指标进行评定,$N=[(HV-HV_0)/HV_0]\times100\%$,式中 HV_0 为工件内部金属的显微硬度。

(2)影响冷作硬化的因素

①刀具的影响　切削刃钝圆半径越大,已加工表面在形成过程中受挤压程度也越大,加工硬化也会越大;刀具后刀面的磨损量增大时,后刀面和已加工表面的摩擦随之增大,冷作硬化程度也增加;减小刀具的前角,加工表面塑性变形增加,切削力增大,冷作硬化程度和深度都将增加。

②切削用量的影响　切削速度增大时,刀具对工件的作用时间缩短,塑性变形不充分,冷

作硬化程度将会减小。背吃刀量 a_p 和进给量 f 增大,塑性变形加剧,冷作硬化加强。

③加工材料的影响　被加工工件材料的硬度越低、塑性越大时,冷作硬化现象越严重。有色金属的再结晶温度低,容易弱化,因此,切削有色合金工件时的冷作硬化倾向程度要比切削钢件时小。

2. 表面层材料金相组织变化

加工表面温度超过相变温度时,表层金属的金相组织将会发生相变。切削加工时,切削热大部分被切屑带走,因此影响较小,多数情况下,表层金属的金相组织没有质的变化。磨削加工时,切除单位体积材料所需消耗的能量远大于切削加工,磨削加工所消耗的能量绝大部分要转化为热,磨削热传给工件,一旦加工表面温度超过了相变温度,表层金属的金相组织就将发生变化。

磨削淬火钢时,会产生以下三种不同类型的烧伤:如果磨削区温度超过马氏体转变温度而未超过相变临界温度(碳钢的相变温度是 723 ℃),这时工件表层金属的金相组织,由原来的马氏体转变为硬度较低的回火组织(索氏体或托氏体),这种烧伤称为回火烧伤;如果磨削区的温度超过了相变温度,在切削液急冷的作用下,表层金属将发生二次淬火,硬度高于原来的回火马氏体,里层金属则由于冷却速度慢,出现了硬度比原先回火马氏体低的回火组织,这种烧伤称为淬火烧伤;若工件表层温度超过相变温度,而磨削区又没有切削液进入,表层金属产生退火组织,硬度急剧下降,称之为退火烧伤。

磨削烧伤严重影响零件的使用性能,必须采取措施加以控制。控制磨削烧伤有两个途径:一是尽可能减少磨削热的产生;二是改善冷却条件,尽量减少传入工件的热量。采用硬度稍软的砂轮,适当减小磨削背吃刀量和磨削速度,适当增加工件的回转速度和轴向进给量,采用高效冷却方式(如高压大流量冷却、喷雾冷却、内冷却)等措施,都可以降低磨削区温度,防止磨削烧伤。

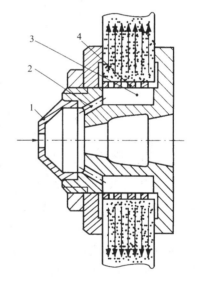

图 7-37　内冷却装置

1—锥形盖;2—通道孔;

3—砂轮中心腔;4—带孔的薄膜壁套

如图 7-37 所示是一个内冷却装置,经过滤的切削液通过中空主轴法兰套引入砂轮中心腔 3 内,由于离心力的作用,切削液通过砂轮内部的孔隙甩出,直接进入磨削区进行冷却,解决了外部浇注切削液进不到切削区的难题。

3. 加工表面层残余应力

(1)加工表面产生残余应力的原因

①表面材料比体积增大　切削过程中加工表面受到刀具的挤压与摩擦,产生塑性变形,由于晶粒碎化等原因,表面材料比体积增大。由于塑性变形只在表面层产生,表面层金属比体积增大,体积膨胀,不可避免地要受到与它相连的里层基体的阻碍,故表层材料产生残余压应力,里层材料则产生与之相平衡的残余拉应力。

②切削热的影响　切削加工中,切削区会有大量的切削热产生,工件表面的温度往往很高。例如,在磨削外圆时,表层金属的平均温度高达 300～400 ℃,瞬时磨削温度可达 800～

1 200 ℃。如图 7-38(a)所示为工件表面层温度分布示意图，t_p 点相当于金属具有高塑性的温度，温度高于 t_p 时表层金属不会有残余应力产生；t_n 为室温，t_m 为熔化温度。切削时，表面金属 1 的温度超过 t_p，处于完全塑性状态；金属层 2 温度在 t_n 与 t_p 之间，这层金属受热作用要膨胀，金属层 1 因处于完全塑性状态，所以它对金属层 2 受热膨胀不起阻止作用，但金属层 2 的膨胀要受到处于室温状态的里层金属 3 的阻止，因此，金属层 2 产生瞬时压缩应力，而金属层 3 则产生瞬时拉伸应力，如图 7-38(b)所示。切削过程结束之后，在金属层 1 冷却到低于 t_p 时，金属层 1 要冷却收缩，但下面的金属层 2 阻碍它收缩，因此就在金属层 1 内产生拉伸应力，而在金属层 2 内的压缩应力还要进一步加大，金属层 3 拉伸应力有所减小。表层金属继续冷却，金属层 1 继续收缩，它受到里层金属的阻碍，金属层 1 的拉伸应力继续增大，而金属层 2 的压缩应力扩展到金属层 2 和金属层 3 内，如图 7-38(c)所示。

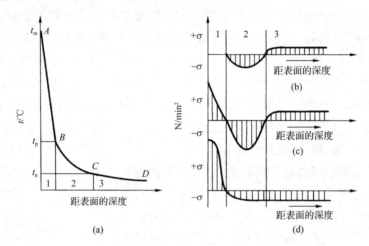

图 7-38　表面层金属产生拉伸应力分析图

　　③金相组织的变化　切削时的高温会使表面层的金属金相组织发生变化。不同的金相组织有不同的密度（$\rho_{马氏体}=7.75$ g/cm³，$\rho_{奥氏体}=7.96$ g/cm³，$\rho_{铁素体}=7.88$ g/cm³，$\rho_{珠光体}=7.78$ g/cm³），即具有不同的体积。表面层金属金相组织变化引起的体积变化，必然受到与之相连的基体金属的阻碍，因此就有残余应力产生。当表面层金属体积膨胀时，表层金属产生残余压应力，里层金属产生残余拉应力；当表面层金属体积缩小时，表层金属产生残余拉应力，里层金属产生残余压应力。例如，磨削淬火钢时，表面层产生回火烧伤，其金相组织由马氏体转化为索氏体或托式体，表面金属密度由 7.75 g/cm³ 增至 7.78 g/cm³，体积减小，表面层将产生残余拉应力，里层将产生残余压应力。

　　（2）零件主要工作表面最终工序加工方法的选择

　　工件加工最终工序加工方法的选择至关重要，因为最终工序在被加工工件表面上留下的残余应力将直接影响机器零件的使用性能。

　　工件加工最终工序加工方法的选择与机器零件的失效形式密切相关。机器零件失效主要有疲劳破坏、滑动磨损、滚动磨损三种不同形式，对此应采取不同的最终工序加工方法：

　　①疲劳破坏　在交变荷载的作用下，机器零件表面开始出现微观裂纹，之后在拉应力的作用下使裂纹逐渐扩大，最终导致零件断裂。从提高零件抵抗疲劳破坏能力的角度考虑，最终工序应选择能在加工表面（尤其是应力集中区）产生压缩残余应力的加工方法。

269 第7章 机械加工质量及其控制 / 269

②滑动磨损　两个零件作相对滑动,滑动面将逐渐磨损。滑动磨损的机理非常复杂,它既有滑动摩擦的机械作用,又有物理化学方面的综合作用(例如黏结磨损、扩散磨损、化学磨损)。滑动摩擦工作应力分布如图7-39(a)所示,当表面层的压缩工作应力超过材料的许用应力时,将使表层金属磨损。从提高零件抵抗滑动摩擦引起的磨损考虑,最终工序应选择能在加工表面上产生拉伸残余应力的加工方法。

③滚动磨损　两个零件做相对滚动,滚动面会逐渐磨损。滚动磨损主要来自滚动摩擦的机械作用,也有来自粘接、扩散等物理、化学等方面的综合作用。滚动摩擦工作应力分布如图7-39(b)所示,引起滚动磨损的决定性因素是表面层下 h 深处的最大拉应力。从提高零件抵抗滚动摩擦引起的磨损考虑,最终工序应选择能在表面层下 h 深处产生压应力的加工方法。

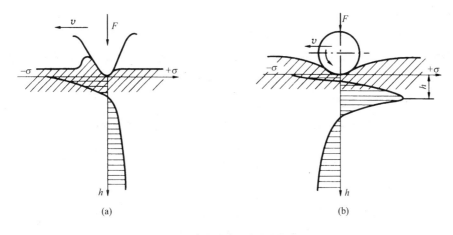

图 7-39　滑动摩擦工作应力分布图

7.4　机械加工过程中的振动

机械加工过程中产生的振动,是一种十分有害的现象,这是因为:

第一,刀具相对于工件振动会使加工表面产生波纹,这将严重影响零件的使用性能。

第二,刀具相对于工件振动,切削截面、切削角度等将随之发生周期性变化,工艺系统将承受动态载荷的作用,刀具易于磨损(有时甚至崩刃),机床的连接特性会受到破坏,严重时甚至使切削加工无法进行。

第三,为了避免发生振动或减小振动,有时不得不降低切削用量,致使机床、刀具的工作性能得不到充分发挥,限制了生产率的提高。

综上分析可知,机械加工中的振动对于加工质量和生产率都有很大的影响,须采取措施控制振动。

7.4.1　机械加工过程中的强迫振动

机械加工过程中的强迫振动是指在外界周期性干扰力的持续作用下,振动系统受迫产生的振动。机械加工过程中的强迫振动与一般机械振动中的强迫振动没有本质区别。机械加工过程中强迫振动的振动频率与干扰力的频率相同或是它的整数倍;当干扰力的频率接近或等于工艺系统某一薄弱环节的固有频率时,系统将产生共振。

强迫振动的振源有来自机床内部的机内振源和来自机床外部的机外振源。机外振源甚多,但它们都是通过地基传给机床的,可以通过加设隔振地基来隔离外部振源,消除其影响。机内振源主要有:机床上的带轮、卡盘或砂轮等高速回转零件因旋转不平衡引起的振动;机床传动机构的缺陷引起的振动;液压传动系统脉冲引起的振动;由于断续切削引起的振动等。

如果确认机械加工中发生的是强迫振动,就要设法查找振源,以便消除振源或减小振源对加工过程的影响。

7.4.2 机械加工过程中的自激振动(颤振)

1. 机械加工过程中的自激振动

与强迫振动相比,自激振动具有以下特征:

①机械加工中的自激振动是指在没有周期性外力(相对于切削过程而言)干扰下产生的振动运动。机床加工系统是一个由振动系统和调节系统组成的闭环系统,如图 7-40 所示。激励机床系统产生振动运动的交变力由切削过程产生,而切削过程同时又受到工艺系统的振动运动的控制,机床振动系统的振动运动一旦停止,交变切削力便随之消失。

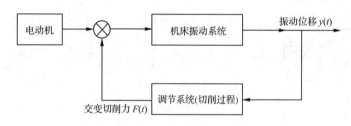

图 7-40　自激振动闭环系统

②自激振动的振动频率接近于系统某一薄弱振型的固有频率。

2. 自激振动的激振原理

对于自激振动的激振原理,许多学者曾提出多种学说,比较公认的有再生原理和振型耦合原理。

①再生原理　图 7-41 较为形象的地展示了再生型颤振的产生过程。在刀具进行切削的过程中,若受到一个瞬时的偶然扰动力 F_d 的作用(图 7-41(a)),刀具与工件便会产生相对振动(此振动属自由振动),振动的幅值将因系统存在阻尼而逐渐衰减。该振动会在加工表面上留下一段振纹,如图 7-41(b)所示。工件转过一周后,刀具便会在留有振纹的表面上进行切削(图 7-41(c)),切削厚度时大时小,这就有动态切削力产生。如果机床加工系统满足产生自激振动的条件,振动便会进一步发展到图 7-41(d)所示的持续的振动状态。我们将这种由于切削厚度变化效应(简称再生效应)而引起的自激振动称为再生型切削颤振。

切削过程一般都是部分地或完全地在有振纹(波纹)的表面上进行的,车削、铣削、刨削、钻削、磨削等均不例外,由振纹再生效应引发的再生型切削颤振是机床切削振动的主要形态。

产生再生颤振的条件,可由图 7-42 所示振纹再生效应推导求得,本转(次)切削的振纹与前转(次)切削的振纹一般都不会完全同步,它们在相位上有一个差值 φ。设本转(次)切削的

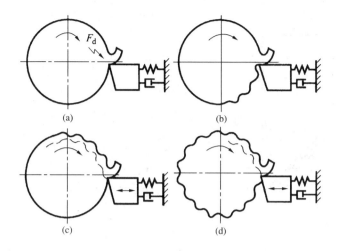

图 7-41　再生型颤振的产生过程

振动运动为

$$y(t) = A_n \cos \omega t$$

则上转（次）切削的振动运动为

$$y(t-T) = A_{n-1} \cos(\omega t + \varphi)$$

式中　T——工件转一转的时间；

ω——振动角频率；

A_n——本转（次）切削的振动幅值；

A_{n-1}——上转（次）切削的振动幅值。

瞬时切削速度 $a(t)$ 及切削力 $F(t)$ 可分别写为

$$a(t) = a_0 + [y(t-T) - y(t)] \tag{7-28}$$

$$F(t) = k_c b [a_0 + y(t-T) - y(t)] \tag{7-29}$$

式中　b——切削层公称宽度，mm；

k_c——单位切削宽度上的切削刚度，N/mm^2；

a_0——切削层公称厚度，mm。

在振动的一个周期内，切削力对振动系统所做的功

$$
\begin{aligned}
W &= \int_{\text{cyc}} F(t) \cos \beta \mathrm{d}y = \int_0^{2\pi/\omega} F(t) \cos \beta \dot{y} \, \mathrm{d}t \\
&= \int_0^{2\pi} k_c b [a_0 + A_{n-1} \cos(\omega t + \phi) - A_n \cos \omega t] \cos \beta (-A_n \sin \omega t) \mathrm{d}(\omega t) \\
&= \pi k_c b A_{n-1} A_n \cos \beta \sin \phi
\end{aligned}
\tag{7-30}
$$

式中　β——切削力 $F(t)$ 与 y 轴的夹角，$0 < \beta < \pi/2$，$\cos \beta > 0$。

对于某一具体切削条件，k_c, b, A_{n-1}, A_n 等均为正值，故式（7-30）中 W 的符号仅取决于 ϕ 值的大小。当 $0 < \phi < \pi$ 时，$W > 0$，这表示每振动一个周期，振动系统就能从外界得到一部分能量，满足产生振动的条件，系统就将有再生型颤振产生。

综上分析可知，再生型切削颤振是由振纹再生效应引发的。在有振纹（波纹）的表面进行切削，只要满足产生振动的上述条件，机床加工系统就将有再生型颤振产生。

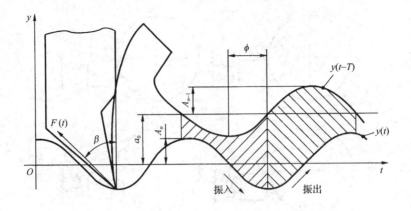

图 7-42　振纹再生效应

②振型耦合原理　机床振动系统一般都是多自由度系统。为了便于讨论,此处将振动系统简化为如图 7-43 所示的两自由度振动系统,设振动系统与刀架相连,切削在光滑表面上进行(不考虑再生效应)。如果切削过程中因偶然干扰使刀架系统产生了角频率为 ω 的振动运动,则刀架将沿 x_1 和 x_2 两刚度主轴做耦合运动,刀尖的振动轨迹是一个椭圆形的封闭曲线,其运动方程可写为

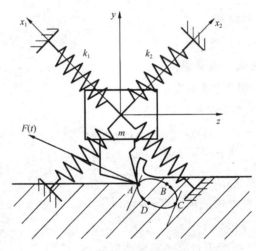

图 7-43　两自由度振动系统

$$\begin{cases} y = A_y \sin \omega t \\ z = A_z \sin(\omega t + \phi) \end{cases}$$

式中　A_y——y 向振动的振幅;

　　　A_z——z 向振动的振幅;

　　　ϕ——z 向振动相对于 y 向振动的相位差,相位差 ϕ 取值不同,椭圆形振动轨迹的方位、旋向将随之发生变化。

对如图 7-43 所示椭圆形振动轨迹作两条与切削力 $F(t)$ 相垂直的切线,其切点分别为 A 和 C,当刀尖相对于工件沿 ABC 方向运动时,切削力方向与运动方向相反,振动系统对外界做功,振动系统要消耗能量;当刀尖相对于工件沿 CDA 方向运动时,切削力方向与运动方向相同,外界对振动系统做功,振动系统吸收能量;由于刀尖相对于工件沿 ABC 方向运动时刀具

的平均切削厚度小于刀尖相对于工件沿 CDA 方向运动时刀具的平均切削厚度,故振动系统每振动一个周期都将有一部分能量输入,满足产生振动的条件,将有持续的振动产生。

耦合型切削颤振是由多自由度机床切削系统中各主振模态间耦合效应引发的。在多自由度机床切削系统中进行切削,只要满足产生振动的条件(振动系统每振动一个周期都有一部分能量输入),就将有耦合性颤振产生。

7.4.3 控制机械加工中振动的途径

1. 消除或减弱产生强迫振动的条件

(1)消除或减弱产生强迫振动的条件

①消除或减小内部振源 机床上的高速回转零件必须满足动平衡要求;提高传动元件及传动装置的制造精度和装配精度,保证传动平稳;使动力源与机床本体分离。

②调整振源的频率 通过改变传动比,使可能引起强迫振动的振源频率远离机床加工系统薄弱环节的固有频率,避免产生共振。一般应满足

$$\left| \frac{f_n - f_{激}}{f_{激}} \right| \geqslant 0.25 \sim 0.3$$

式中 f_n——机床加工系统薄弱环节的固有频率;

$f_{激}$——激振力频率。

③采取隔振措施 使振源产生的部分振动被隔振装置所隔离或吸收。隔振方法有两种,一种是主动隔振,阻止机内振源通过地基外传;另一种是被动隔振,阻止机外干扰力通过地基传给机床。常用的隔振材料有橡皮、金属弹簧、空气弹簧、矿渣棉、木屑等。

(2)消除或减弱产生自激振动的条件

①减小重叠系数 再生型颤振是由于在有波纹的表面上进行切削引起的,如果本转(次)切削不与前转(次)切削振纹相重叠,就不会有再生颤振发生,图 7-44 中的 ED 是上转(次)切削留下的带有振纹的切削宽度,AB 是本转(次)的切削宽度,重叠系数 $\mu = \dfrac{CD}{AB} = \dfrac{ED - EC}{AB} = $

$$\frac{AB - EC}{AB} = 1 - \frac{EC}{AB} = 1 - \frac{\sin \kappa_r \sin \kappa_r'}{\sin(\kappa_r + \kappa_r')} \times \frac{f}{a_p}$$

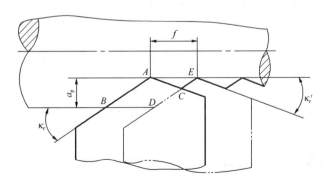

图 7-44 重叠系数 μ

重叠系数 μ 越小,就越不易产生再生型颤振。μ 值大小取决于加工方式、刀具的几何形状

及切削用量等。适当增大刀具的主偏角 κ_r 和进给量 f,均可使重叠系数 μ 减小。

②减小切削刚度 减小切削刚度可以减小切削力,可以降低切削厚度变化效应(再生效应)和振型耦合效应的作用。改善工件材料的可加工性、增大前角 γ_o、增大主偏角 κ_r 和适当提高进给量 f 等,均可使切削刚度下降。

③合理布置振动系统小刚度主轴的位置 如图 7-45(a)所示为一削扁镗杆,x_1 为镗杆的小刚度主轴,x_2 为镗杆的大刚度主轴,镗刀头在刀杆圆周方向上的位置可以按需要调整。实验结果表明,振动系统小刚度主轴 x_1 相对于 y 坐标轴(与径向力 F_y 方向相同)的夹角 α(图 7-45(b)、图 7-45(c))对振动系统的稳定性具有重要影响。当夹角 α 位于切削合力 F 与 y 坐标轴的夹角 β 内时(图 7-45(b)),就会有耦合型颤振产生;当夹角 α 位于切削合力 F 和 y 坐标轴的夹角 β 之外时(图 7-45(c)),就不会有耦合型颤振产生。设计镗杆时一定要使振动系统的小刚度主轴位于切削合力 F 与径向 y 坐标轴的夹角 β 范围外。根据同样道理,设计机床主轴箱、刀架、工作台等部件也都要让各部件的小刚度主轴分别位于切削合力 F 和 y 坐标轴的夹角 β 范围外。

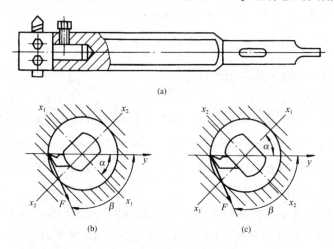

图 7-45　削扁镗杆

2. 改善工艺系统的动态特性

(1)提高工艺系统刚度

提高工艺系统薄弱环节的刚度,可以有效地提高机床加工系统的稳定性。提高各结合面的接触刚度,对主轴支承施加预荷载,对刚性较差的工件增加辅助支承等都可以提高工艺系统的刚度。

(2)增大工艺系统的阻尼

增大工艺系统中的阻尼,可以通过多种方法实现。例如,使用高内阻材料制造零件,增加运动件的相对摩擦,在床身、立柱的封闭内腔中充填型砂,在主振方向安装阻尼减震器等。

3. 采用减振装置

常用的减振装置有动力式减振器,摩擦式减振器和冲击式减振器三种类型。

(1)动力式减振器

动力式减振器是用弹性元件把一个附加质量块连接到振动系统中,利用附加质量 m_2 的动力作用,使附加质量 m_2 作用在系统上的力与系统的激振力 $Fe^{i\omega t}$ 大小相等、方向相反,从而达到消振、减振的作用。如图 7-46 所示为用于消除镗刀杆振动的动力减振器及其动力学模型。

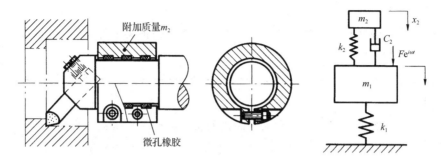

图 7-46 用于消除镗刀杆振动的动力减振器及其动力学模型

(2)摩擦式减振器

摩擦式减振器是利用摩擦阻尼消除振动能量,从而达到消振、减振的作用。如图 7-47 所示为固体摩擦式减振器的结构简图。扭转轴 3 与毂盘 2 相联;拧螺母 4 时,通过蝶形弹簧 5 毂盘 2、摩擦盘 6 和飞轮 1 间保持有一定的压紧力。当毂盘 2 随轴 3 一起作扭转运动时,由于飞轮 1 的惯量大,它不能随轴 3 同步运动,与飞轮 1 相连的摩擦盘 6 同毂盘 2 之间就有相对转动,摩擦盘 6 起消耗轴 3 扭转振动的作用,达到消减轴 3 扭振的目的。

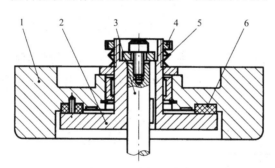

图 7-47 固体摩擦式减振器结构

1—飞轮;2—毂盘;3—扭转轴;4—螺母;5—弹簧;6—摩擦盘

(3)冲击式减振器

如图 7-48(a)、(b)所示分别是冲击式减振镗杆和冲击式减振镗刀的结构示意图,它们都是利用两物体相互碰撞会损失动能的原理,在振动体 M 上装上一个起冲击作用的自由质量 m。系统振动时,自由质量 m 反复冲击振动体 M,消耗振动体的能量,达到减振的目的。

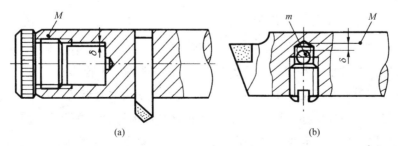

(a)   (b)

图 7-48 冲击式减振镗杆和镗刀

思考与习题

7-1 什么是主轴回转精度?为什么外圆磨床头架中的顶尖不随工件一起回转,而车床主轴箱中的顶尖则是随工件一起回转的?

7-2 在镗床上镗孔时(刀具做旋转主运动,工件做进给运动),试分析加工表面产生椭圆形误差的原因。

7-3 为什么卧式车床床身导轨在水平面内的直线度要求高于在垂直面内的直线度要求?

7-4 某车床导轨在水平面内的直线度误差为 0.015 mm/1 000 mm,在垂直面内的直线度误差为 0.025 mm/1 000 mm,欲在此车床上车削直径为 $\phi60$ mm、长度为 150 mm 的工件,试计算被加工工件由导轨几何误差引起的圆柱度误差。

7-5 在三台车床上分别加工三批工件的外圆表面,加工后经测量,三批工件分别产生了如图 7-49 所示的形状误差,试分析产生上述形状误差的主要原因。

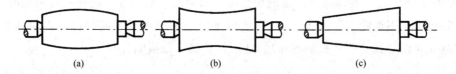

(a)   (b)   (c)

图 7-49 习题 7-5 图

7-6 在外圆磨床上磨削如图 7-50 所示轴件的外圆,若机床几何精度良好,试分析磨外圆后 A-A 截面的形状误差,要求画出 A-A 截面的形状,并提出减小上述误差的措施。

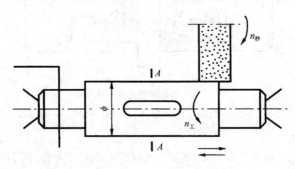

图 7-50 习题 7-6 图

7-7 已知某车床的部件刚度分别为:$k_{主轴}=50\ 000$ N/mm,$k_{刀架}=23\ 330$ N/mm,$k_{尾座}=345\ 00$ N/mm。今在该车床上采用前、后顶尖定位车一直径为 $\phi50_{-0.2}^{\ 0}$ mm 的光轴,其背向力 $F_p=3\ 000$ N,假设刀具和工件的刚度都很大,试求:(1)车刀位于主轴箱端处工艺系统的变形量;(2)车刀处在距主轴箱 1/4 工件长度处工艺系统的变形量;(3)车刀处在工件中点处工艺系统的变形量;(4)车刀处在距主轴箱 3/4 工件长度处工艺系统的变形量;(5)车刀处在尾座处工艺系统的变形量。在完成上述计算后,再徒手画出该轴加工后纵向截面的形状。

7-8 按如图 7-51(a)所示的装夹方式在外圆磨床上磨削薄壁套筒 A,卸下工件后发现工件呈鞍形,如图 7-51(b)所示,试分析产生该形状误差的原因。

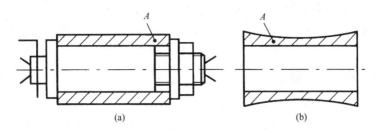

图 7-51　习题 7-8 图

7-9　在卧式铣床上按图 7-52 所示装夹方式用铣刀 A 铣键槽，经测量发现，工件右端槽深大于中间槽深，试分析产生这一现象的原因。

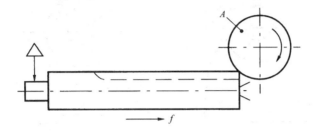

图 7-52　习题 7-9 图

7-10　何谓误差复映？误差复映系数的大小与哪些因素有关？

7-11　为什么提高工艺系统刚度首先要从提高薄弱环节的刚度下手才有效？试举一实例说明。

7-12　如果卧式车床床身铸件顶部和底部残留有压应力，床身中间残留有拉应力，试用简图画出粗刨床身顶面后，床身顶面的纵向截面形状，并分析其成因。

7-13　如图 7-53 所示板状框架铸件，壁 3 薄，壁 1 和壁 2 厚，用直径为 D 的立铣刀铣断壁 3 后，毛坯中的内应力要重新分布，问断口尺寸 D 将会变大还是变小？为什么？

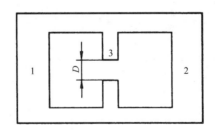

图 7-53　习题 7-13 图

7-14　车削加工一批外圆尺寸要求为 $\phi 20_{-0.1}^{0}$ mm 的轴。已知：外圆尺寸按正态分布，均方根偏差 $\sigma = 0.025$ mm，分布曲线中心比公差带中心大 0.03 mm。试计算这批轴的合格品率及不合格品率。

7-15　在自动车床上加工一批外圆尺寸为 $\phi(20 \pm 0.1)$ mm 的轴，已知均方根偏差 $\sigma = 0.02$ mm，试求此机床的工序能力等级。

7-16　试以磨外圆为例，说明磨削用量对磨削表面粗糙度的影响。

7-17 加工后,零件表面层为什么会产生加工硬化和残余应力?

7-18 什么是回火烧伤?什么是淬火烧伤?什么是退火烧伤?为什么磨削表面容易产生烧伤?

7-19 什么是再生型切削颤振?为什么说在金属切削过程中,除了极少数情况外,刀具总是部分地或完全地在带有振纹的表面上进行切削的?

7-20 从提高机床切削系统的稳定性和防振减振考虑,试分析比较如图 7-54 所示两种不同车床尾座结构的优劣,为什么?图中 x_1 为小刚度主轴方位,x_2 为大刚度主轴方位。

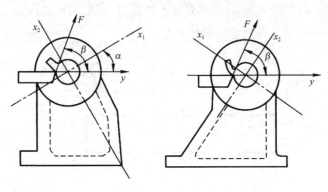

图 7-54 习题 7-20 图

第 8 章

先进制造技术

随着经济社会的发展,各种难加工材料不断出现,催生了先进制造技术的研究与实践。历史的车轮滚滚向前,机械制造技术也要不断开拓创新。发展才是硬道理。

随着制造业对产品的生产率和加工精度要求的不断提高,推动了与以往加工方式不同的先进制造技术的发展,例如目前正迅速发展的三维打印技术(即快速成型技术),它是一种以数字模型文件为基础,运用粉末状金属或塑料等可黏合材料,通过逐层打印的方式来构造物体的技术。它以往常被用在模具制造、工业设计等领域制造模型,现正逐渐用于一些产品的直接制造。特别是一些高价值应用领域(比如髋关节、牙齿或一些飞机零部件)已经使用这种技术打印而成的零部件。本章将主要介绍精密与超精密加工技术、快速成型制造技术和微细加工技术等内容。

8.1 精密与超精密加工技术

8.1.1 概　述

当前精密和超精密加工精度从微米到亚微米,乃至纳米,在汽车、家电、IT 电子信息高技术领域和军用、民用工业有广泛应用。同时,精密和超精密加工技术的发展也促进了机械、模具、液压、电子、半导体、光学、传感器和测量技术及金属加工工业的发展。

通常,按加工精度划分,精密机械加工可分为精加工、精密加工、超精密加工三个阶段。

精加工是完成各主要表面的最终加工,使零件的加工精度和加工表面质量达到图样规定的要求。精度在 $10~\mu m$ 左右,$Ra~0.8\sim0.1~\mu m$。

精密加工是指加工精度和表面质量达到较高程度的加工方法。精度在 $1\sim0.1~\mu m$,$Ra~0.1\sim0.02~\mu m$。

超精密加工是指在机械加工领域中,某一个历史时期所能达到的最高加工精度的各种精密加工方法的总称。精度在 $0.1\sim0.01~\mu m$,$Ra~0.01\sim0.005~\mu m$。

但这个界限是随着加工技术的进步不断变化的,今天的精密加工可能就是明天的精加工。

精密加工所要解决的问题,一是加工精度,包括形位公差、尺寸精度及表面状况;二是加工效率,有些加工可以取得较好的加工精度,却难以取得高的加工效率。

8.1.2　精密及超精密加工的分类

1. 传统精密加工方法

传统的精密加工方法有砂带磨削、精密切削、珩磨、精密研磨与抛光等。

(1)砂带磨削是用粘有磨料的混纺布为磨具对工件进行加工，属于涂附磨具磨削加工的范畴，有生产率高、表面质量好、使用范围广等特点。

(2)精密切削，也称金刚石刀具切削(SPDT)，用高精密的机床和单晶金刚石刀具进行切削加工，主要用于铜、铝等不宜磨削加工的软金属的精密加工，如计算机用的磁鼓、磁盘及大功率激光用的金属反光镜等，比一般切削加工精度要高 1~2 个等级。

(3)珩磨是用油石砂条组成的珩磨头，在一定压力下沿工件表面做往复运动，加工后的表面粗糙度可达 Ra 0.4~0.1 μm，最好可达到 Ra 0.025 μm，主要用来加工铸铁及钢，不宜用来加工硬度小、韧性好的有色金属。

(4)精密研磨通过介于工件和工具间的磨料及加工液，工件及研具做相互机械摩擦，使工件达到所要求的尺寸与精度的加工方法。精密研磨对于金属和非金属工件都可以达到其他加工方法所不能达到的精度和表面粗糙度，被研磨表面的粗糙度 $Ra \leqslant 0.025$ μm，加工变质层很小，表面质量高，精密研磨的设备简单，主要用于平面、圆柱面、齿轮齿面及有密封要求的配偶件的加工，也可用于量规、量块、喷油嘴、阀体与阀芯的光整加工。

(5)抛光是利用机械、化学、电化学的方法对工件表面进行的一种微细加工，主要用来降低工件表面粗糙度，常用的方法有：手工或机械抛光、超声波抛光、化学抛光、电化学抛光及电化学机械复合抛光等。手工或机械抛光加工后工件表面粗糙度 $Ra \leqslant 0.05$ μm，可用于平面、柱面、曲面及模具型腔的抛光加工。超声波抛光加工精度在 0.01~0.02 μm，表面粗糙度 Ra 0.1 μm。化学抛光加工的表面粗糙度一般为 $Ra \leqslant 0.2$ μm。电化学抛光可提高到 Ra 0.1~0.08 μm。

2. 现代精密加工

现代精密加工包括微细加工、超微细加工和光整加工等加工技术。

(1)微细加工技术是指制造微小尺寸零件的加工技术；

(2)超微细加工技术是指制造超微小尺寸零件的加工技术，它们是针对集成电路的制造要求而提出的，由于尺寸微小，其精度是用切除尺寸的绝对值来表示的，而不是用所加工尺寸与尺寸误差的比值来表示。

(3)光整加工一般是指降低表面粗糙度和提高表面层力学机械性质的加工方法，不着重于提高加工精度，其典型加工方法有珩磨、研磨、超精加工及无屑加工等。实际上，这些加工方法不仅能提高表面质量，而且可以提高加工精度。精整加工是近年来提出的一个新的名词术语，它与光整加工是对应的，是指既要降低表面粗糙度和提高表面层力学机械性质，又要提高加工精度(包括尺寸、形状、位置精度)的加工方法。

3. 超精密加工

超精密加工主要包括三个领域：超精密切削加工，如金刚石刀具的超精密切削，可加工各种镜面。它已成功地解决了用于激光核聚变系统和天体望远镜的大型抛物面镜的加工；超精密磨削和研磨加工，如高密度硬磁盘的涂层表面加工和大规模集成电路基片的加工；超精密特种加工，如大规模集成电路芯片上的图形是用电子束、离子束刻蚀的方法加工，线宽可达 0.1 μm。如用扫描隧道电子显微镜(STM)加工，线宽可达 2~5 nm。

（1）超精密切削

超精密切削以 SPDT 技术开始，该技术以空气轴承主轴、气动滑板、高刚性、高精度工具、反馈控制和环境温度控制为支撑，可获得纳米级表面粗糙度。多采用金刚石刀具铣削，广泛用于铜的平面和非球面光学元件、有机玻璃、塑料制品（如照相机的塑料镜片、隐形眼镜镜片等）、陶瓷及复合材料的加工等。未来的发展趋势是利用镀膜技术来改善金刚石刀具在加工硬化钢材时的磨耗。此外，MEMS 组件等微小零件的加工需要微小刀具，目前微小刀具的尺寸可达 $50 \sim 100\ \mu m$，但如果加工几何特征在亚微米甚至纳米级，刀具直径必须再缩小，其发展趋势是利用纳米材料如纳米碳管来制作超小刀径的车刀或铣刀。

（2）超精密磨削

超精密磨削是在一般精密磨削基础上发展起来的一种镜面磨削方法，其关键技术是金刚石砂轮的修整，使磨粒具有微刃性和等高性。超精密磨削的加工对象主要是脆硬的金属材料、半导体材料、陶瓷、玻璃等。磨削后，被加工表面留下大量极微细的磨削痕迹，残留高度极小，加上微刃的滑挤、摩擦、抛光作用，可获得高精度和低表面粗糙度的加工表面，当前超精密磨削能加工出圆度 $0.01\ \mu m$，尺寸精度 $0.1\ \mu m$ 和表面粗糙度为 $Ra\ 0.005\ \mu m$ 的圆柱形零件。

（3）超精密研磨

超精密研磨包括机械研磨、化学机械研磨、浮动研磨、弹性发射加工以及磁力研磨等加工方法。超精密研磨的关键条件是几乎无振动的研磨运动、精密的温度控制、洁净的环境以及细小而均匀的研磨剂。超精密研磨加工出的球面度达 $0.025\mu m$，表面粗糙度 Ra 达 $0.003\mu m$。

（4）超精密特种加工

超精密特种加工主要包括激光束加工、电子束加工、离子束加工、微细电火花加工、精细电解加工及电解研磨、超声电解加工、超声电解研磨、超声电火花等复合加工。激光、电子束加工可实现打孔、精密切割、成形切割、刻蚀、光刻曝光、加工激光防伪标志；离子束加工可实现原子、分子级的切削加工；利用微细放电加工可以实现极微细的金属材料的去除，可加工微细轴、孔、窄缝平面及曲面；精细电解加工可实现纳米级精度，且表面不会产生加工应力，常用于镜面抛光、镜面减薄以及一些需要无应力加工的场合。

超精密加工技术在国际上处于领先地位的国家有美国、英国和日本。这些国家的超精密加工技术不仅总体水平高，而且商品化的程度也非常高。美国 20 世纪 50 年代末发展了金刚石刀具的超精密切削技术，称为"SPDT 技术"（Single Point Dia mond Turning）或"微英寸技术"（1 微英寸＝$0.025\ \mu m$），并发展了相应的空气轴承主轴的超精密机床，用于加工激光核聚变反射镜、战术导弹及载人飞船用球面、非球面大型零件等。英国克兰菲尔德技术学院所属的克兰菲尔德精密工程研究所（简称 CUPE）是英国超精密加工技术水平的独特代表。如 CUPE 生产的 Nanocentre（纳米加工中心）既可进行超精密车削，又带有磨头，也可进行超精密磨削，加工工件的形状精度可达 $0.1\ \mu m$，表面粗糙度 $Ra < 10$ nm。日本对超精密加工技术的研究相对于美、英来说起步较晚，但是当今世界上超精密加工技术发展最快的国家。北京机床研究所是国内进行超精密加工技术研究的主要单位之一，研制出了多种不同类型的超精密机床、部件和相关的高精度测试仪器等，如精度达 $0.025\ \mu m$ 的精密轴承、JCS—027 超精密车床、JCS—031 超精密铣床、JCS—035 超精密车床、超精密车床数控系统、复印机感光鼓加工机床、红外大功率激光反射镜、超精密振动—位移测微仪等，达到了国内领先、国际先进水平。哈尔滨工业大学在金刚石超精密切削、金刚石刀具晶体定向刃磨、金刚石微粉砂轮电解在线修整技术等方面进行了卓有成效的研究。清华大学在集成电路超精密加工设备、磁盘加工及检测设备、微

位移工作台、超精密砂带磨削和研抛、金刚石微粉砂轮超精密磨削、非圆截面超精密切削等方面进行了深入研究,并有相应产品问世。我国超精密加工技术与美日相比,还有不小差距,特别是在大型光学和非金属材料的超精加工方面,在超精加工的效率和自动化技术方面差距尤为明显。

8.1.3 精密及超精密加工的发展趋势

精密及超精密加工将向高精度、高效率、大型化、微型化、智能化、工艺整合化、在线加工检测一体化、绿色化等方向发展。

1. 高精度、高效率

随着科学技术的不断进步,对精度、效率、质量的要求愈来愈高,高精度与高效率成为超精密加工永恒的主题。超精密切削、磨削技术能有效提高加工效率,CMP、EEM 技术能够保证加工精度,而半固着磨粒加工方法及电解磁力研磨、磁流变磨料流加工等复合加工方法由于能兼顾效率与精度,成为超精密加工的趋势。

2. 大型化、微型化

由于航天航空等技术的发展,大型光电子器件要求大型超精密加工设备,如美国研制的加工直径为 2.4～4 m 的大型光学器件超精密加工机床。同时随着微型机械电子、光电信息等领域的发展,超精密加工技术向微型化发展,如微型传感器,微型驱动元件和动力装置、微型航空航天器件等都需要微型超精密加工设备。

3. 智能化

以智能化设备降低加工结果对人工经验的依赖性一直是制造领域追求的目标。加工设备的智能化程度直接关系到加工的稳定性与加工效率,这一点在超精密加工中体现更为明显。

4. 工艺整合化

当今企业间的竞争趋于白热化,高生产率越来越成为企业赖以生存的条件。在这样的背景下,出现了"以磨代研"甚至"以磨代抛"的呼声。另一方面,使用一台设备完成多种加工(如车削、钻削、铣削、磨削、光整)的趋势越来越明显。

5. 在线加工检测一体化

由于超精密加工的精度很高,必须发展在线加工检测一体化技术才能保证产品质量和提高生产率。同时由于加工设备本身的精度有时很难满足要求,采用在线检测、工况监控和误差补偿的方法可以提高精度,保证加工质量的要求。

6. 绿色化

磨料加工是超精密加工的主要手段,磨料本身的制造、磨料在加工中的消耗、加工中造成的能源及材料的消耗、以及加工中大量使用的加工液等对环境造成了极大的负担。我国是磨料、磨具产量及消耗的第一大国,大幅提高磨削加工的绿色化程度已成为当务之急。发达国家以及中国台湾地区均对半导体生产厂家的废液、废气排量及标准实施严格管制,为此,各国研究人员对 CMP 加工产生的废液、废气回收处理展开了研究。绿色化的超精密加工技术在降低环境负担的同时,提高了自身的生命力。

8.2 快速成型制造技术

8.2.1 概 述

快速成型技术(Rapid Prototyping,RP),又称实体自由成型技术,快速成型的工艺方法是基于计算机三维实体造型,在对三维模型进行处理后,形成截面轮廓信息,随后将成型材料按三维模型的截面轮廓信息进行扫描,使材料黏结、固化、烧结,逐层堆积成为实体原型。它集成了 CAD 技术、数控技术、激光技术和材料技术等现代科技成果,是先进制造技术的重要组成部分。由于它把复杂的三维制造转化为一系列二维制造的叠加,因而几乎可以在不用模具和工具的条件下生成任意复杂的零部件,极大地提高了生产率和制造柔性。

与传统制造方法不同,快速成型从零件的 CAD 几何模型出发,通过软件分层离散和数控成型系统,用激光束或其他方法将材料堆积而形成实体零件。通过与数控加工、铸造、金属冷喷涂、硅胶模等制造手段相结合,已成为现代模型、模具和零件制造的强有力手段,在航空航天、汽车摩托车、家电等领域得到了广泛应用。

快速成型技术自问世以来,得到了迅速的发展。由于 RP 技术可以使数据模型转化为物理模型,并能有效地提高新产品的设计质量,缩短新产品开发周期,提高企业的市场竞争力,因而受到越来越多领域的关注,被一些学者誉为敏捷制造技术的使能技术之一。

8.2.2 快速成型技术的基本原理

与传统的机械切削加工,如车削、铣削等"材料减削"方法不同,"快速成型制造技术"是靠逐层融接增加材料来生成零件的,是一种"材料叠加"的方法,快速成型技术采用离散/堆积成型原理,根据三维 CAD 模型,对于不同的工艺要求,按一定厚度进行分层,将三维数字模型变成厚度很薄的二维平面模型。再将数据进行一定的处理,加入加工参数,在数控系统控制下以平面加工方式连续加工出每个薄层,并使之黏结成形。实际上就是基于"生长"或"添加"材料原理一层一层地离散叠加,从底至顶完成零件的制作过程。快速成型有很多种工艺方法,但所有的快速成型工艺方法都是一层一层地制造零件,不同的是每种方法所用的材料不同,制造每一层添加材料的方法不同。该技术的基本特征是"分层增加材料",即三维实体由一系列连续的二维薄切片堆叠融接而成,如图 8-1 所示。

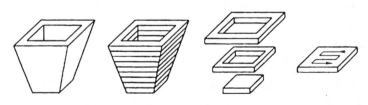

图 8-1 RP 的成形原理

8.2.3 快速成型技术的工艺过程

(1)三维模型的构造 按图纸或设计意图在三维 CAD 设计软件中设计出该零件的 CAD 实体文件。一般快速成型支持的文件输出格式为 STL 模型,即对实体曲面做近似的所谓面型化处理,用平面三角形面片近似模型表面。以简化 CAD 模型的数据格式。便于后续的分层处理。由于它在数据处理上较简单,而且与 CAD 系统无关,所以很快发展为快速成型制造领域中 CAD 系统与快速成型机之间数据交换的标准,每个三角面片用四个数据项表示。即三个顶点坐标和一个法向矢量,整个 CAD 模型就是这样一个矢量的集合。在一般的软件系统中可以通过调整输出精度控制参数,减小曲面近似处理误差。如 Pro/E 软件是通过选定弦高值作为逼近的精度参数。

(2)三维模型的离散处理(切片处理)　在选定了制作(堆积)方向后,通过专用的分层程序将三维实体模型(一般为 STL 模型)进行一维离散,即沿制作方向分层切片处理,获取每一薄层片截面轮廓及实体信息。分层的厚度就是成型时堆积的单层厚度。由于分层破坏了切片方向 CAD 模型表面的连续性,不可避免地丢失了模型的一些信息,导致零件尺寸及形状误差的产生。所以分层后需要对数据做进一步的处理,以避免断层的出现。切片层的厚度直接影响零件的表面粗糙度和整个零件的型面精度,每一层面的轮廓信息都是由一系列交点顺序连成的折线段构成。所以,分层后所得到的模型轮廓已经是近似的,层与层之间的轮廓信息已经丢失,层厚越大丢失的信息越多,导致在成型过程中产生了型面误差。

(3)成型制作　把分层处理后的数据信息传至设备控制机,选用具体的成型工艺,在计算机的控制下,逐层加工,然后反复叠加,最终形成三维产品。

(4)后处理　根据具体的工艺,采用适当的后处理方法,改善样品性能。

8.2.4　快速成型技术的特点

与传统的切削加工方法相比,快速成型加工具有以下特点:

1. 自由成型制造

自由成型制造也是快速成型技术的另外一个用语。作为快速成型技术的特点之一的自由成型制造的含义有两个方面:一是指无需要使用工模具制作原型或零件,因此可以大大缩短新产品的试制周期,并节省工模具费用;二是指不受形状复杂程度的限制,能够制作任何形状和结构、不同材料复合的原型或零件。

2. 制造效率高

从 CAD 数模或实体反求获得的数据到制成原型,一般仅需要数小时或十几小时,速度比传统成型加工方法快得多。该项目技术在新产品开发中改善了设计过程的人机交流,缩短了产品设计与开发周期。以快速成型机为母模的快速模具技术,能够在几天内制作出所需材料的实际产品,而通过传统的钢质模具制作产品,至少需要几个月的时间。该项技术的应用,大大降低了新产品的开发成本和企业研制新产品的风险。

3. 由 CAD 模型直接驱动

无论哪种 RP 制造工艺,其材料都是通过逐点、逐层添加的方式累积成型的。无论哪种快速成型制造工艺,也都是通过 CAD 数字模型直接或者间接地驱动快速成型设备系统进行制造的。这种通过材料添加来制造原型的加工方式是快速成型技术区别于传统机械加工方式的显著特征。这种由 CAD 数字模型直接或者间接地驱动快速成型设备系统的原型制作过程也决定了快速成型制造快速和自由成型的特征。

4. 技术高度集成

当落后的计算机辅助工艺规划(Computer Aided Process Planning,CAPP)一直无法实现 CAD 与 CAM 一体化的时候,快速成型技术的出现较好的填补了 CAD 与 CAM 之间的缝隙。

新材料、激光应用技术、精密伺服驱动技术、计算机技术以及数控技术等的高度集成,共同支撑了快速成型技术的实现。

5. 经济效益高

快速成型技术制造原型或零件,无须工模具,也与原型或零件的复杂程度无关,与传统的机械加工方法相比,其原型或零件本身制作过程的成本显著降低。此外,由于快速成型在设计可视化、外观评估、装配及功能检验以及快速模具母模等方面的功用,能够显著缩短产品的开发试制周期,也带来了显著的时间效益。也正是因为快速成型技术具有突出的经济效益,才使得该项技术一经出现,便得到了制造业的高度重视和广泛的应用。

6. 精度不如传统加工

数据模型分层处理时不可避免的一些数据丢失外加分层制造必然产生台阶误差,堆积成形的相变和凝固过程产生的内应力也会引起翘曲变形,这从根本上决定了 RP 造型的精度极限。

8.2.5　典型 RP 工艺方法简介

1. 光固化法(Stereo Lithography Apparatus,SLA)

光固化法(SLA)是目前最为成熟和广泛应用的一种快速成型制造工艺。光固化成型工艺的成型原理如图 8-2 所示。液槽中盛满液态光敏树脂,氦—镉激光器或氩离子激光器发出的紫外激光束在控制系统的控制下按零件的各分层截面信息在光敏树脂表面进行逐点扫描,使被扫描区域的树脂薄层产生光聚合反应而固化,形成零件的一个薄层。一层固化完毕后,工作台下移一个层厚的距离,以使在原先固化好的树脂表面再敷上一层新的液态树脂,刮板将黏度较大的树脂液面刮平,然后进行下一层的扫描加工,新固化的一层牢固地黏结在前一层上,如此重复直至整个零件制造完毕,得到一个三维实体原型。

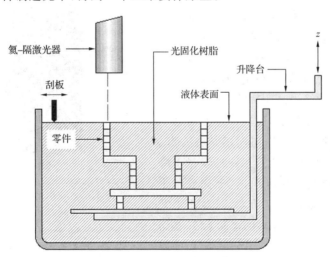

图 8-2　光固化成型法原理图

SLA 工艺的优点是精度较高,一般尺寸精度可控制在 0.01 mm;表面质量好;原材料利用率接近 100%;能制造形状特别复杂、精细的零件。其设备市场占有率很高。缺点是需要设计支撑;可以选择的材料种类有限;制件容易发生翘曲变形;材料价格较昂贵等。

SLA 工艺适合比较复杂的中小型零件的制作。

2. 选择性激光烧结法(Selective Laser Sintering,SLS)

选择性激光烧结法(SLS)是在工作台上均匀铺上一层很薄(100~200 μm)的非金属(或金属)粉末,激光束在计算机控制下按照零件分层截面轮廓逐点地进行扫描、烧结,使粉末固化成截面形状。完成一个层面后工作台下降一个层厚,滚动铺粉机构在已烧结的表面再铺上一层粉末进行下一层烧结。未烧结的粉末保留在原位置起支撑作用,这个过程重复进行直至完成整个零件的扫描、烧结,去掉多余的粉末,再进行打磨、烘干等处理后便获得需要的零件。用金属粉或陶瓷粉进行直接烧结的工艺正在实验研究阶段,它可以直接制造工程材料的零件,成型原理如图 8-3 所示。

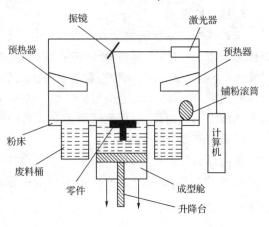

图 8-3 选择性激光烧结法原理

SLS 工艺的优点是原型件机械性能好,强度高;无须设计和构建支撑;可选材料种类多且利用率高(100%)。缺点是制件表面粗糙,疏松多孔,需要进行后处理;制造成本高。

以 SLS 工艺采用各种不同成分的金属粉末进行烧结,经渗铜等处理后特别适合制作功能测试零件,也可直接制造金属型腔的模具。采用蜡粉直接烧结适合于小批量比较复杂的中小型零件的熔模铸造生产。

3. 熔融沉积成型法(Fused Deposition Modeling,FDM)

熔融沉积又叫熔丝沉积,它是将丝状材料如热塑性塑料、蜡或金属的熔丝从加热的喷嘴挤出,按照零件每一层的预定轨迹,以固定的速率进行熔体沉积的热熔性材料加热熔化,通过带有一个微细喷嘴的喷头挤喷出来。喷头可沿着 X 轴方向移动,而工作台则沿 Y 轴方向移动。如果热熔性材料的温度始终稍高于固化温度,而成型部分的温度稍低于固化温度,就能保证热熔性材料挤喷出喷嘴后,随即与前一层面熔结在一起。一个层面沉积完成后,工作台按预定的增量下降一个层的厚度,再继续熔喷沉积,直至完成整个实体造型,成型原理如图 8-4 所示。FDM 工艺的关键是保持半流动成型材料的温度刚好在熔点之上(比熔点高 1 ℃左右)。其每一层片的厚度由挤出丝的直径决定,通常是 0.25~0.5 mm。

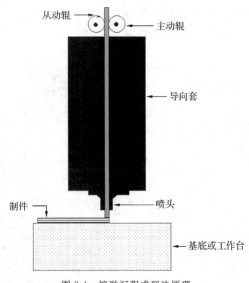

图 8-4 熔融沉积成型法原理

FDM 的优点是材料利用率高、材料成本低、可选材料种类多、工艺简洁。缺点是精度低、复杂构件不易制造、悬臂件需加支撑、表面质量差。

FDM 工艺适合于产品的概念建模及形状和功能测试,适用于制造中等复杂程度的中小型零件,不适合制造大型零件。

4. 分层实体制造法(Laminated Object Manufacture, LOM)

LOM工艺是将单面涂有热熔胶的纸片通过加热辊加热粘接在一起,位于上方的激光切割器按照CAD分层模型所获数据,用激光束将纸切割成所制零件的内外轮廓,然后新的一层纸再叠加在上面,通过热压装置和下面已切割层黏合在一起,激光束再次切割,如此反复逐层切割、黏合、切割……直至整个模型制作完成,成型原理如图8-5所示。

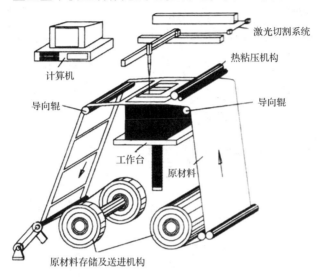

图 8-5 分层实体制造法原理

LOM工艺优点是无须设计和构建支撑;只需切割轮廓,无须填充扫描;制件的内应力和翘曲变形小;制造成本低。缺点是材料利用率低,种类有限;表面质量差;内部废料不易去除,后处理难度大。该工艺适合于制作大中型、形状简单的实体类原型件,特别适用于直接制作砂型铸造模。

5. 三维打印技术(Three Dimensional Printing, 3DP)

三维打印技术是利用喷墨打印头逐点喷射黏合剂来黏结粉末材料的方法制造原型。3DP的成型过程与SLS相连,只是将SLS中的激光变成喷墨打印机喷射结合剂如图8-6所示。

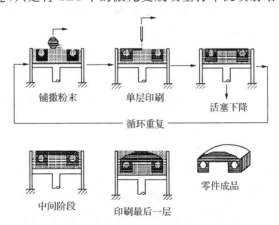

图 8-6 三维打印技术原理

该技术制造致密的陶瓷部件具有较大的难度,但在制造多孔的陶瓷部件(如金属陶瓷复合材料多孔坯体或陶瓷模具等)方面具有较大的优越性。

几种典型的快速成型工艺比较见表 8-1：

表 8-1   几种典型的快速成型工艺比较

	光固化成型 SLA	分层实体制造 LOM	选择性激光烧结 SLS	熔融沉积成型 FDM	三维打印技术 3DP
优点	(1)成型速度快,自动化程度高,尺寸精度高; (2)可成型任意复杂形状; (3)材料的利用率接近100%; (4)成型件强度高。	(1)无须后固化处理; (2)无须支撑结构; (3)原材料价格便宜,成本低。	(1)制造工艺简单,柔性度高; (2)材料选择范围广; (3)材料价格便宜,成本低; (4)材料利用率高,成型速度快。	(1)成型材料种类多,成型件强度高; (2)精度高,表面质量好,易于装配; (3)无公害,可在办公室环境下进行。	(1)成型速度快; (2)成型设备便宜。
缺点	(1)需要支撑结构; (2)成型过程发生物理和化学变化,容易翘曲变形; (3)原材料有污染; (4)需要固化处理,且不便进行。	(1)不适宜做薄壁原型; (2)表面比较粗糙,成型后需要打磨; (3)易吸湿膨胀; (4)工件强度差,缺少弹性; (5)材料浪费大,清理废料比较困难。	(1)成型件的强度和精度较差; (2)能量消耗高; (3)后处理工艺复杂,样件的变形较大。	(1)成型时间较长; (2)需要支撑; (3)沿成型轴垂直方向的强度比较弱。	(1)一般需要后序固化; (2)精度相对较低。
应用领域	复杂、高精度、艺术用途的精细件	实体大件	铸造件设计	塑料件外形和机构设计	应用范围广泛
常用材料	热固性光敏树脂	纸、金属箔、塑料薄膜等	石蜡、塑料、金属、陶瓷粉末等	石蜡、塑料、低熔点金属等	各种材料粉末

8.3 微细加工技术

8.3.1 概述

科学家设想把机电系统像集成电路一样集成起来,即把驱动器、传感器、微处理器以及光学系统等集成于较小的结构之上,形成微型机械。

微机电系统(MEMS)技术是建立在微米/纳米技术(Micro/nano Technology)基础上的21世纪前沿技术,是指对微米/纳米材料进行设计、加工、制造、测量和控制的技术。

微型机械技术包括传感器技术、微型发动机技术、微机电系统(MEMS)技术、纳米技术、微电子技术、微组装技术等。

微细加工技术是精密加工技术的一个分支,面向微细加工的电加工技术、激光微孔加工、水射流微细切割技术等在发展国民经济,振兴我国国防事业等方面都有非常重要的意义,这一领域的发展对未来的国民经济、科学技术等将产生巨大影响,先进国家纷纷将之列为未来关键技术之一,并扩大投资和加强基础研究与开发。所以我们有理由有必要加快这一领域的发展和开发进程。

微细加工技术应满足下列功能:

(1)为达到很小的单位去除率(UR),需要各轴能实现足够小的微量移动,对于微细的机械加工和电加工工艺,微量移动可小至几十个纳米,电加工的 UR 最小极限取决于脉冲放电的能量。

(2)高灵敏的伺服进给系统,它要求低摩擦的传动系统和导轨支承系统以及高精度跟踪性能的伺服系统。

(3)高平稳性的进给运动,尽量减少由于制造和装配误差引起的各轴的运动误差。

(4)高的定位精度和重复定位精度。

(5)低热变形结构设计。

(6)刀具的稳固夹持和高的重复夹持精度。

(7)高的主轴转速班极低的动不平衡。

(8)稳固的床身构件并隔绝外界的振动干扰。

(9)具有刀具破损和微型钻头折断的敏感监控系统。

8.3.2 微细加工技术的特点

微细加工技术是指加工微小尺寸零件的生产加工技术。从广义的角度来讲,微细加工包括各种传统精密加工方法和与传统精密加工方法完全不同的方法,如切削技术,磨料加工技术,电火花加工、电解加工、化学加工、超声波加工、微波加工、等离子体加工、外延生产、激光加工、电子束加工、粒子束加工、光刻加工、电铸加工等。从狭义的角度来讲,微细加工主要是指半导体集成电路制造技术。因为微细加工和超微细加工是在半导体集成电路制造技术的基础上发展的,是大规模集成电路和计算机技术的技术基础,是信息时代、微电子时代、光电子时代的关键技术之一。

微小尺寸和一般尺寸加工是不同的,其不同点主要表现在以下几个方面:

1. 精度的表示方法

在微小尺寸加工时,由于加工尺寸很小,精度就必须用剩余尺寸的绝对值来表示,即用取出的一块材料的大小来表示,从而引入加工单位尺寸的概念。

2. 微观机理

以切削加工为例,从工件的角度来讲,一般加工和微细加工的最大区别是切屑的大小。一般认为金属材料是由微细的晶粒组成,晶粒直径为数微米到数百微米。一般加工时,吃刀量较大,可以忽略晶粒的大小而将晶粒作为一个连续体来看待。微细加工时,切屑极薄,吃刀量可能小于晶粒的大小,切削就在晶粒内进行,晶粒就被作为一个一个不连续体来切削。这时,切削不是晶粒之间的破坏,而是切削力一定要大于晶体内部原子、分子之间的结合力。因此可见一般加工和微细加工的机理是不同的。

3. 加工特征

微细加工和超微细加工以分离或结合原子、分子为加工对象,以电子束、激光束、粒子束为加工基础,采用沉积、刻蚀、溅射、蒸镀等手段进行各种处理。

8.3.3 电火花微细加工简介

电火花微细加工是特种微细加工中发展较为成熟的方法,它非常适合实现微米级结构尺寸的微细加工,同时易实现自动化。这对微细加工也是十分有利的。

电火花微细加工一般是指用棒状电极电火花加工或用线电极电火花磨削(WFDG)微孔、微槽、窄缝、各种微小复杂形状及微细轴类零件。加工尺寸通常在数十微米以下,甚至可以加工像聚晶金刚石、立方氮化硼一类的超硬材料。

一般来说,电火花微细加工技术与常规电火花成形加工并无本质区别。但要将电火花加工技术应用于微细加工领域,必须具备 3 个最基本的条件:

(1)具备使电极能以稳定微步距进给的高精度伺服系统;

(2)具备能产生极微能量并且可控性好的脉冲电源;

(3)具备制造微细高精度电极的手段及工艺。

20 世纪 60 年代初,瑞士研制出了世界上第一台电火花微细孔专用加工机床,主要是为了解决当时化纤工业中喷丝板上的微细孔加工难题。随着各种现代技术的出现和发展,对微细加工技术提出了新的应用要求。最近几年以来,日本东京大学生产技术研究所的研究是最有代表性的,其水平也处于国际领先地位。他们研制开发的电火花线电极磨削法(WEDG)是一种极为有效的微细电极与零件制造手段。目前,该研究所在原三轴控制 WEDG 加工系统基础上,进一步研制了四轴数控的三维成形微细加工机床,以实现微细模具及形状更复杂的零件加工与制造。整个系统包括机床本体、脉冲电源、加工参数功能控制、质量状态监视及 NC 等各子系统。加工系统的各坐标轴均有一台专用微处理器做定位控制和轨迹控制运算,另外配用一台主计算机进行四轴联动控制。

在微细加工中,微细孔几何形状的检测一直是难以解决的问题。日本东京大学生产技术研究所最近研制了一种非破坏性的"振动扫描"测量法,可快速、高精度地测量微细孔内部形状。利用此法他们对直径 200 μm 的微细孔成功地进行了测量。

国外一些发达国家在研究、应用电火花微细加工技术上已达到了较高的水平。如荷兰飞利浦制造技术中心利用电火花微细加工技术在厚度为 20 μm 的金属铂片上加工直径小至 20 μm 的微细孔,其扎边不规则尺寸小于 0.2 μm,圆度精度为 0.4 μm,日本东京大学生产技术研究所利用电火花微细加工技术加工微细轴可达到 $\phi 10 \mu m \times 150 \mu m$ 或 $\phi 4.3 \mu m \times 50 \mu m$,精度为 ±0.2 μm,已加工出直径为 0.5 mm,厚 0.6 mm 的微细齿轮。国外已有部分电火花微细加工机床商品化。

现代电火花微细加工的发展趋势为大力发展 CNC 电火花微细加工技术,积极开展适应控制和加工过程最佳化技术的应用研究,开发应用行星式电火花微细加工技术。

8.3.4 激光微细加工简介

激光是 20 世纪 60 年代初发展起来的一门新兴科学。它是一种具有亮度高、方向性好和单色性好的相干光,因此在理论上经聚焦后能形成直径为亚微米级的光点,焦点处的功率密度可达到 $10^8 \sim 10^{11}$ w/cm^2,温度高达 10 000 ℃以上,可在千分之几秒内急剧熔化和汽化各种材料。激光束具有良好的可检性,易于进行各种复杂形状的微细加工。目前,激光加工已受到相当重视,几乎对所有金属和非金属材料如钢材、耐热合金、陶瓷、宝石、玻璃、硬质合金及复合材料都可以加工。用于微细加工的激光器主要有红宝石激光器、YAG(钇铝石榴石)激光器、准分子激光器和氩离子激光器等。激光在微细加工中的主要应用有打孔、焊接、修整、调整、光刻等。目前,激光微细加工的尺寸可达亚微米级。

激光微细加工中的先进设备是激光微细加工中心。美国 ART 公司研制出了一种三坐标激光微细加工中心。该加工中心的视觉系统可提供加工过程的连续形象,并自动寻找、对准、测量和修正加工对象,精度在百分之几微米内。它还有一个专门的光束成型镜片,能产生加工各种特定形状所需的光束。微细加工程序由一种简单的专用语言编制,而不需要复杂的通用计算机语言。该中心适用于加工如氧化铝、碳化硅等硬脆材料,刻蚀线宽达 0.25 μm;打孔直径小于 70 μm,深 75 μm;加工压电陶瓷圆环的直径仅 20 μm,高 15 μm;还可以对两个微型配合表面的接缝和各种材料的裸芯多芯电缆或光导纤维进行微细焊接。

激光微细焊接在微型继电器、航空膜盒、高灵敏热电偶和微电机电刷等元器件的密封焊接中发挥着重要作用。激光点焊具有焊接牢固、焊点成型好和不破坏材料强度及弹性等优点。

利用 TAC 激光掩膜修理系统可以修理有缺陷的光掩膜。激光修整现在已可以达到亚微米级的精度,并有极高的生产率。

利用激光对电阻、电容和混合集成电路元件进行微调整,不但加工点小,可将误差值调整到允许的范围之内,而且有高的可靠性和重复精度,是优于其他调整的方法。

激光微细加工在航空、航海惯性器件制造中也得到了应用。如利用激光束可去掉高速旋转陀螺转子上不平衡的微小过重部分,以达到使惯性轴和旋转轴相重合的动平衡的目的。

8.3.5 电子束和离子束微细加工简介

电子束和离子束微细加工是近年来得到较大发展的新兴特种微细加工。它们在精密微细加工方面,尤其是在微电子学领域中得到较多的应用。近期发展起来的亚微米加工和纳米加工技术,主要是用电子束和离子束微细加工。

1. 电子束微细加工

电子束微细加工原理如图 8-7 所示,在真空中从灼热的灯丝阴极发射出的电子,在高电压(30~200 千伏)作用下被加速到很高的速度,通过电磁透镜会聚成一束高功率密度(105~109 w/cm²)的电子束。当冲击到工件上时,电子束的动能立即转变成为热能,产生极高的温度,足以使任何材料瞬时熔化、气化,从而可进行焊接、穿孔、刻槽和切割等加工。由于电子束和气体分子碰撞时会产生能量损失和散射,因此,加工一般在真空中进行。

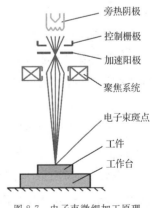

图 8-7 电子束微细加工原理

电子束微细加工是在真空条件下,利用电子枪中产生的电子经加速、聚焦,形成高能量密度(10^6~10^9 w/cm²)的微细束流,以极高的速度轰击工件被加工部位。由于其能量大部分转换为热能而导致该部位的材料在极短的时间(几分之一微秒)内达到几千摄氏度以上的高温,从而引起该处的材料熔化或蒸发,被真空系统抽走。

电子束微细加工的特点:

(1)由于电子束能够微细地聚焦到 0.1 μm 大小,所以加工面积可以很小,是一种精密微细的加工方法。

(2)加工材料范围很广,对脆性、韧性、导体、非导体及半导体材料均可加工。

(3)由于电子束的能量密度高,因而加工生产率很高。

(4)整个加工过程便于实现自动化,

(5)特别适用于加工易氧化的金属及合金材料,以及纯度要求甚高的半导体材料。

电子束微细加工主要用于打孔、窄缝、焊接和大规模集成电路的光刻化学加工。现在,电子束微细加工技术在国外航天航空业中已成为广泛应用的关键制造技术之一,实现了常规加工技术难以达到的特殊要求。在航空发动机制造中,可以钻制深径比达到 20∶1 的微细深孔,与其他微孔加工方法相比,其打孔效率为最高,而且可以钻斜孔或弯孔;在航空机载电子设备制造中利用扫描电子束曝光蚀刻技术制作线宽小于 0.5 μm,集成度达 256 K 以上的超大规模集成电路.利用电子束蚀刻技术可以很精密地制造三维机械结构的硅固态压力传感器元件,将上千个这种元件集成在一个直径为几毫米的硅片上,不仅可使尺寸微型化,而且又有很好的经济效益。电子束微细焊接,不仅能焊接金属和非金属,特别在焊接不同的金属和高熔点金属方面显示了极大的优越性。电子束微细焊接已用于飞机主承力框、起落架和发动机鼓筒轴、各类机匣,发展前景广阔。

2. 离子束微细加工

利用离子源产生的离子,在真空中经加速、聚焦而形成高速高能的束状离子流,使之打击到工件表面上,从而对工件进行加工的方法称为离子束微细加工。

离子束微细加工与电子束微细加工的区别是:在离子束微细加工时,加速的物质是带正电的离子而不是电子,离子束比电子束具有更大的撞击能量;其次,电子束加工主要是靠热效应进行加工,而离子束加工主要是通过离子撞击工件材料时引起破坏、分离或直接将离子注入加工表面等机械作用进行加工。

离子束微细加工的特点:

(1)由于离子刻蚀可以达到纳米级的加工精度,离子镀膜可以控制在亚微米级精度以及离子注入的深度和浓度也可极精确地控制,所以可以说离子束微细加工是所有特种加工方法中最精密、最微细的加工方法,是当代纳米加工(纳米加工)技术的基础。

(2)特别适用于对易氧化的金属、合金材料和高纯度半导体材料的加工。

(3)加工应力、热变形等极小,加工质量高,适合于对各种材料和低刚度零件的加工。

离子束微细加工的应用范围正在日益扩大、不断创新。目前主要应用有对工件进行离子刻蚀加工、给工件表面添加离子镀膜、进行表面改性的离子注入加工等。

8.3.6 超声微细加工简介

超声微细加工的实质就是在超声波振动作用下磨粒的机械冲击、抛磨及磨料悬浮液的空化作用等综合效应的结果,其中以磨粒的连续冲击作用为主。

超声微细加工主要用于各种硬脆材料,如石英、玻璃、陶瓷、金刚石和硬质合金等的加工,可加工出各种形状的型孔、型腔和成型表面。

超声微细加工的优点是,由于加工时刀具压力较低,所以工件表面的宏观切削力、切削应力、切削热很小,不会引起变形及烧伤,加工精度较高,一般可达到 $\pm0.02\sim0.05$ mm,表面粗糙度也较好,可达 $Ra\,0.16\,\mu m$。适用于加工薄壁、窄缝及低刚度等工件。

超声微细加工的缺点是生产率较低。为此,超声加工可以多种加工相结合,进行超声复合加工。例如,超声振动切削加工,可以降低切削力、降低表面粗糙度,提高加工效率和刀具耐用度,又如超声电解复合加工等。

思考与习题

8-1 按加工精度划分机械加工可分为哪几个阶段?

8-2 传统的精密加工方法有哪几种?

8-3 精密及超精密加工的发展趋势是什么?

8-4 快速成型的基本原理是什么?

8-5 快速成型技术的特点是什么?

8-6 简述熔融沉积成型法的加工原理?

8-7 微细加工的特点是什么?

8-8 主要的微细加工方法有哪几种?

参 考 文 献

[1] 王先逵. 机械制造工艺学:第 2 版[M]. 北京:机械工业出版社,2011.

[2] 陆剑中,周志明. 金属切削原理与刀具[M]. 北京:机械工业出版社,2007.

[3] 王茂元. 机械制造技术[M]. 北京:机械工业出版社,2011.

[4] 苏建修. 机械制造基础[M]. 北京:机械工业出版社,2003.

[5] 刘守勇. 机械制造工艺与机床夹具[M]. 北京:机械工业出版社,2004.

[6] 中国机械工业教育协会. 数控加工工艺及编程[M]. 北京:机械工业出版社,2004.

[7] 廖效果. 数字控制机床[M]. 武汉:华中科技大学出版社,2002.

[8] 鲁昌国,何冰强. 机械制造技术:第 3 版[M]. 大连:大连理工大学出版社,2009.

[9] 鲁昌国. 金属切削原理及刀具[M]. 长沙:国防科技大学出版社,2010.

[10] 赵元吉. 机械制造工艺学[M]. 北京:机械工业出版社,1999.

[11] 郑修本,冯冠大. 机械制造工艺学[M]. 北京:机械工业出版社,1997.

[12] 陈日曜. 金属切削原理[M]. 上海:上海科学技术出版社,1993.

[13] 王启平. 机械制造工艺学[M]. 哈尔滨:哈尔滨工业大学出版社,1994.

[14] 袁哲俊. 金属切削刀具[M]. 上海:上海科学技术出版社,1993.

[15] 赵如福. 金属机械加工工艺人员手册:第 3 版[M]. 上海:上海科学技术出版社,1990.

[16] 孟少农. 机械加工工艺人员手册:第 3 版[M]. 北京:机械工业出版社,1992.

[17] 张世昌. 先进制造技术[M]. 天津:天津大学出版社,2004.

[18] 于俊一,邹青. 机械制造技术基础[M]. 北京:机械工业出版社,2004.

[19] 于俊一. 典型零件制造工艺[M]. 北京:机械工业出版社,1989.

[20] 于俊一,郑德涛. 耦合型切削颤振的相位诊断[J]. 机械工程学报. 1984.20(3):61~72.

[21] 于俊一,吴博达. 再生型切削颤振诊断技术的研究[J]. 机械工程学报. 1986.22(3):39~49.

[22] 张鄂. 表面三维形貌及其评定[J]. 上海交通大学学报. 1988(1):66~76.

[23] 日本政府科学技术厅研究开发潜力委员会. 80 年代日美欧科学技术水平与研究开发潜力比较[M]. 辽宁省人民政府经济技术发展中心,译. 沈阳:东北工学院出版社. 1990.

[24] 微细加工技术编辑委员会. 微细加工技术[M]. 朱怀义,译. 北京:科学出版社,1983.

[25] Norio Taniguchi. 超精密加工工艺的现状和发展趋势[J]. 赵培炎,译. Annals of the CIRP,1983,32(2)

[26] Paul Kenneth Wrigh. 21 世纪制造[M]. 冯常学,译. 北京:清华大学出版社,2004.

[27] 陈榕,王树兜. 机械制造工艺学习题集[M]. 福州:福建科学技术出版社,1985.